农机驾驶培训教程

李长友　主编

中国农业大学出版社

编写委员会

主　编　李长友

参　编　叶绍昌　熊元芳　刘亚平　龙志军　杨丹彤
朱余清　赵　新　刘庆庭　李　庆　王在满
黄世醒　刘　瑛　朱伟明　李传奕

内 容 简 介

本书依照《中华人民共和国农业机械化促进法》、《中华人民共和国道路交通安全法》、《拖拉机驾驶培训管理办法》(农业部令第 41 号)和《拖拉机驾驶证申领和使用规定》(农业部令第 42 号),结合我国的实际情况编写而成。

全书共分 8 章,包含农机基本理论、教学实习和术科驾驶训练。基本理论篇主要介绍农机相关法律、法规,拖拉机基础知识,收割机基础知识,安全驾驶技术,拖拉机配套机具与使用,农机事故典型案例分析,急救常识及急救方法;教学实习主要介绍驾驶培训教学基本内容和方法,拖拉机的调整与操作,农机具的调整与使用,联合收割机的调整与使用,术科驾驶训练内容在实习训练基地进行。本书紧密结合农机培训教学改革特点,拖拉机驾驶人才规格的培养要求,考虑到利用多媒体辅助教学,取舍内容力求精练、适当加深加宽,有些问题要通过例题、习题启发学员独立思考解决,课堂学时有限,学员在培训期间最少要用与计划学时 1∶1 的时间进行自学。

本书是拖拉机驾驶理论教员、各地农机学校拖拉机驾驶培训教材,也可供有关拖拉机、收割机驾驶人员参考。

前　言

农业机械化是工业化在农业领域的体现，是用现代工业装备农业的标志，是农村工业化的重要组成部分，是农业现代化的重要内容，是增加农民收入的重要手段，是加快现代新农村建设进程的助推器。

拖拉机及现代化的作业机械作为农业生产的重要条件，是解决三农问题，保障农业丰产、丰收的有力措施之一。在农业现代化过程中肩负着责无旁贷的重任。而农业现代化目标的实现，最终取决于劳动者素质的提高和合格人材的培养。要使先进的农业装备技术广泛应用于农业生产，使其转化为现实生产力，需要培养一批有一定理论基础、专业素质高、业务能力及责任心强、遵守交通法规、品质高尚、有实际操作经验、懂得管理的农机技术人才。

党的十六大报告提出，2020 年基本实现工业化，即基本实现由农业国向工业化国家的转变。农业机械化在这一转变中肩负着重大的历史使命。现阶段，重要的任务之一，就是要切实规范农机管理、建立起确保拖拉机驾驶安全的长效机制，认真落实《中华人民共和国道路交通安全法》和农业部 41、42、43 号部长令，实施农业部《拖拉机驾驶培训管理办法》，建设合格的农机培训学校。核心的任务在于培养一大批合格的拖拉机驾驶理论教员、教练员、考核员及熟练地操作技能人才。由他们肩负起农机手的培训、考核工作。

拖拉机驾驶培训工作，责任重大，是一个长期而又艰巨的战略任务。为了做好此项工作，适应我国农业机械化发展对拖拉机驾驶人才的需求，我们在广东省自 2005 年起实施的拖拉机驾驶培训试行教程的基础上，依照《中华人民共和国农业机械化促进法》、《中华人民共和国道路交通安全法》、《拖拉机驾驶培训管理办法》（农业部令第 41 号）和《拖拉机驾驶证申领和使用规定》（农业部令第 42 号），根据拖拉机驾驶培训大纲编写了拖拉机驾驶培训教材，以供各省拖拉机教员培训基地及各市县农机学校培训时选用。

由于时间仓促，加上编者水平有限，书中错误和不妥之处在所难免，敬请读者批评指正。

编　者：李谷友

2008 年 08 月

目　　录

1 法规及事故处理

1.1 拖拉机驾驶培训管理办法

1.1.1 培训管理的主体和原则

拖拉机培训工作的管理主体(第二条):农业部负责全国拖拉机驾驶培训管理工作。县级以上地方人民政府农机主管部门负责本行政区域内的拖拉机驾驶培训工作。

拖拉机培训资格管理的原则(第三条):统筹规划、合理布局、公平竞争、保证质量。

1.1.2 拖拉机培训机构的条件

1)关于教学场所的要求(第六条):①教室人均使用面积不少于1.2平方米,总面积不得低于120平方米,且采光、通风、照明和消防等条件符合有关标准;②有单独的办公用房;③有固定的教练场地,面积不少于1 500平方米。

2)关于教学设备的要求(第七条):①有5台以上检验合格的教练车辆,并配备相应的农机具,配套比例不低于1∶2;②有常用机型的教学挂图、示教板和主要零部件实物;③有必要的电教设备。

3)关于教学人员的要求(第八条):①教学负责人应当具有本专业大专以上学历或中级以上技术职称,并从事拖拉机培训工作三年以上;②理论教员应当具有农机及相关专业中专以上学历,经省级人民政府农机主管部门考核合格;③教练员应当持有拖拉机驾驶中级以上技术等级证书和相应机型5年以上安全驾龄,经省级人民政府农机主管部门考核合格。

4)关于组织管理制度的要求(第九条):①教学管理制度,包括学员学籍档案管理制度、教员管理制度、教学设备及车辆管理制度;②财务管理制度;③安全管理制度。

5)关于行政许可的要求(第五条):取得省级人民政府农机主管部门核发的《中华人民共和国拖拉机驾驶培训许可证》。

1.1.3 拖拉机培训的许可程序

1)申请:向省级人民政府农机主管部门提交《拖拉机驾驶培训学校(班)申请表》,并附具相关材料,包括:申请人的身份证明;教学场所使用权证明及其平面图;教学设备清单;教学和财务人员身份及资质证明;组织管理制度;生源预测情况(第十条)。

2)受理:材料齐全,符合要求的,省级人民政府农机主管部门应当受理,出具书面凭证。不予受理的，书面说明理由（第十一条）。

3)审查：10 日内完成书面审查，合格的，指派 2 名以上专家现场评审（第十二条）。

4)许可：现场评审合格的，做出准予许可决定；不合格的，书面说明理由（第十三条）。

5)变更：变更名称、法定代表人或教学场所的，应当申请变更登记（第十四条）。

6)注销：有下列情形之一的，由省级人民政府农机主管部门予以注销，并收回《中华人民共和国拖拉机驾驶培训许可证》：办学条件发生重大变化，不符合本办法规定，限期整改仍未达到要求的；歇业一年以上的；申请终止的；连续两年未按时报送《拖拉机驾驶培训机构情况表》限期整改仍拒不报送的；发生其他应当注销的情形的（第二十三条）。

1.1.4 拖拉机培训行业的管理

1)严格执行农业部颁发的教学大纲，按照许可的范围和规模开展培训，保证培训质量。财务独立（第十六条）。

2)应当聘用具备资格的理论教员和教练员（第十七条）。

3)对完成规定课程并考试合格的学员，发给结业证书，并提供学员培训记录（第十九条）。

4)教练车应当取得教练车牌证（第二十条）。

1.1.5 拖拉机培训违规行为的处理（第二十五条）

1)未取得培训许可擅自从事拖拉机驾驶培训业务的，责令停办，有违法所得的处违法所得三倍以上罚款，但最高不超过三万元；无违法所得的，处一万元以下罚款。

2)未按统一的教学计划、教学大纲和规定教材进行培训的，责令改正，处二千元以下罚款。

3)聘用未经省级人民政府农机主管部门考核合格的人员从事拖拉机驾驶培训教学工作的，责令改正，处五千元以下罚款。

1.2 拖拉机驾驶证申领和使用规定

1.2.1 市、县农机安全监督管理机构的业务分工（第二条）

1)市级：负责核发拖拉机驾驶证。

2)县级：负责拖拉机驾驶证申请的受理、审查和考试等具体工作。

1.2.2 机型分类及其代号（第七条）

1)大中型拖拉机（发动机功率在 14.7 千瓦以上），驾驶证准驾机型代号为

“G”。

2)小型方向盘式拖拉机(发动机功率在14.7千瓦以下),驾驶证准驾机型代号为“H”。

3)手扶拖拉机,驾驶证准驾机型代号为“K”。

1.2.3 准驾与互驾(第八条)

持有准驾大中型拖拉机驾驶证的,准许驾驶大中型拖拉机、小型方向盘式拖拉机;持有准驾小型方向盘式拖拉机驾驶证的,只准许驾驶小型方向盘式拖拉机;持有准驾手扶拖拉机驾驶证的,只准许驾驶手扶拖拉机。

1.2.4 驾驶证的有效期(第九条)

6年、10年和长期。初次领证的实习期为12个月。

1.2.5 申请条件(第十条、第十一条)

申请条件

第十条 申请拖拉机驾驶证的人,应当符合下列规定:

(一)年龄:18周岁以上,60周岁以下;

(二)身高:不低于150厘米;

(三)视力:两眼裸视力或者矫正视力达到对数视力表4.9以上;

(四)辨色力:无红绿色盲;

(五)听力:两耳分别距音叉50厘米能辨别声源方向;

(六)上肢:双手拇指健全,每只手其他手指必须有3指健全,肢体和手指运动功能正常;

(七)下肢:运动功能正常。下肢不等长度不得大于5厘米;

(八)躯干、颈部:无运动功能障碍。

第十一条 有下列情形之一的,不得申请拖拉机驾驶证:

(一)有器质性心脏病、癫痫、美尼尔氏症、眩晕症、癔病、震颤麻痹、精神病、痴呆以及影响肢体活动的神经系统疾病等妨碍安全驾驶疾病的;

(二)吸食、注射毒品,长期服用依赖性精神药品成瘾尚未戒除的;

(三)吊销拖拉机驾驶证或者机动车驾驶证未满2年的;

(四)造成交通事故后逃逸被吊销拖拉机驾驶证或者机动车驾驶证的;

(五)驾驶许可依法被撤销未满3年的;

(六)法律、行政法规规定的其他情形。

1.2.6 驾驶证的申请

1)初次申请的,向户籍地或暂住地农机安全监督管理机构提出申请,并提交身份证明及其复印件、身体条件证明(第十二条)。

2)申请增驾的,向所持驾驶证核发地农机安全监督管理机构提出申请,提交有关证明材料和所持的拖拉机驾驶证(第十三条)。

1.2.7 受理

县级农机安全监督管理机构负责受理,在预约考试后30日内安排考试(第十四条)。

1.2.8 考试科目(第十五条及附件)

1)科目一:道路交通安全法律、法规和农机安全监理法规规章;拖拉机及常用配套农具的总体构造,主要结构和功用,维护保养知识,常见故障的诊断和排除方法,操作规程等安全驾驶相关知识;题型为选择与判断,100题,每题1分,考试时间为90分钟,80分以上为合格。

2)科目二:场地驾驶技能。大中型拖拉机、小型方向盘式拖拉机考试内容为移库;手扶式拖拉机考试内容为桩考。

3)科目三:挂接机具或田间作业技能。

4)科目四:道路驾驶技能。驾驶拖拉机机组进行起步前的准备、起步、通过路口、通过信号灯、按照道路标志标线驾驶、变换车道、会车、超车、定点停车等正确驾驶拖拉机的能力,观察、判断道路和行驶环境以及综合控制拖拉机的能力,在夜间和低能见度情况下使用各种灯光的知识,遵守交通法规的意识和安全驾驶情况。考试距离不少于3公里。满分为100分,70分以上为合格。评判标准为不及格(扣30分以上)、扣20分、扣10分、扣5分。

1.2.9 考试

按科目一、科目二、科目三、科目四依次进行,前一科目考试合格后,方准参加后一科目的考试;科目一考试合格后,3日内核发驾驶技能准考证明;取得驾驶技能准考证明20日后开始预约科目二、科目三、科目四考试,有效期为2年;每个科目可以补考一次,补考仍不合格的,本次考试终结;需在10日后重新申请考试(科目一除外)(第十六条、第十八条、第十九条、第二十条)。

1.2.10 增驾考试(第二十一条)

1)持有准驾大中型拖拉机或小型方向盘式拖拉机驾驶证申请增驾手扶式拖拉机的,增考科目二、科目四。

2)持有准驾小型方向盘式拖拉机驾驶证申请增驾大中型拖拉机的,增考科目三、科目四。

3)持有准驾手扶式拖拉机驾驶证申请增驾大中型拖拉机或小型方向盘式拖拉机的,增考科目二、科目三、科目四。

1.2.11 发证

全部科目考试合格后,5 日内核发拖拉机驾驶证(第二十二条)。

1.2.12 换证

1)有效期满,有效期满前 90 日内提出申请(第二十五条)。

2)新户籍地或新居住地不在原发证地的,向新户籍地或新居住地农机安全监督管理机构提出申请(第二十六条);

3)持证人信息变化或驾驶证损毁的(第二十七条)。

1.2.13 补证

驾驶证遗失的,向发证地农机安全监督管理机构提出申请(第二十九条)。

1.2.14 驾驶证的审验

1)一个记分周期内累计记分达 12 分的,接受为期 7 日的安全法规学习,20 日内安排科目一考试;一个记分周期内两次达到 12 分的,科目一考试后 10 日内安排科目四考试(第三十二条)。

2)六年有效期内,每个记分周期均未达到 12 分的,换发 10 年有效期驾驶证;10 年有效期内,每个记分周期均未达到 12 分的,换发长期有效驾驶证;换证时进行审验(第三十三条)。

3)60 岁以上的,每年体检 1 次(第三十四条)。

1.3 拖拉机驾驶培训管理办法

1.3.1 市、县农机安全监督管理机构的业务分工(第二条)

1)市级:负责拖拉机登记,核发登记证书、号牌、行驶证。

2)县级:负责拖拉机登记申请的受理、拖拉机检验等具体工作。

1.3.2 对农机安全监督管理机构的要求

1)对申请材料齐全并符合法律、行政法规和本规定的,应当在规定的期限内办理。

2)对申请材料不全或者其他不符合法定形式的,应当一次告知申请人需要补正的全部内容。

3)对不符合规定的,应当书面告知不予受理、登记的理由。

4)将拖拉机登记的事项、条件、依据、程序、期限以及收费标准、需要提交的材料和申请表示范文本等在办理登记的场所公示。

5)使用全国统一的计算机管理系统的数据库标准和软件,实行计算机网络管理,方便群众查阅信息,下载、使用有关表格(第三条、第四条)。

1.3.3 注册登记(入户登记)

1)安全技术检验:申请登记前,对拖拉机进行安全技术检验,取得检验合格证明。经国务院拖拉机产品主管部门依据拖拉机国家安全技术标准认定的企业生产的拖拉机,在出厂时经检验获得合格证的新机,免予安全技术检验(第五条)。

2)所有人应当向住所地(户籍地或暂住地)的农机监理机构申请注册登记,填写《拖拉机注册登记/转入申请表》,提交法定证明、凭证,并交验拖拉机。

农机监理机构应当自受理之日起5日内,确认拖拉机的类型、厂牌型号、颜色、发动机号码、机身(底盘)号码或者挂车架号码、主要特征和技术参数,核对发动机号码和拖拉机机身(底盘)或者挂车架号码的拓印膜,审查提交的证明、凭证,对符合条件的,核发拖拉机登记证书、号牌、行驶证和检验合格标志(第六条)。

3)办理注册登记,应当登记下列内容:

(1)拖拉机登记编号、拖拉机登记证书编号。

(2)拖拉机所有人的姓名或者单位名称、身份证明名称与号码、住所地址、联系电话和邮政编码。

(3)拖拉机的类型、制造厂、品牌、型号、发动机号码、机身(底盘)号码或者挂车架号码、出厂日期、机身颜色。

(4)拖拉机的有关技术数据。

(5)拖拉机获得方式。

(6)拖拉机来历证明的名称、编号或进口拖拉机进口凭证的名称、编号。

(7)拖拉机办理第三者责任强制保险的日期和保险公司的名称。

(8)注册登记的日期。

(9)法律、行政法规规定登记的其他事项。

拖拉机登记后,对拖拉机来历证明、出厂合格证明应签注已登记标志,收存来历证明和身份证明复印件(第七条)。

4)有下列情形之一的,不予办理注册登记:

(1)拖拉机所有人提交的证明、凭证无效的。

(2)拖拉机来历证明涂改的,或者拖拉机来历证明记载的拖拉机所有人与身份证明不符的。

(3)拖拉机所有人提交的证明、凭证与拖拉机不符的。

(4)拖拉机达到国家规定的强制报废标准的。

(5)拖拉机属于被盗抢的。

(6)其他不符合法律、行政法规规定的情形。

1.3.4 变更登记

1)必须办理变更登记的相关情形:①机身颜色变化的;②更换底盘或挂车的;③更换发动机的;④因质量问题整机更换的;⑤户籍地或暂住地发生变化的;⑥部分产权转让更名的。

2)相关变更登记的办理:

(1)机身颜色变化的,受理当天作出准予或不予变更决定。变更后10日内交验,交验当日收回原证,核发新证(第九条)。

(2)更换底盘或挂车的,核对拖拉机机身(底盘)或者挂车架号码的拓印膜,对机身(底盘)或者挂车的来历证明签注已登记标志,收存来历证明复印件(第九条)。

(3)更换发动机的,变更后10日内提出申请,提交法定证明、凭证,并交验拖拉机。受理当日确认,收回原证,核发新证。对发动机的来历证明签注已登记标志,收存来历证明复印件(第十条)。

(4)因质量问题整机更换的,自受理之日起3日内确认,收回原证,核发新证。对拖拉机整机出厂合格证明或者进口拖拉机进口凭证签注已登记标志,收存来历证明复印件。不属于国务院拖拉机产品主管部门认定免予检验的机型,还应当查验拖拉机安全技术检验合格证明(第十一条)。

(5)户籍地或暂住地发生变化的。迁出,收回号牌和行驶证,核发临时行驶号牌,将拖拉机档案密封交由拖拉机所有人携带,于90日内到迁入地农机监理机构申请拖拉机转入;转入,自受理之日起3日内,查验并收存拖拉机档案,确认拖拉机,核发号牌、行驶证和检验合格标志(第十二条、第十三条)。

(6)部分产权转让更名的,双方共同提出申请,自受理之日起1日内查验申请事项发生变更的证明,收回原行驶证,重新核发行驶证。需要改变拖拉机登记编号的,收回原号牌、行驶证,确定新的拖拉机登记编号,重新核发号牌、行驶证和检验合格标志(第十四条)。

3)农机监理机构办理变更登记,应当分别登记下列内容:

(1)变更后的机身颜色。

(2)变更后的发动机号码。

(3)变更后的机身(底盘)或者挂车架号码。

(4)发动机、机身(底盘)或者挂车来历证明的名称编号。

(5)发动机、机身(底盘)或者挂车出厂合格证明或者进口凭证编号、出厂日期、注册登记日期。

(6)变更后的拖拉机所有人姓名或者单位名称。

(7)需要办理拖拉机档案转出的,登记转入地农机监理机构的名称。

(8)变更登记的日期(第十五条)。

1.3.5 转移登记

1)拖拉机所有权发生转移的,交付之日起30日内,提出申请。同辖区的,受理之日起3日内,确认并收回旧证,核发新证;不同辖区的,按相关规定办理(第十七条)。

2)农机监理机构办理转移登记,应当登记下列内容:

(1)转移后的拖拉机所有人的姓名或者单位名称、身份证明名称与号码、住所地址、联系电话和邮政编码。

(2)拖拉机获得方式。

(3)拖拉机来历证明的名称、编号。

(4)转移登记的日期。

(5)改变拖拉机登记编号的,登记拖拉机登记编号。

(6)转移后的拖拉机所有人住所不在原登记地农机监理机构管辖区内的,登记转入地农机监理机构的名称(第十八条)。

3)有下列情形之一的,不予办理转移登记:

(1)按规定不予登记的。

(2)拖拉机与该机的档案记载的内容不一致的。

(3)拖拉机在抵押期间的。

(4)拖拉机或者拖拉机档案被人民法院、人民检察院、行政执法部门依法查封、扣押的。

(5)拖拉机涉及未处理完毕的道路交通、农机安全违法行为或者交通、农机事故的(第十九条)。

(6)无登记证书和行驶证,又未能提供司法部门出具的《协助执行通知书》或行政执法部门提供的相关证明的(第二十条)。

1.3.6 抵押登记

1)由双方共同申请,提交身份证明、拖拉机登记证书、依法订立的主合同和抵押合同,受理当日办理;申请注销抵押时,仅提交身份证明、拖拉机登记证书,其他同第二十一条、第二十三条。

2)农机监理机构办理抵押登记,应当登记下列内容:

(1)抵押权人的姓名或者单位名称、身份证明名称与号码、住所地址、联系电话和邮政编码。

(2)抵押担保债权的数额。

(3)主合同和抵押合同号码。

(4)抵押登记的日期(第二十二条)。

1.3.7 注销登记

1)申请报废注销的,提交拖拉机号牌、拖拉机行驶证、拖拉机登记证书,受理当日内办理注销登记(第二十五条)。

2)申请遗失登记的,提交拖拉机号牌、拖拉机行驶证、拖拉机登记证书或发布作废公告,受理当日内办理注销登记(第二十六条)。

1.3.8 其他规定

1)申请停驶的,自受理之日起 3 日内办理,并收回拖拉机号牌和行驶证;申请复驶的,自受理之日起 3 日内,发回拖拉机号牌和拖拉机行驶证(第二十七条)。

2)换领登记证书、换发或补发行驶证的,受理当日内办理;补领登记证书、换发或补发号牌的,受理之日起 15 日内办理(第二十八条、第二十九条)。

3)申请临时行驶号牌的,受理当日内办理(第三十条)。

4)机动车被盗,应申请封存档案,记录被盗信息。

5)每年检验一次。

6)可办理异地委托检验并核发检验合格证书。

1.4 农机事故处理

为帮助学员学习了解道路交通事故处理办法,根据《中华人民共和国道路交通安全法》、《中华人民共和国道路交通安全法实施条例》和公安部《交通事故处理程序规定》的有关规定,在参阅相关材料的基础上,编写了下列辅导材料,仅供学员们学习时参考。

1.4.1 关于交通事故的定义

《道路交通安全法》中对“交通事故”的定义是,车辆在道路上因过错或者意外造成的人身伤亡或者财产损失的事件。其中的“道路”,是指公路、城市道路和虽在单位管辖范围但允许社会机动车通行的地方,包括广场、公共停车场等用于公众通行的场所。

车辆在道路以外通行时发生的事故,参照《道路交通安全法》处理。

也就是说,只要是在道路上和车辆有关的造成损害后果的事件都是交通事故,但利用交通工具作案或者因当事人主观故意造成的事故不属于交通事故,应当属于刑事案件或者其他治安案件。

1.4.2 发生交通事故后的现场应急处理

按照《道路交通安全法》中第七十条第一款规定,在道路上发生交通事故,车辆驾驶人应当立即停车,保护现场;造成人身伤亡的,车辆驾驶人应当立即抢救受伤人员,并迅速报告执勤的交通警察或者公安机关交通管理部门。因抢救受伤人员变动现场的，应当标明位置。乘车人、过往车辆驾驶人、过往行人应当予以协助。

发生交通事故造成人员受伤或者死亡的，必须报警（拨打报警电话122，急救电话120），保护现场。如果事故发生地确属偏远或者找不到电话报警，受伤人员必须立即治疗，同时又找不到其他车辆协助运送的情况，当事人可以利用发生事故的车辆送伤者到医院救治，但在移动现场前，必须将因移动现场后无法确定的车辆、人员倒地位置等进行标划。当事人可以利用石块、砖头、白灰等物品在地面进行明显标注。

按照《道路交通安全法》中第七十条第二、三款规定，在道路上发生交通事故，未造成人身伤亡，当事人对事实及成因无争议的，可以即行撤离现场，恢复交通，自行协商处理损害赔偿事宜；不即行撤离现场的，应当迅速报告执勤的交通警察或者公安机关交通管理部门。在道路上发生交通事故，仅造成轻微财产损失，并且基本事实清楚的，当事人应当先撤离现场再进行协商处理。

1.4.3 对逃逸案件的举报

按照《道路交通安全法》中第七十一条规定，车辆发生交通事故后逃逸的，事故现场目击人员和其他知情人员应当向公安机关交通管理部门或者交通警察举报。举报属实的，公安机关交通管理部门应当给予奖励。

1.4.4 事故或故障现场的自我保护措施

按照《道路交通安全法》第五十二条规定，机动车在道路上发生故障，需要停车排除故障时，驾驶人应当立即开启危险报警闪光灯，将机动车移至不妨碍交通的地方停放；难以移动的，应当持续开启危险报警闪光灯，并在来车方向设置警告标志等措施扩大示警距离，必要时迅速报警。

按照《道路交通安全法》第六十八条规定，机动车在高速公路上发生故障时，应当依照本法第五十二条的有关规定办理；但是，警告标志应当设置在故障车来车方向150米以外，车上人员应当迅速转移到右侧路肩上或者应急车道内，并且迅速报警。机动车在高速公路上发生故障或者交通事故，无法正常行驶的，应当由救援车、清障车拖曳、牵引。

按照《道路交通安全法实施条例》第六十条规定，机动车在道路上发生故障或者发生交通事故，妨碍交通又难以移动的，应当按照规定开启危险报警闪光灯并在车后50米至100米处设置警告标志，夜间还应当同时开启示廓灯和后位灯。

1.4.5 事故当事人之间对事故事实无争议的处理

按照《道路交通安全法实施条例》第八十六条规定，机动车与机动车、机动车与非机动车在道路上发生未造成人身伤亡的交通事故，当事人对事实及成因无争议的，在记录交通事故的时间、地点、对方当事人的姓名和联系方式、机动车牌号、驾驶证号、保险凭证号、碰撞部位，并共同签名后，撤离现场，自行协商损害赔偿事宜。当事人对交通事故事实及成因有争议的，应当迅速报警。

按照《道路交通安全法实施条例》第八十七条规定，非机动车与非机动车或者行人在道路上发生交通事故，未造成人身伤亡，且基本事实及成因清楚的，当事人应当先撤离现场，再自行协商处理损害赔偿事宜。当事人对交通事故事实及成因有争议的，应当迅速报警。

1.4.6 必须报警处理的情形

按照《交通事故处理程序规定》第十三条的规定，有下列情形之一的，当事人应当保护现场并立即报警：

（一）机动车无号牌、无检验合格标志、无保险标志的；

（二）驾驶人无有效驾驶证的；

（三）驾驶人饮酒、服用国家管制的精神药品或者麻醉药品的；

（四）属于《道路交通安全法》第七十条第二款规定情形的交通事故，当事人对事实或者成因有争议的；

（五）车辆不能自行移动的；

（六）碰撞建筑、公共设施或者其他设施的。

1.4.7 不适用调解的情形

按照《交通事故处理程序规定》第十八条的规定，有下列情形之一的，不适用调解，交通警察可以在《交通事故简易程序处理书》上载明有关情况后，交付当事人：

（一）当事人提供不出交通事故证据，交通警察因现场变动，无法作出交通事故认定的；

（二）当事人对交通事故认定有异议的；

（三）当事人不同意由交通警察调解的；

（四）当事人拒绝在简易程序处理事故认定书上签名的。

有前款规定情形之一或者调解未达成协议及调解生效后当事人不履行的，当事人可以向人民法院提起民事诉讼。

1.4.8 交通事故中受伤人员的抢救与抢救费用

如果交通事故中受伤人员或者司机没有足够的抢救费用，医疗机构也必须救治交通事故受伤人员，同时由公安机关交通管理部门通知保险公司支付或者道路交通事故社会救助基金管理机构先行垫付。

1.4.9 当事人在事故现场图上签字的有关事项

交通事故现场图是交通警察对事故现场的记录，事故当事人接到警察要求其签字确认后，首先要核对现场图与事故现场是否一致，对于不清楚的地方可以要求警察解释，如果认为现场图与事故现场不一致的，可以要求警察进行复核，对于复核无误的，当事人应当在现场图上签字确认。

如果当事人无理由拒绝签字，交通警察可以在现场图上记录当事人拒绝签字。本现场图依然存在证据效力。

1.4.10 扣留当事人的机动车驾驶证的情形

按照《交通事故处理程序规定》第二十九条的规定，交通警察应当检查当事人的身份证件、驾驶证、工作证及机动车行驶证、保险标志，验明身份；对当场难以查实身份的肇事人，可以将其带回核查。交通警察可以依法对肇事车辆、交通事故当事人及其随身携带的物品进行检查。

按照《交通事故处理程序规定》第三十二条的规定，交通警察认为应当对当事人给予暂扣或者吊销机动车驾驶证处罚的，可以扣留当事人的机动车驾驶证，并开具行政强制措施凭证。

1.4.11 扣留机动车驾驶证的时限

扣留机动车驾驶证的期限至作出处罚决定为止。但扣留 1 日折抵暂扣期限 1 日。

1.4.12 扣留当事人机动车的情形

按照《交通事故处理程序规定》第三十三条第一款的规定，因搜集证据需要扣留事故车辆和机动车行驶证的，公安机关交通管理部门应当开具行政强制措施凭证，将车辆移至指定的地点并妥善保管。

按照《交通事故处理程序规定》第四十二条的规定，公安机关交通管理部门扣留的事故车辆除检验、鉴定外，不得使用。检验、鉴定完成后 5 日内通知当事人领取事故车辆和机动车行驶证。对弃车逃逸的无主车辆或者经通知当事人不领取的，依据《道路交通安全法》第一百一十二条的规定处理。对无牌证、达到报废标准、未投保机动车第三者责任强制保险等违规车辆，依照有关法律、法规的规定处理。

1.4.13 扣留当事人机动车的时限

按照《交通事故处理程序规定》第四十二条的规定，公安机关交通管理部门扣留的事故车辆除检验、鉴定外，不得使用。检验、鉴定完成后 5 日内通知当事人领取事故车辆和机动车行驶证。对无牌证、达到报废标准、未投保机动车第三者责任强制保险等违规车辆，依照有关法律、法规的规定处理。

1.4.14 对被扣留机动车上货物的处理

按照《交通事故处理程序规定》第三十三条第二款的规定，公安机关交通管理部门不得扣留事故车辆所载货物。对所载货物在核实重量、体积及货物损失后，通知机动车驾驶人或者货物所有人自行处理。当事人不自行处理的，按照《公安机关办理行政案件程序规定》第一百五十五条、第一百五十六条的规定办理。

1.4.15 公安机关交通管理部门检验、鉴定的时限

按照《交通事故处理程序规定》第三十九条的规定，公安机关交通管理部门对当事人生理、精神状况、人体损伤、尸体、车辆及其行驶速度、痕迹、物品以及现场的道路状况等需要进行检验、鉴定的，应当在接到报案后5日内指派或者委托专业技术人员、具备资格的鉴定机构进行检验、鉴定。

检验、鉴定应当在20日内完成；需要延期的，经地级公安机关交通管理部门批准可以延长10日。检验、鉴定周期超过时限的，须报经省级公安机关交通管理部门批准。

1.4.16 死者亲属办理丧葬的有关事宜

按照《交通事故处理程序规定》第四十一条的规定，交通事故死亡人员的尸体检验完成后，应当通知死者亲属在10日内办理丧葬事宜。无正当理由逾期不办理的，经县以上公安机关负责人批准，由公安机关强制处理尸体，逾期存放的费用由死者亲属承担。

1.4.17 当事人具有取得检验、鉴定结果的权利

按照《交通事故处理程序规定》第四十四条的规定，公安机关交通管理部门应当在检验、鉴定结果确定后2日内将检验、鉴定结论复印件交当事人。

1.4.18 重新检验、鉴定的申请

按照《交通事故处理程序规定》第四十四条的规定，当事人对公安机关交通管理部门的检验、鉴定结论有异议的，可以在接到检验、鉴定结论复印件后3日内提出重新检验、鉴定的申请。经县级公安机关交通管理部门负责人批准后，应当另行指派或者委托专业技术人员、有资格的鉴定机构进行重新检验、鉴定。

1.4.19 对自行委托的检验、鉴定、评估结论的异议处理

按照《交通事故处理程序规定》第四十四条的规定，当事人对自行委托的检验、鉴定、评估结论有异议的，可以在接到检验、鉴定结论后3日内另行委托检验、鉴定、评估，并告知公安机关交通管理部门，公安机关交通管理部门予以备案。

1.4.20 关于重新检验、鉴定、评估的规定

按照《交通事故处理程序规定》第四十四条的规定，申请重新检验、鉴定、评估以一次为限。重新检验、鉴定的时限与检验、鉴定的时限相同。

1.4.21 当事人责任的确定

按照《交通事故处理程序规定》第四十五条的规定，公安机关交通管理部门经过调查后，应当根据当事人的过错对发生交通事故所起的作用以及过错的严重程度，确定当事人的责任。

1.4.22 事故责任的种类

按照《交通事故处理程序规定》第四十五条的规定：

(一)因一方当事人的过错导致交通事故的，承担全部责任；当事人逃逸，造成现场变动、证据灭失，使公安机关交通管理部门无法查证交通事故事实的，逃逸的当事人承担全部责任；当事人故意破坏、伪造现场、毁灭证据的，承担全部责任；

(二)因两方或者两方以上当事人的过错导致交通事故的，根据当事人的过错在导致交通事故中的作用确定各方的责任，作用大的，承担主要责任；作用相当的，承担同等责任；作用小的，承担次要责任；

(三)各方均无导致交通事故的过错的，属于交通意外事故，各方均无责任；

(四)一方当事人故意造成交通事故的，他方无责任。

1.4.23 制作交通事故认定书的时限规定

按照《交通事故处理程序规定》第四十六条的规定，公安机关交通管理部门对经过勘验、检查现场的交通事故应当自勘查现场之日起 10 日内制作交通事故认定书。交通肇事逃逸的，在查获逃逸人和车辆后 10 日内制作交通事故认定书。对需要进行检验、鉴定的，应当在检验、鉴定结果确定后 5 日内制作交通事故认定书；经当事人申请重新检验、鉴定，结果改变的，应当根据重新检验、鉴定结果在 5 日内另行制作交通事故认定书。

1.4.24 交通事故认定书的内容

按照《交通事故处理程序规定》第四十六条的规定，交通事故认定书应当载有如下内容：

(一)交通事故当事人、车辆、道路和交通环境的基本情况；

(二)交通事故的基本事实；

(三)交通事故证据及成因的分析；

(四)当事人的过错及责任或者意外原因。

交通事故认定书应当加盖公安机关交通管理部门事故处理专用章，分别送达当事人，并告知当事人申请公安机关交通管理部门调解的期限和直接向人民法院提起民事诉讼的权利。对无法查清当事人道路交通安全违法行为的，书面通知当事人向人民法院提起民事诉讼。

1.4.25 交通肇事逃逸案交通事故认定书的出具

按照《交通事故处理程序规定》第四十七条的规定，交通肇事逃逸未查获逃逸人和车辆，交通事故损害赔偿当事人要求出具交通事故认定书的，公安机关交通管理部门可以在接到交通事故损害赔偿当事人的书面申请后 10 日内制作交通事故认定书，并送达交通事故损害赔偿当事人。

1.4.26 公安机关交通管理部门的损害赔偿调解义务

按照《交通事故处理程序规定》第五十四条的规定，交通事故损害赔偿义务人、权利人一致请求公安机关交通管理部门调解损害赔偿的，可以在收到交通事故认定书之日起10日内向公安机关交通管理部门提出书面调解申请，公安机关交通管理部门应予调解。否则公安机关交通管理部门不予调解。

当事人在申请中对检验、鉴定或者交通事故认定有异议的，公安机关交通管理部门应当书面通知当事人不予调解。

1.4.27 事故损害赔偿调解

第九十五条规定，公安机关交通管理部门调解交通事故损害赔偿争议的期限为10日。调解达成协议的，公安机关交通管理部门应当制作调解书送交各方当事人，调解书经各方当事人共同签字后生效；调解未达成协议的，公安机关交通管理部门应当制作调解终结书送交各方当事人。交通事故损害赔偿项目和标准依照有关法律的规定执行。

第九十六条规定，对交通事故损害赔偿的争议，当事人向人民法院提起民事诉讼的，公安机关交通管理部门不再受理调解申请。公安机关交通管理部门调解期间，当事人向人民法院提起民事诉讼的，调解终止。

当事人现场共同请求调解的，交通警察当场对财产损失的确定、当事人过错及承担的赔偿责任、赔偿方式等进行调解。达成协议的，交通警察在《交通事故简易程序处理书》上记录调解结果，由当事人签名，当场送达当事人。

当事人对交通事故认定有异议的，当事人不同意由交通警察调解的，拒绝在《交通事故简易程序处理书》上签名的以及经调解未达成协议的，交通警察在《交通事故简易程序处理书》上载明有关情况，当场送达当事人。

调解未达成协议或者调解生效后，当事人不履行的，当事人可以持《交通事故简易程序处理书》作为证据，向人民法院提起民事诉讼。

1.4.28 公安机关交通管理部门调解交通事故损害赔偿的期限

按照《交通事故处理程序规定》第五十五条的规定，公安机关交通管理部门调解交通事故损害赔偿的期限为10日。

1.4.29 调解的开始期限的确定

按照《交通事故处理程序规定》第五十五条的规定，造成财产损失的，从确定损失之日起开始；造成人员受伤的，从治疗终结之日起开始；因伤致残的，从定残之日起开始；造成人员死亡的，从规定的办理丧葬事宜时间结束之日起开始。

1.4.30 变更调解时间

按照《交通事故处理程序规定》第五十五条的规定，调解参加人因故不能按期参加调解的，应当在预定调解时间1日前通知承办的交通警察，请求变更调解时间。

1.4.31 参加调解人

按照《交通事故处理程序规定》第五十六条的规定，交通事故调解参加人包括：

(一)交通事故当事人及其代理人；

(二)交通事故车辆所有人或者管理人；

(三)其他公安机关交通管理部门认为有必要参加的人员。

委托代理人应当出具由委托人签名或者盖章的授权委托书。授权委托书应当载明委托事项和权限。

1.4.32 参加调解方的人数限制

按照《交通事故处理程序规定》第五十六条的规定，参加调解时当事一方不得超过三人。

1.4.33 调解的主持

按照《交通事故处理程序规定》第五十七条的规定，公安机关交通管理部门应当指派二名交通警察主持调解。

1.4.34 调解的方式

按照《交通事故处理程序规定》第五十七条的规定，调解采取公开方式进行，调解事故的时间应当提前公布。

1.4.35 调解的旁听

按照《交通事故处理程序规定》第五十七条的规定，调解时允许旁听，但当事人要求不予公开的除外。

1.4.36 交通事故损害赔偿调解的程序

按照《交通事故处理程序规定》第五十八条的规定，调解交通事故损害赔偿争议，按照下列程序进行：

(一)介绍交通事故的基本情况；

(二)宣读交通事故认定书；

(三)分析当事人过错导致交通事故的客观事实，对其进行教育；

(四)根据交通事故认定书认定的当事人责任以及《道路交通安全法》第七十六条的规定，确定当事人承担的损害赔偿责任；

(五)计算人身损害赔偿和财产损失总额，划分各当事人分担的数额。造成人身损害的，按照《最高人民法院关于审理人身损害赔偿案件适用法律若干问题的解释》规定的赔偿项目和标准计算。修复费用、折价赔偿费用按照实际价值计算，当事人对实际价值有争议的，由当事人委托具有资格的评估机构进行财产损失评估；

(六)确定赔偿方式。对交通意外事故造成损害的，按公平、合理、自愿的原则进行调解。

1.4.37　调解书应载明的内容

按照《交通事故处理程序规定》第五十九条的规定，调解书应当载明以下内容：

（一）交通事故简要情况和损失情况；

（二）各方的损害赔偿责任；

（三）损害赔偿的项目和数额；

（四）当事人自愿协商达成一致的意见；

（五）赔偿方式和期限；

（六）调解终结日期。

1.4.38　对不履行协议的处理

按照《中华人民共和国道路交通安全法》第七十四条规定，经公安机关交通管理部门调解，当事人达成协议后不履行的，当事人可以向人民法院提起民事诉讼。

1.4.39　机动车发生交通事故造成人身伤亡、财产损失的赔偿

按照《道路交通安全法》第七十六条规定，机动车发生交通事故造成人身伤亡、财产损失的，由保险公司在机动车第三者责任强制保险责任限额范围内予以赔偿。超过责任限额的部分，按照下列方式承担赔偿责任：

（一）机动车之间发生交通事故的，由有过错的一方承担责任；双方都有过错的，按照各自过错的比例分担责任；

（二）机动车与非机动车驾驶人、行人之间发生交通事故的，由机动车一方承担责任；但是，有证据证明非机动车驾驶人、行人违反道路交通安全法律、法规，机动车驾驶人已经采取必要处置措施的，减轻机动车一方的责任。

交通事故的损失是由非机动车驾驶人、行人故意造成的，机动车一方不承担责任。

1.4.40　申请回避

按照《交通事故处理程序规定》第六十八条第二款的规定，对当事人认为交通警察或公安机关检验、鉴定人员需要回避的可以提出的回避申请，公安机关交通管理部门应当在2日内作出决定，并通知申请人。

2 拖拉机知识

2.1 概述

我国已成为世界贸易组织成员国，随着我国农业农村经济结构和产业结构的优化调整，我国拖拉机产品的技术与市场发展正面临着极为严峻的竞争态势。从当前的国内外拖拉机产品发展现状分析，可以预见，今后一个时期国内外拖拉机技术与市场的竞争将日趋激烈，国内拖拉机行业的发展是机遇与挑战并存，必须经历“生与死”的考验。

2.1.1 国外拖拉机发展简史

19 世纪中叶，拖带农具在田间工作的蒸汽拖拉机已在英、美等国得到应用。但蒸汽机操作劳动量大，限制了这种拖拉机的发展。19 世纪后期，内燃机获得迅速发展并在拖拉机上得到应用。1892 年，美国的约翰·弗罗希利克制造了第一台以汽油机为动力的农用拖拉机。拖拉机从 20 世纪初开始进入实用发展阶段，在欧美各国逐步推广应用。30 年代，充气轮胎取代了过去的铁轮，提高了拖拉机工作速度和生产率，改善了燃油经济性和拖拉机的行驶平顺性。同一时期，英国创制成液压控制的三点悬挂装置，使拖拉机及其配套工作机具形成有机联系的整体，大大地简化了工作机具的升降操纵，提高了作业质量。

1)美国拖拉机发展历程

美国农业机械化发展经历了三个阶段，即半机械化时期(19 世纪中叶至 20 世纪初)、农业基本机械化时期(第一次世界大战后)、全面机械化时期(第二次世界大战后)。

(1)1870 年，第一台蒸汽拖拉机开始试验，到 19 世纪 90 年代蒸汽机在西部大农场获得广泛应用，20 世纪初，美国制造蒸汽拖拉机的工厂有 31 家。

(2)1892 年，第一台内燃拖拉机在衣阿华州的滑铁卢拖拉机厂问世。当时这台由约翰·弗罗希利克制造的拖拉机，不过是在一架装有轮子的钢结构上安上一台内燃机而已，很笨重，没有相应的拖挂农具。直至 1905 年 C·W·哈特和 C·H·帕尔才建立了美国第一家专门制造内燃机拖拉机的公司，生产 11 kW(15 马力)单缸内燃机拖拉机。1906 年，生产 25 台，次年生产 200 台，到 1910 年，全美已有15 家内燃拖拉机厂。

(3)在拖拉机发展史上，1913 年布尔公司制造的公牛牌轻便拖拉机具有重大意义。1906 年第一批生产的内燃拖拉机是靠摩擦传动的，单位功率比重为 330 g/W，

1908 年，设计出变速箱，1912 年生产的 44 kW(60 马力)拖拉机自重约达 11 t，布尔公司设计了一种拖拉机采用链条传动，重量只有 1 360 kg。1914 年万国公司设计出了一种拖拉机，单位功率比重降到了 124 g/W，为大范围内推广起了主要作用。

(4)拖拉机发展史上另一个里程碑是 1924 年，万能轮式拖拉机 All-Purpose tractor 的制造成功。在此之前，拖拉机只能从事耕翻、播种、收获和固定作业，而不能进行中耕、锄草和运输作业。万能拖拉机的出现使凡是牲畜能做的农活，拖拉机都能做了，这为拖拉机全面取代畜力打下了基础。

1910 年美国农场只有 1 000 台内燃拖拉机，1915 年增加到 2.5 万台，1920 年增加到 24.6 万台，1945 年达到 248 万台，而且拖拉机功率增大了。从 1945 年到 1965 年拖拉机在数量上翻了一番，动力增长了近 200%，到 1987 年拖拉机保有量达 467 万台(不包括蒸汽及园艺用拖拉机)。

总之，第二次世界大战后，美国农业机械化继续向高级阶段发展。有人认为，20 世纪 60 年代以前美国基本完成了用机械延伸代替人畜体力的农业机械化过程，那么，70 年代后，更深层的发展是应用激光、新型材料、电子计算机、自动化控制等高新技术使机器正在部分地代替人类的脑力劳动。农业机械化向自动化方面高速发展。

2)英国拖拉机发展过程

英国农业机械化发展经历了 3 个阶段：

(1)农业机械化发展初期(1921—1948 年)。第一次世界大战前，英国基本上没有自己的拖拉机和农业机械工业。为了摆脱农业的困境，从美国进口拖拉机。1928 年拖拉机(包括园艺拖拉机)拥有量为 2.03 万台，1931 年为 2.2 万台。1933 年美国福特公司在达根汉建立了英国的第一个拖拉机厂，从此诞生了英国的拖拉机制造业。1934 年英国的戴维·伯朗公司开始生产拖拉机。1939 年英国拖拉机产量仅为 1.57 万台，而拥有量(包括园艺拖拉机)也仅 5.62 万台。直到第二次世界大战爆发时，马匹仍是英国农场中的主要动力。

(2)农业基本机械化时期(1948—1966 年)。英国从 1921 年开始使用农业机械，到 1933 年自己生产拖拉机。战后又把一部分军工企业转为生产拖拉机和农业机械，因而农机工业发展较快，到 1948 年基本上实现了农业机械化，共用了 17 年时间，拖拉机拥有量达 261 180 台；1966 年拖拉机拥有量 517 290 台(含园艺拖拉机)。

(3)全面综合机械化时期(1966 年以后)。20 世纪 70 年代初，英国主要作物(谷物、马铃薯、甜菜)的种植已全部实现机械化。牧草的收获、加工、运输也已全部机械化。畜牧场的机械化、自动化达到了较高的水平。1971 年英国有 400 家农机企业，其中有拖拉机企业 27 家，到 1986 年拖拉机拥有量 520 500 台，每台拖拉机负担耕地面积 13 hm^2，每个劳动力负担耕地面积 101 hm^2。

3)日本拖拉机发展过程

日本农业机械化发展大体可分为三个发展时期：

(1)农业机械化发展初期(1870—1945 年)。明治维新开始从国外引进农机具，结合本国特点研究改良畜力水田犁和中耕机，到 20 世纪三四十年代先后研制成功适合日本应用的手扶拖拉机和旋耕机等。

(2)基本机械化时期(1946—1969 年)。第二次世界大战后，日本农业从恢复走向发展，20 世纪 50 年代以手扶拖拉机及旋耕机为主形成的农业生产方法得到推广普及，1961 年，开始从国外引进轮式拖拉机等大中型机械，随后通过改进设计，自行制造生产。拖拉机仍以带旋耕机的小型手扶式为主。

(3)全面机械化时期(1970 年以后)。拖拉机由手扶式向轮式过渡，并逐步加大功率，20 世纪 70 年代手扶拖拉机拥有量一直保持在 320 万台左右，80 年代逐渐减少，轮式拖拉机则迅速增加，功率也明显加大。大拖拉机主要用于旱田作业。

日本 1937 年拥有 1 000 台手扶拖拉机，1945 年有 7 500 台，1964 年手扶拖拉机拥有量达 218.4 万台，轮式拖拉机 1.3 万台，1968 年手扶拖拉机 303 万台，轮式拖拉机 12.4 万台，到 1987 年手扶拖拉机 268.2 万台，轮式拖拉机则达 190.4 万台。日本的农机制造业以久保田、洋马农机、井关农机、三菱重工业、佐藤造机等五大公司所垄断。

现代拖拉机的基本结构仍与 20 世纪 30 年代的大体相同，但在性能和结构上都有大幅度的提高和改进。其标志是：具有高的生产率和经济性指标；从动力输出到各种操纵机构广泛采用电子液压技术；可靠性和耐久性有很大提高；乘坐的舒适性、安全性和操作方便性大为改善。

20 世纪 90 年代以后，世界拖拉机工业产品技术有了较大的发展，全球化竞争格局已经形成。欧美及日本等工业发达国家的拖拉机工业仍然霸居世界榜首。面向全球经营的“无国界”超级公司正是经历反复兼并与重组形成了具有较强市场竞争力的强势团体。据报道：仅 Deer(迪尔)，New Holland(纽荷兰)，Case-IH(凯斯)，AGCO(阿吉科)和 Same-Deutz-Fahr(沙姆-道依兹)5 家公司就占有发达国家拖拉机市场 70%以上的份额。各主要跨国公司拖拉机产业继续向发展中国家扩展或延伸的势头大大加强。在这一产业发展的背景下，全球化竞争的需要、日益严格的环保与节能的社会需求以及电子与信息技术的迅速发展构成了这一时期拖拉机产品技术发展的基本动力，并由此形成了一些主要的发展特征和突出的发展领域，如各大公司产品系列化更加全面和完善；拖拉机的平均功率继续增长，大功率拖拉机机型广泛采用新技术、新结构；电子与信息技术在拖拉机上的应用范围继续扩大;在传统的整机结构形式保持相对稳定的情况下,其主要部件的新结构、新技术不断出现。

目前,欧美发达国家各跨国公司都拥有比较完整的含有大、中、小型农用轮式拖拉机的产品系列,功率覆盖范围从 30～170 kW,甚至 Deer,New Holland,Case-IH 等公司拖拉机的最大功率已高达 312.5～367.6 kW。

国外手扶拖拉机的发展目前也已全部实现系列化,一般根据主要用途和功率范围的划分组成系列,系列内的零部件通用化程度可达 60%～70%,小型系列功率为 2.2～3.6 kW,多为管理型;中型系列功率为 3.6～5.8 kW,多为牵引型;大型系列功率为 5.8～14.7 kW,则为驱动和运输型。

履带拖拉机近年来在国外发达国家的发展也并不尽如人意,各大跨国公司的产品中一般仅有 1～2 个履带产品系列,欧美和俄罗斯的公司多为大中型功率机型,日本多为中小功率机型。橡胶履带拖拉机具有较大的接地面积和较高的牵引附着性能,尤其在潮湿、黏重土壤中作业更具优势,它克服了传统金属履带的部分缺点,但同时也由于自身固有的问题使其发展受到一定的限制。

根据 1996 年的统计资料,世界各国已有 2 634.5 万台(不含园艺拖拉机)拖拉机在农业中使用,其中约 70%在北美和欧洲。世界平均每台拖拉机负担的可耕地面积 52.45 hm^2。世界农业拖拉机功率范围从 1.5 kW(手扶拖拉机)扩大到500 kW以上(折腰式四轮驱动拖拉机)。

2.1.2 我国拖拉机发展简介及现状

我国开始使用和制造拖拉机是在第二次世界大战以后。在此以前,仅有少量引进的拖拉机用于农田等作业。20 世纪 50 年代前后中国从前苏联、东欧及英国、日本等国进口拖拉机在国营农场和拖拉机站使用,同时开始对拖拉机进行选型和自行制造。1958 年江西拖拉机厂的丰收 27 作为中国第一台水田拖拉机被成功研制;1959 年,中国第一拖拉机制造厂在洛阳建成投产,以后又陆续兴建成一批拖拉机制造厂。60 年代后期和 70 年代,大部分省、市都建成了地方的手扶拖拉机和小型拖拉机制造厂,从而在中国形成了生产各种功率等级和类型的拖拉机体系。中国绝大多数农业经营单位规模较小,水田和山区地块面积小,故在农业用途上大多数为中小型拖拉机。

新中国成立之后,农业机械化主要发展阶段

(1)农业机械化事业的开创阶段(1949—1957 年)。这个阶段主要工作是增补旧式农具、推广新式农具、发展提水机具、创办国营机械化农场和创建农机工业。1953 年国营拖拉机站共 11 个,拖拉机保有量 120 台,1957 年国营拖拉机站352 个,拖拉机保有量 12 175 台。

(2)初步发展与调整阶段(1958—1965年)。确立农业机械化的地位与战略部署,基本形成了全国统一的农机化管理体制、大搞农机具改革运动、拖拉机站下放与重新收归国营、对农业机械化事业进行调整、整顿。到1965年,全国国营拖拉机站已发展到1 629个,拥有大中型拖拉机45 885台,手扶拖拉机539台。

(3)"盲目跃进"阶段(1966—1980年)。1966年暴发"文化大革命",全国动乱时间长达10年之久。但为了实现毛主席1955年提出在25年内实现农业机械化的设想,党中央和国务院先后召开3次全国农机化会议分析形势,研究确定对策,动员全党全民为1980年基本上实现农业机械化而奋斗。1966—1979年国家拨给农机事业费20亿元。1980年全国农村拥有农机总动力1.456亿kW(1.98亿马力),机耕面积4 200万hm^2,占耕地面积的42%,每万公顷耕地拥有大、中型拖拉机75台,小型拖拉机189台,农用大中型拖拉机744 865台,小型及手扶拖拉机1 874 000台。

(4)农业机械化体制改革阶段(1980年以后)。从1982年开始,国家允许农业机械作为商品进入市场,农民有购买、经营农业机械的自主权,原国家和集体所有的农业机械大多实行承包经营。1987年全国大中型农用拖拉机平均每台配套农具为1.2部,小型(含手扶)拖拉机平均每台配套农具0.8部。1989年农业机械总动力27 580万kW,农用大中型拖拉机86万台,农用小型及手扶拖拉机653万台。

2003年,全国农业机械总动力6.04亿kW,农用拖拉机拥有量1 494.06万台,动力16 416.58万kW,其中大中型拖拉机97.26万台(不含变型拖拉机),小型拖拉机1 396.8万台,农机具配套比为1∶1.73和1∶1.52。2003年广东省大、中型拖拉机拥有量15 520台,其中轮式拖拉机保有量4 938台,小型拖拉机349 958台,其中手扶拖拉机243 581台。

我国加入WTO后,经济全球化趋势进一步加快。近年来,欧美等国外经济发达国家的一些拖拉机公司看准了我国这块拖拉机市场,除将产品直接销入我国外,还积极和我国的一些拖拉机企业合资合作。如:天津拖拉机公司和约翰·迪尔公司、上海拖内公司和纽荷兰公司、中国一拖集团有限公司和芬兰维创公司等。这些合资合作企业均有较强的经济、技术实力和较高的国内市场份额。国内的合资合作企业在溶入国外先进的拖拉机生产技术与管理经验,更新了自己的企业管理理念及产品开发市场开拓的思路,形成了较为强劲的竞争优势。这对于我国拖拉机行业技术与市场的发展是非常有利的。

在我国大型拖拉机的开发与研制中,由于我国的拖拉机企业技术积累较少,尤其在电子监控、液压自动化技术、精密加工技术等方面与国外的先进公司有较大的差距,所以必须直接或间接借助国外先进技术为我所用,强化自我创新能力。对于中等功率拖拉机，我国的设计与制造技术已能接近国际先进水平，用户对这种机型将会更加注重乘坐舒适性、噪声和排放等级、安全防护等问题。这类机型目前在国内市场势头发展良好，其技术发展的重点将是循序渐进地采用电子技术和精密加工技术，提高柴油机的动力性和经济性。同时加强人机工程方面的研究，进一步提高产品的档次。对于18.4 kW以下的小四轮拖拉机和手扶拖拉机，这种产品技术含量不高，其技术发展趋势可能有两条路，一条可以向较高技术档次发展，价位较高，质量及可靠性要求严格，进一步向国际市场推进。另一条为较低技术档次，价位较低，但更保证产品质量及可靠性，面向广大低收入水平的用户，主要市场一是国内，二是部分出口到东南亚地区。小型拖拉机的发展趋势是以田间作业为主，一机多用为主，运输作业为辅。

2.2　当前国内市场主要的拖拉机产品及用途

2.2.1　国内市场主要的拖拉机产品

近年来，我国的各类拖拉机年产销量在200万台左右，以18.4 kW以下的小四轮拖拉机和手扶拖拉机为主，18.4 kW以上的大中型拖拉机销量直线上升。

(1)手扶拖拉机主要产品有东风-12及工农-12K型等手扶拖拉机。

(2)中国第一拖拉机股份有限公司。主要产品有东方红-300、400、500、600、700、800系列轮式拖拉机及大中型履带式拖拉机——民族品牌。2004年，小型拖拉机销量16万多台，大中型拖拉机近2万台，履带式拖拉机上千台。

(3)江苏清江拖拉机集团公司。具有年产12～18马力小型轮式拖拉机2万台，50～70马力系列中型拖拉机8 000台生产能力，主要产品有江苏-500、504、550、554、650、654、700、704等系列中型轮式拖拉机，江苏-120、150、180型系列小型轮式拖拉机。2004年，20～80马力大中型拖拉机销量4 300多台，40马力拖拉机200多台(主要出口)。

(4)宁波中策拖拉机汽车有限公司。具有年产20～40马力轮式拖拉机2万台生产能力，主要产品有奔野200、220、224、250、254、280、284、300、304、350、354、400、404型等系列轮式拖拉机，同时也生产奔野55～70马力系列轮式拖拉机。

(5)江铃拖拉机有限公司。具有年产1 000台拖拉机生产能力，主要产品有丰收18、20、25、27、28、30型等系列轮式拖拉机。

(6)山东潍坊华源拖拉机有限公司。中国小四轮拖拉机的发源地，是全国最大的小四轮拖拉机生产基地。拖拉机年生产能力达20万台，主要品种有泰山-12(K、B)、15(K、B)、18、20、22、25型等系列拖拉机。

(7)上海纽荷兰农业机械有限公司。由意大利FIAT集团下属的CHN全球有限公司与上海汽车工业(集团)总公司下属的上海拖拉机内燃机公司合资组建，于2002年1月1日正式运行。具有年产18 000台拖拉机和16 000台柴油机生产能力，主要产品是上海-40、50、65、85型系列轮式拖拉机。2004年，50～70马力拖拉机销量8 800多台。黑龙江凯斯·纽荷兰公司主要产品是110～450马力大型拖拉机，2004年销量300多台。

(8)约翰·迪尔天拖有限公司。主要产品有600、654、720、804型系列轮式拖拉机，约翰·迪尔(中国)投资有限公司主要产品有6 000(110～166马力)、7 000(81～170马力)、8 000(170～255马力)、9 000(280～450马力)"二十"系列拖拉机(轮式和履带式)，具有年产1.2万台拖拉机的生产能力。2004年销量1万台。

(9)福田重工潍坊农业装备分公司。主要产品"福田欧豹"大中型拖拉机，涵盖30、35、40、50、55、65、70、75、80等马力段的十大系列产品，包括两轮驱动、四轮驱动基本型、经济型、豪华型共110多种，具有年产5万台拖拉机生产能力。2004年，30马力以上大中型拖拉机销量1.6万台，其中出口0.3万台，小型拖拉机销量10万台。

(10)配套机具。南昌旋耕机厂、北京银华春翔农机有限公司主要产品有：与手扶拖拉机相配的系列旋耕机、驱动圆盘犁及水田驱动耙、与轮式拖拉机相配套的系列旋耕机、果园中耕机、挖穴机、驱动圆盘犁、水田驱动耙、开沟机、旋耕起垄机、秸秆还田机、旋耕反转灭茬机、全方位深松机、旋耕播种机等复式作业农具(放幻灯)。

2.2.2 拖拉机的用途

拖拉机是与各种作业机具配套，用来完成农田作业、道路建筑和其他土石方工程作业、运输作业、固定作业等的自走式动力机械。按其结构特征拖拉机可分为轮式拖拉机(又可分为后轮驱动和四轮驱动两种)、履带拖拉机(又可分为普通履带式、宽履带式、窄履带式和高地隙式四种)、手扶拖拉机(独轮式、两轮式、履带式和乘坐式四种)、船式拖拉机和四轮驱动自走底盘拖拉机及平台式四轮驱动拖拉机六大类；按其用途和作用可分为农业用、林业用和工业用三大类。农业用拖拉机又可分为一般用途拖拉机、中耕拖拉机、果园拖拉机、水田拖拉机和坡地拖拉机等；林业用拖拉机可分为集材拖拉机和营林拖拉机；工业用拖拉机可分为一般用途工业拖拉机和沼泽地用工业拖拉机。除上述各种主要用途的拖拉机外，还有特殊用途的拖拉机。

根据我国拖拉机产品的使用对象及用途分析，主要可分为农场、农垦系统(生产建设兵团)、农业产业化基地和农民个体两大类。前者中由于近年来的经济体制改革，部分农场出现了个体承包，田块有逐渐缩小的现象；同时，后者也出现一些农机大户和种植业大户承包大块田地的情况，生产规模、耕作面积逐步增大。因此，对拖拉机品种的使用和选择出现多元化,大规模生产作业要求机械化程度高,对一般旱地耕作要求使用 73.5～88.2 kW(100～120 ps)以上履带拖拉机和 102.9～132.4 kW(140～180 ps)的轮式拖拉机,水田作业要求使用 44.1～58.8 kW(60～80 ps)的四轮驱动拖拉机。小规模或一般规模旱地生产则大量使用 58.8 kW(80 ps)以下的轮式拖拉机及 51.1～58.8 kW(70～80 ps)的履带拖拉机,水田使用 36.7～47.7 kW(50～65 ps)以下小型轮式拖拉机和手扶拖拉机。

1)一般用途拖拉机

一般用途拖拉机主要用于整地、播种、收获、运输和农田基本建设等作业,其功率较大,牵引附着性能好,行走机构接地压力低。

2)中耕拖拉机

中耕拖拉机主要用于中耕作物的行间管理,其行走机构较窄,农艺地隙较高,轮距可在较大范围内调整,具有良好的行间通过性、转向操纵性和视野。万能中耕拖拉机则兼有中耕拖拉机和一般用途拖拉机的功能,农艺地隙为 400～650 mm。高地隙中耕拖拉机的农艺地隙 800～1 000 mm。

3)园艺拖拉机

园艺拖拉机主要用于草坪修剪、庭园、果园及葡萄园管理。用于树冠下、株间作业的拖拉机机体矮窄,机动性好;用于骑跨在作物上方作业的,其农艺地隙高达 1.2～1.5 m。

4)水田拖拉机

水田拖拉机主要用于水稻田作业。其机体质量较轻,水田轮或高花纹轮胎等特殊行走机构能在水田土壤上发挥足够的牵引力,具有良好的防陷、越埂能力和防泥水密封性能。在小块水田作业应有良好的转向操纵性能。船式拖拉机的结构型式特别适于深泥脚水田中作业,其船体支承了大部分机体重量,减少了驱动轮下陷和行驶时的阻力,提高了牵引效率。

5)手扶拖拉机

手扶拖拉机主要适用于小田块、梯田、菜地、果园,其结构简单、重量轻、制造容易、价格低廉、维修方便,但仅能做一些轻负荷的作业,生产率低。驾驶员田间作业时,劳动强度大、劳动条件差。

6)坡地拖拉机

坡地拖拉机主要用于坡地作业,其重心低,轮(轨)距较宽,或具有自动平衡机构,以保证良好的稳定性、横坡作业时的良好操纵性及牵引附着性能。

7)集材拖拉机

集材拖拉机用于林区集材和运输作业,其牵引、越野性能好,设有专用的集材和搭载装置。

8)工业拖拉机

工业拖拉机主要用于推土、松土、铲运、平地、开沟及铺管等作业,以履带式和四轮驱动拖拉机为主。其特点是前后部均可装置或挂结作业机具,具有良好的牵引附着性能,能适应土石方作业的变负荷繁重作业条件。一般用途的工业拖拉机地隙、结构比质量和行走机构的接地比压比一般用途农业拖拉机的要高。沼泽地用工业履带拖拉机采用宽履带,接地比压为10～20 kPa。

2.3 拖拉机的使用性能及整机参数

2.3.1 拖拉机的使用性能

拖拉机在使用过程中表现出来的性能称为使用性能。使用性能是评价拖拉机水平和质量的主要依据。农业拖拉机的使用性能一般分为农业技术性能、技术经济性能和一般技术性能。

(1)农业技术性能。农业技术性能反映拖拉机对外部的自然环境和农作(包括田间、固定和运输作业)要求的适应能力以及完成作业的农艺质量。

a.牵引性能。是指拖拉机在一定的土壤条件下所发挥的牵引工作能力及其效率,主要评价指标:牵引力、牵引功率及牵引效率。它是决定牵引作业的机具配套和生产率的主要因素。

b.通过性。是指拖拉机能否通过不同地带的性能,一般分为越野性、障碍通过性、行间通过性三种。

越野性是指拖拉机在潮湿泥泞、松软地面或无路地带上通过的性能。

障碍通过性是指拖拉机能否通过局部起伏不平地段的性能。

行间通过性是指拖拉机能否在中耕作物行间多次通过而对作物伤害最少的性能。

c.对土壤结构的破坏程度。是指当拖拉机在水田作业时,行走机构可能破坏土壤的硬底层,引起泥脚不断加深;在旱地作业时会压实土壤,其压实程度与接地比压有密切关系。

d.机动性。是指拖拉机能否按驾驶员希望的路线行驶的性能,包括转向操纵性和直线行驶性。转向操作性一是要求拖拉机有足够转向力矩以克服转向时的阻力矩;二是要求转向半径小,使拖拉机能在小地块上灵活机动地行驶。

直线行驶性是指不操纵转向机构时拖拉机保持直线行驶的性能,用行驶一定距离后对原定方向偏离量来评价。

e.综合利用性能。是指拖拉机在满足主要作业要求的前提下,所能从事的其他作业以及完成这些作业的质量。

(2)技术经济性能。主要用于反映拖拉机使用中的成本和经济效果。

a. 生产率。拖拉机的生产率是指单位时间内拖拉机所要完成的作业量,在使用试验中查定。

b. 工作经济性。是指完成单位工作量所花费的成本。

(3)一般技术性能。是指上述农业技术性能和技术经济性能以外的其他性能,它们影响拖拉机完成作业的数量和质量。

a. 工作可靠性。是指拖拉机无故障地完成规定功能的概率,常用无故障性、维修经济性和耐久性来评价,是对拖拉机最基本的要求,是评价拖拉机质量的首要标志。

b. 工作安全性。是指拖拉机工作中防止出现机件和人身事故的性能,主要包括稳定性和制动性能以及外露运转部件的安全防护和安全挂接机具等。

稳定性是指拖拉机在坡道上行驶不致发生翻倾或滑移的性能。主要评价指标:纵向稳定性和横向稳定性。

制动性能是指拖拉机在行驶中能迅速停车和在斜坡上可靠停车的能力。主要评价指标:行车制动和停车制动性能。

c. 动力输出轴性能。表示拖拉机通过动力输出轴驱动农机具工作的能力。主要评价指标:最大动力输出轴功率、标准转速下的动力输出轴功率和动力输出轴转矩储备系数。

d. 维护保养和驾驶前准备的方便性。

e. 劳动保护性能。其要求为驾驶人员提供良好的劳动条件,减轻劳动强度,保障身体健康。

2.3.2　拖拉机的整机参数

(1)额定牵引力。

(2)排挡数和各挡速度。

(3)发动机功率。

(4)拖拉机重量(分结构重量和使用重量)。

(5)轮距和轴距。

(6)离地间隙。

(7)重心位置(重心的高度、纵向和横向坐标)。

2.4　拖拉机发展趋势

2.4.1　拖拉机行业"十一五"市场发展趋势

2006年是我国第十一个五年计划的开局之年,也是我国拖拉机行业在经过数

年低迷徘徊重现生机后走向理性发展的关键之年。专家预测分析,“十一五”期间我国拖拉机产品市场发展将呈现以下趋势:

小型拖拉机供大于求,市场拓展各显其能。

我国小型拖拉机每年产销量200万台左右,这种情况已持续多年,供大于求的局面早已形成,“十一五”期间产销量可能会出现萎缩。未来几年内,小型拖拉机市场竞争会向多元化发展,除价格竞争之外,傍名牌的现象也会更加突出,无论是手扶拖拉机还是小四轮拖拉机,都存在这种情况,就产品结构而言,手扶拖拉机和小四轮拖拉机的功率都有向上发展之势。

大中型拖拉机市场稳步攀升

从“十五”后两年大中型拖拉机市场咸鱼翻身,到进入“十一五”开局良好,预计“十一五”期间大中型拖拉机市场是一个稳步攀升阶段,攀升幅度的大小或出现低平过渡将取决于国家的政策和行业及企业的自律行为。

我国大、中型拖拉机的产销量猛升给行业带来利好的信息,一些中小企业及民营企业已经进入或跃跃欲试,大有跑马圈地争夺地盘的趋向。据统计,“十五”期间大中型拖拉机的结构比重平均值为:25～40马力功率段的机型占大中型拖拉机总量的46%,50马力以上占54%,市场总需求趋势向高功率段发展。

我国“十一五”期间大中型拖拉机总需求量可能在90万～100万台,平均每年18万～20万台;50马力以下的比重将有明显减少;70～100马力的比重将有明显的增加;100马力以上的机型总需求量可能在2.5万～3万台,平均每年5 000～6 000台;履带拖拉机总需求量可能在2万～3万台,平均每年4 000～5 000台。

2.4.2 世界拖拉机的技术发展趋势

随着高新技术的应用和电子及信息技术对产品和生产技术的渗透,世界拖拉机产品的技术发展趋势将具有以下几个特点:

(1)拖拉机产品系列的划分将更加细化,即每个拖拉机系族将派生出4～6个系列,变型产品品种将越来越多。

(2)产品结构型式仍将以前轮小、后轮大、前轮转向的标准型为主,四轮驱动型将占95%以上,大、中型拖拉机一般只生产四轮驱动型产品。

(3)拖拉机发动机功率将继续增加,4缸和6缸机将普遍采用增压和中冷技术。发动机的所有技术进步均以有利于环保和节能为前提,拖拉机柴油机的排放要求将越来越严格。代用燃料的研究将进一步得到发展。

(4)全动力换挡变速箱将作为拖拉机的标准装备,液压无级传动系得到广泛应用,高速(50 km/h)拖拉机将越来越多。

(5)负荷传感式液压系被普遍应用,并可用于农机具上。

(6)拖拉机机电一体化水平将进一步提高。电子技术的应用更为广泛，在现有产品部件应用的基础上，将在无级变速传动系、动力换挡的动力输出轴、静液压转向器、负荷传感系统、液压泵悬架系统、前置动力输出轴和前置提升器等部件上广泛采用电子技术。

(7)为了适应生态农业、保护性耕作、畜禽集约化与无公害饲养等可持续发展农业的需要，以卫星全球定位系统(GPS)、地理信息系统(GIS)与卫星遥感系统(RS)等为代表的高新技术在大、中型拖拉机上的应用，将是今后一段时间的主要发展方向。另外，为提高机械性能和使用方便性，今后拖拉机将更为广泛地采用计算机技术，实现作业自动监视与报警、自动控制、自动监测主要工作部件故障、自动记录和自动排除故障等。

(8)无人驾驶拖拉机将陆续问世。由于GPS技术的发展，已使无人驾驶拖拉机成为现实。1999年，雷诺公司与法国Cemagref研究中心和Pascal大学电子自动化科研实验室合作，研制成功首台通过GPS操作的无人驾驶农用拖拉机；日本北海道大学与农机厂联合研制的无人驾驶拖拉机，首次实现了从农机库房到农场的无人驾驶。

(9)拖拉机产品质量和可靠性将进一步提高。为了确保产品质量，拖拉机产品设计将普遍采用CAD及可靠性设计等现代设计技术，整体造型和外观质量将更加受到重视。

(10)在拖拉机产品生产过程中，将广泛采用先进制造技术，如激光自动切割机、自动焊接机器人、喷漆机器人及数控柔性加工中心、机器人与自动装配线等。

3 拖拉机构造

3.1 发动机的分类

发动机是把某一种形式的能量转变成机械能的机器。农用发动机多为内燃机,内燃机是把燃料燃烧的化学能转变成热能,然后又把热能转变成机械能的机器,并且这种能量转换过程是在发动机气缸内部进行的。拖拉机上使用的内燃机主要是柴油机。发动机(内燃机)的分类方法很多,按照不同的分类方法可以把内燃机分成不同的类型。

3.1.1 按照所用燃料分类

内燃机按照所使用燃料的不同可以分为汽油机和柴油机(图 3-1)。使用汽油为燃料的内燃机称为汽油机;使用柴油机为燃料的内燃机称为柴油机。汽油机与柴油机比较各有特点:汽油机转速高,质量小,噪声小,启动容易,制造成本低;柴油机压缩比大,热效率高,经济性能和排放性能都比汽油机好。

3.1.2 按照行程分类

内燃机按照完成一个工作循环所需的行程数可分为四行程内燃机和二行程内燃机(图 3-2)。把曲轴转两圈(720°),活塞在气缸内上下往复运动四个行程,完成一个工作循环的内燃机称为四行程内燃机;而把曲轴转一圈(360°),活塞在气缸内上下往复运动两个行程,完成一个工作循环的内燃机称为二行程内燃机。汽车发动机广泛使用四行程内燃机。

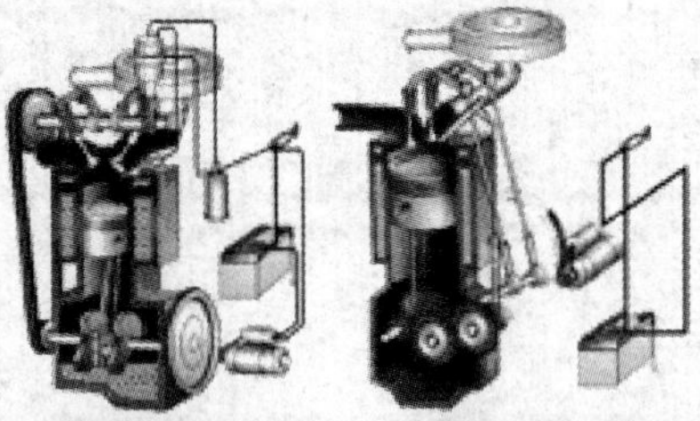

图 3-1 汽油机和柴油机

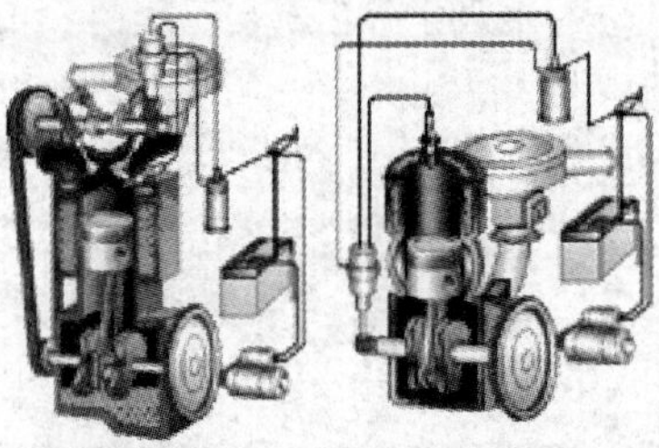

图 3-2 四行程和二行程内燃机

3.1.3 按照冷却方式分类

内燃机按照冷却方式不同可以分为水冷发动机和风冷发动机(图 3-3)。水冷发动机是利用在气缸体和气缸盖冷却水套中进行循环的冷却液作为冷却介质进行冷却的;而风冷发动机是利用流动于气缸体与气缸盖外表面散热片之间的空气作为冷却介质进行冷却的。水冷发动机冷却均匀,工作可靠,冷却效果好,被广泛地应用于现代车用发动机。

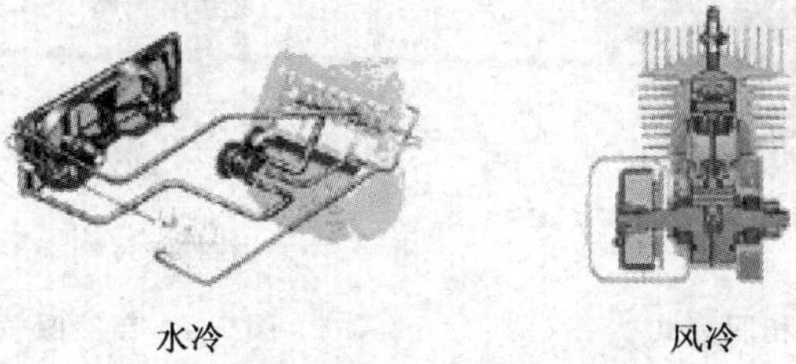

图 3-3 水冷发动机和风冷发动机

3.1.4 按照气缸数目分类

内燃机按照气缸数目不同可以分为单缸发动机和多缸发动机(图 3-4)。仅有一个气缸的发动机称为单缸发动机;有两个以上气缸的发动机称为多缸发动机。如双缸、三缸、四缸、五缸、六缸、八缸、十二缸等都是多缸发动机。拖拉机多采用单缸、四缸发动机。

图 3-4 单缸发动机和多缸发动机

3.1.5 按照气缸排列方式分类

内燃机按照气缸排列方式不同可以分为单列式和双列式(图 3-5)。单列式发动机的各个气缸排成一列,一般是垂直布置的,但为了降低高度,有时也把气缸布置成倾斜的甚至水平的;双列式发动机把气缸排成两列,两列之间的夹角大于180°(一般为 90°)称为 V 形发动机,若两列之间的夹角等于 180°称为对置式发动机。

3.1.6 按照进气系统是否采用增压方式分类

内燃机按照进气系统是否采用增压方式可以分为自然吸气(非增压)式发动机和强制进气(增压式)发动机(图 3-6)。汽油机常采用自然吸气式;柴油机为了提高功率有采用增压式的。

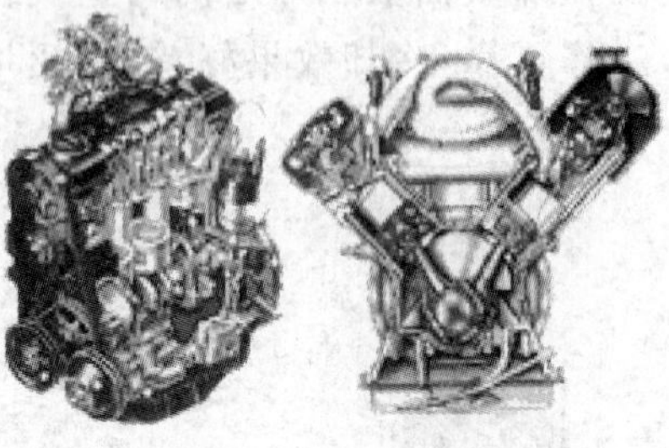

直形　　V形

图 3-5　单列式和双列式

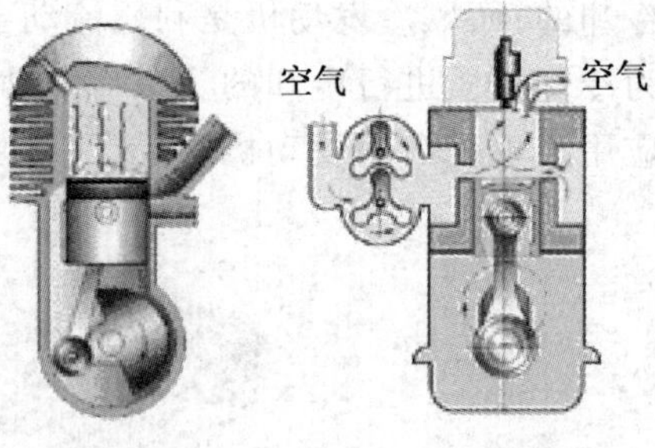

自然吸气　　增压

图 3-6　自然吸气式和强制进气发动机

3.2　发动机的基本构造

发动机是一种由许多机构和系统组成的复杂机器。无论是汽油机，还是柴油机；无论是四行程发动机，还是二行程发动机；无论是单缸发动机，还是多缸发动机，要完成能量转换，实现工作循环，保证长时间连续正常工作，都必须具备以下一些机构和系统。

3.2.1　发动机的机构

(1)曲柄连杆机构。曲柄连杆机构(图 3-7)是发动机实现工作循环，完成能量转换的主要运动零件。它由机体组、活塞连杆组和曲轴飞轮组等组成。在做功行程中，活塞承受燃气压力在气缸内作直线运动，通过连杆转换成曲轴的旋转运动，并从曲轴对外输出动力。而在进气、压缩、做功和排气行程中，飞轮释放能量又把曲轴的旋转运动转化成活塞的直线运动。

(2)配气机构。配气机构的功用是根据发动机的工作顺序和工作过程，定时开启和关闭进气门和排气门，使可燃混合气或空气进入气缸，并使废气从气缸内排出，实现换气过程。配气机构大多采用顶置气门式配气机构，一般由气门组、气门传动组和气门驱动组组成，如图 3-8 所示。

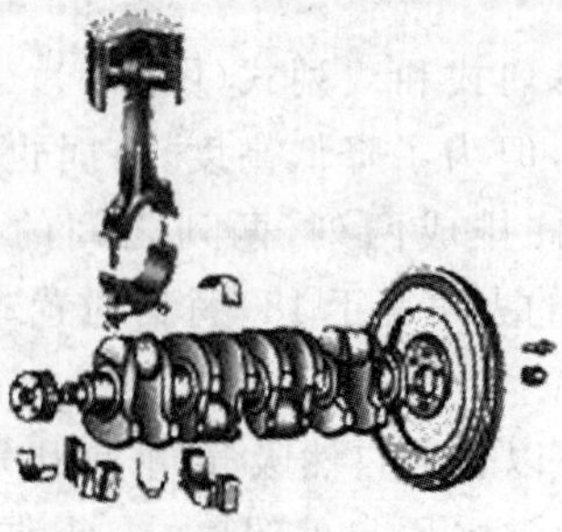

图 3-7　曲柄连杆机构

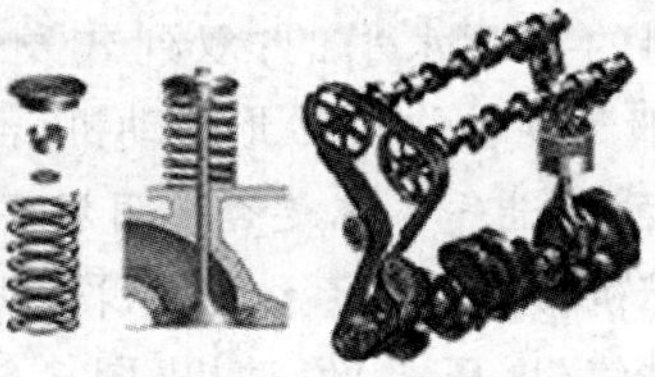

图 3-8　配气机构

(3)燃料供给系统。柴油机燃料供给系统(图 3-9)的功用是把柴油和空气分别供入气缸,在燃烧室内形成混合气并燃烧,最后将燃烧后的废气排出;汽油机燃料供给系的功用是根据发动机的要求,配制出一定数量和浓度的混合气,供入气缸,并将燃烧后的废气从气缸内排到大气中去。

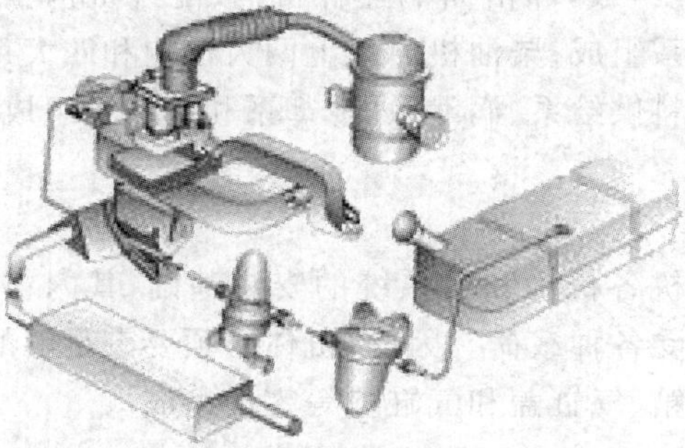

图 3-9 燃料供给系统

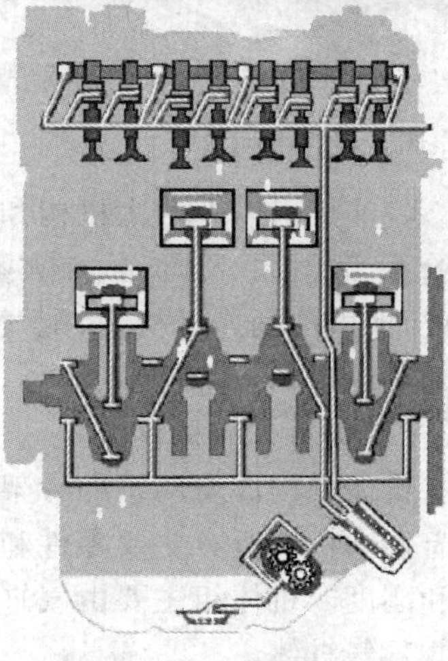

图 3-10 润滑系统

(4)润滑系统。润滑系统的功用是向作相对运动的零件表面输送定量的清洁润滑油,以实现液体摩擦,减小摩擦阻力,减轻机件的磨损。并对零件表面进行清洗和冷却。润滑系通常由润滑油道、机油泵、机油滤清器和一些阀门等组成,如图 3-10 所示。

(5)冷却系统。冷却系统的功用是将受热零件吸收的部分热量及时散发出去,保证发动机在最适宜的温度状态下工作。水冷发动机的冷却系通常由冷却水套、水泵、风扇、水箱、节温器等组成,如图 3-11 所示。

(6)点火系统。在汽油机中,气缸内的可燃混合气是靠电火花点燃的,为此在汽油机的气缸盖上装有火花塞,火花塞头部伸入燃烧室内。能够按时在火花塞电极间产生电火花的全部设备称为点火系,点火系通常由蓄电池、发电机、分电器、点火线圈和火花塞等组成,如图 3-12 所示。

(7)起动系统。要使发动机由静止状态过渡到工作状态,必须先用外力转动发动机的曲轴,使活塞做往复运动,气缸内的可燃混合气燃烧膨胀做功,推动活塞向下运动使曲轴旋转,发动机才能自行运转,工作循环才能自动进行。因此,曲轴在外力作用下开始转动到发动机开始自动地怠速运转的全过程,称为发动机的起动。完成起动过程所需的装置,称为发动机的起动系,如图 3-13 所示。

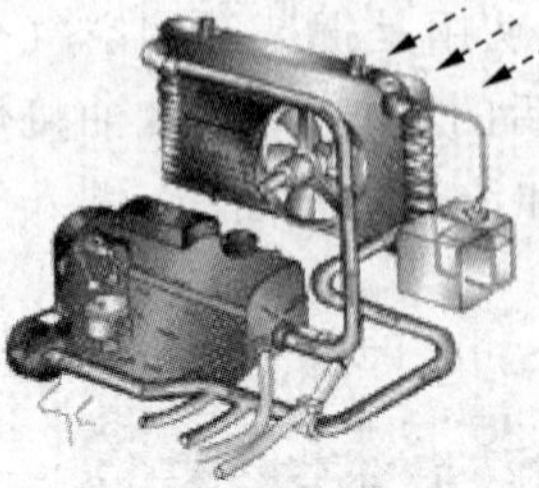

图 3-11 冷却系统

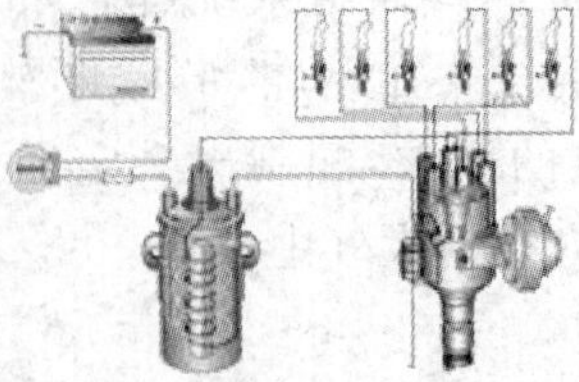

图 3-12 点火系统

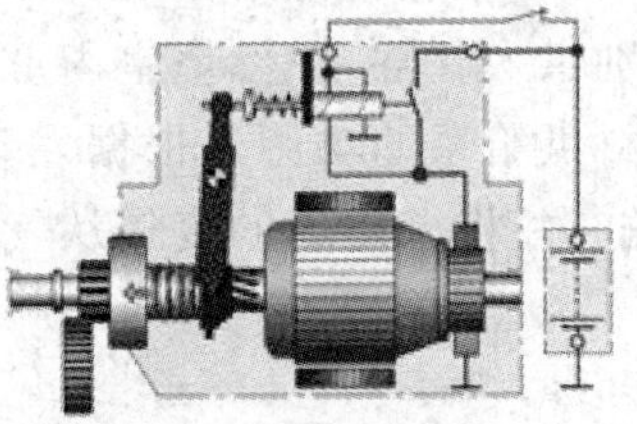

图 3-13 起动系统

汽油机由以上两大机构和五大系统组成，即由曲柄连杆机构、配气机构、燃料供给系、润滑系、冷却系、点火系和起动系组成；柴油机由以上两大机构和四大系统组成，即由曲柄连杆机构、配气机构、燃料供给系、润滑系、冷却系和起动系组成，柴油机是压燃的，不需要点火系。

3.2.2 发动机的机体组

机体是构成发动机的骨架，是发动机各机构和各系统的安装基础，其内、外安装着发动机的所有主要零件和附件，承受各种载荷。因此，机体必须要有足够的强度和刚度。机体组主要由气缸体、曲轴箱、气缸盖和气缸垫等零件组成。

1)气缸体

水冷发动机的气缸体和上曲轴箱常铸成一体，称为气缸体——曲轴箱，也可称为气缸体。气缸体一般用灰铸铁铸成，气缸体上部的圆柱形空腔称为气缸，下半部为支承曲轴的曲轴箱，其内腔为曲轴运动的空间。在气缸体内部铸有许多加强筋，冷却水套和润滑油道等。

气缸体应具有足够的强度和刚度，根据气缸体与油底壳安装平面的位置不同，通常把气缸体分为以下三种形式，参见图 3-14。

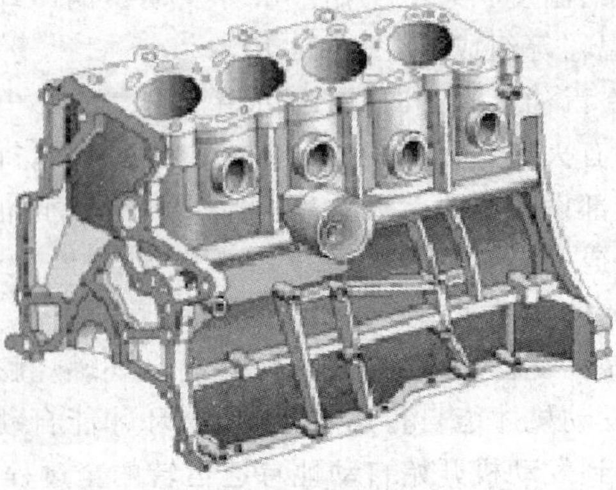

图 3-14 气缸体

(1)一般式气缸体。其特点是油底壳安装平面和曲轴旋转中心在同一高度。这种气缸体的优点是机体高度小,重量轻,结构紧凑,便于加工,曲轴拆装方便;但其缺点是刚度和强度较差。

(2)龙门式气缸体。其特点是油底壳安装平面低于曲轴的旋转中心。它的优点是强度和刚度都好,能承受较大的机械负荷;但其缺点是工艺性较差,结构笨重,加工较困难。

(3)隧道式气缸体。这种形式的气缸体曲轴的主轴承孔为整体式,采用滚动轴承,主轴承孔较大,曲轴从气缸体后部装入。其优点是结构紧凑,刚度和强度好,但其缺点是加工精度要求高,工艺性较差,曲轴拆装不方便。

为了能够使气缸内表面在高温下正常工作,必须对气缸和气缸盖进行适当的冷却。冷却方法有两种,一种是水冷,另一种是风冷。水冷发动机的气缸周围和气缸盖中都加工有冷却水套,并且气缸体和气缸盖冷却水套相通,冷却水在水套内不断循环,带走部分热量,对气缸和气缸盖起冷却作用。

2)曲轴箱

气缸体下部用来安装曲轴的部位称为曲轴箱,曲轴箱分上曲轴箱和下曲轴箱。上曲轴箱与气缸体铸成一体,下曲轴箱用来贮存润滑油,并封闭上曲轴箱,故又称为油底壳图。油底壳受力很小,一般采用薄钢板冲压而成,其形状取决于发动机的总体布置和机油的容量。油底壳内装有稳油挡板,以防止汽车颠动时油面波动过大。油底壳底部还装有放油螺塞,通常放油螺塞上装有永久磁铁,以吸附润滑油中的金属屑,减少发动机的磨损。在上下曲轴箱接合面之间装有衬垫,防止润滑油泄漏。

3)气缸盖

气缸盖安装在气缸体的上面,从上部密封气缸并构成燃烧室。它经常与高温高压燃气相接触,因此承受很大的热负荷和机械负荷。水冷发动机的气缸盖内部制有冷却水套,缸盖下端面的冷却水孔与缸体的冷却水孔相通。利用循环水来冷却燃烧室等高温部分。

缸盖上还装有进、排气门座,气门导管孔,用于安装进、排气门,还有进气通道和排气通道等。汽油机的气缸盖上加工有安装火花塞的孔,而柴油机的气缸盖上加工有安装喷油器的孔。顶置凸轮轴式发动机的气缸盖上还加工有凸轮轴轴承孔,用以安装凸轮轴。

气缸盖一般采用灰铸铁或合金铸铁铸成,铝合金的导热性好,有利于提高压缩比,所以近年来铝合金气缸盖被采用得越来越多。

气缸盖是燃烧室的组成部分,燃烧室的形状对发动机的工作影响很大,由于汽油机和柴油机的燃烧方式不同,其气缸盖上组成燃烧室的部分差别较大。汽油机的燃烧室主要在气缸盖上，而柴油机的燃烧室主要在活塞顶部的凹坑。

4)气缸垫

气缸垫装在气缸盖和气缸体之间，其功用是保证气缸盖与气缸体接触面的密封，防止漏气、漏水和漏油。

气缸垫的材料要有一定的弹性，能补偿结合面的不平度，以确保密封，同时要有好的耐热性和耐压性，在高温高压下不烧损、不变形。目前应用较多的是铜皮-棉结构的气缸垫，由于铜皮-棉气缸垫翻边处有三层铜皮，压紧时较之石棉不易变形。有的发动机还采用在石棉中心用编织的钢丝网或有孔钢板为骨架，两面用石棉及橡胶黏结剂压成的气缸垫。

安装气缸垫时，首先要检查气缸垫的质量和完好程度，所有气缸垫上的孔要和气缸体上的孔对齐。其次要严格按照说明书上的要求上好气缸盖螺栓。拧紧气缸盖螺栓时，必须由中央对称地向四周扩展的顺序分 2～3 次进行，最后一次拧紧到规定的力矩。

3.2.3 活塞连杆组——活塞

活塞连杆组由活塞、活塞环、活塞销、连杆、连杆轴瓦等组成，如图 3-15 所示。

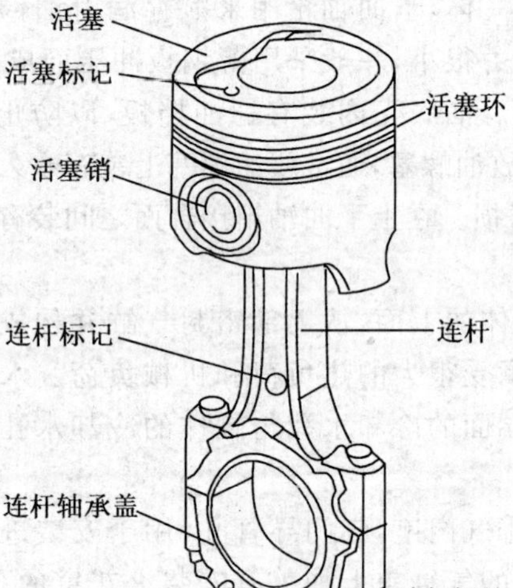

图 3-15 活塞连杆组

1)活塞

功用：活塞的功用是承受气体压力，并通过活塞销传给连杆驱使曲轴旋转，活塞顶部还是燃烧室的组成部分。工作条件：活塞在高温、高压、高速、润滑不良的条件下工作。活塞直接与高温气体接触，瞬时温度可达 2 500 K 以上，因此，受热严重,而散热条件又很差,所以,活塞工作时温度很高,顶部高达 600～700 K,且温度分布很不均匀;活塞顶部承受气体压力很大,特别是做功行程压力最大,汽油机高达 3～5 MPa,柴油机高达 6～9 MPa,这就使得活塞产生冲击,并承受侧压力的作用;活塞在气缸内以很高的速度(8～12 m/s)往复运动,且速度在不断地变化,这就产生了很大的惯性力,使活塞受到很大的附加载荷。活塞在这种恶劣的条件下工作,会产生变形并加速磨损,还会产生附加载荷和热应力,同时受到燃气的化学腐蚀作用。

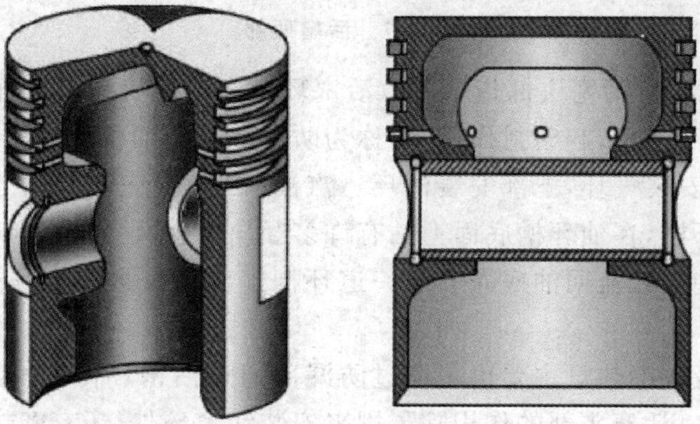

图 3-16　活塞

要求:(1)要有足够的刚度和强度,传力可靠。

(2)导热性能好,要耐高压、耐高温、耐磨损。

(3)质量小,重量轻,尽可能地减小往复惯性力。

铝合金材料基本上满足上面的要求,因此,活塞一般都采用高强度铝合金,但在一些低速柴油机上采用高级铸铁或耐热钢。

构造:活塞可分为三部分,即活塞顶部、活塞头部和活塞裙部。

(1)活塞顶部。活塞顶部承受气体压力,它是燃烧室的组成部分,其形状、位置、大小都和燃烧室的具体形式有关,都是为满足可燃混合气形成和燃烧的要求,其顶部形状可分为四大类,即平顶活塞、凸顶活塞、凹顶活塞和成型顶活塞。

平顶活塞顶部是一个平面,结构简单,制造容易,受热面积小,顶部应力分布较为均匀,一般用在汽油机上,柴油机很少采用。

凸顶活塞顶部凸起呈球顶形,其顶部强度高,起导向作用,有利于改善换气过程,二行程汽油机常采用凸顶活塞。

凹顶活塞顶部呈凹陷形,凹坑的形状和位置必须有利于可燃混合气的燃烧,有双涡流凹坑、球形凹坑、U 形凹坑等。

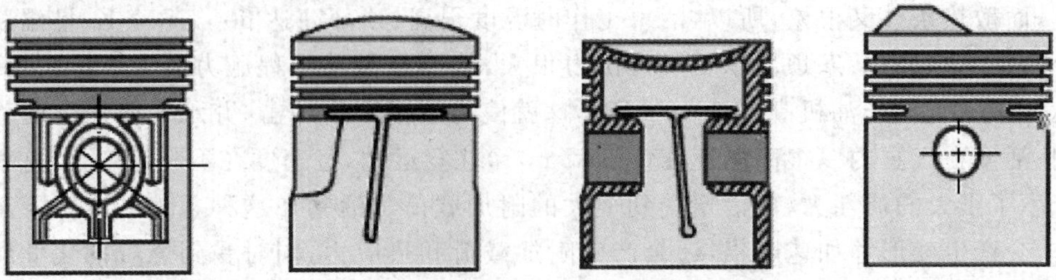

平顶活塞　凸顶活塞　凹顶活塞　成型顶活塞

图 3-17　活塞顶部

(2)活塞头部 。活塞头部指第一道活塞环槽到活塞销孔以上部分。它有数道环槽,用以安装活塞环,起密封作用,又称为防漏部。柴油机压缩比高,一般有四道环槽,上部三道安装气环,下部安装油环。汽油机一般有三道环槽,其中有两道气环槽和一道油环槽,在油环槽底面上钻有许多径向小孔,使被油环从气缸壁上刮下的机油经过这些小孔流回油底壳。第一道环槽工作条件最恶劣,一般应离顶部较远些。

活塞顶部吸收的热量主要也是经过防漏部通过活塞环传给气缸壁,再由冷却水传出去。总之,活塞头部的作用除了用来安装活塞环外,还有密封作用和传热作用,与活塞环一起密封气缸,防止可燃混合气漏到曲轴箱内,同时还将 70%～80%的热量通过活塞环传给气缸壁。

(3)活塞裙部。活塞裙部指从油环槽下端面起至活塞最下端的部分,它包括装活塞销的销座孔。活塞裙部对活塞在气缸内的往复运动起导向作用,并承受侧压力。裙部的长短取决于侧压力的大小和活塞直径。所谓侧压力是指在压缩行程和做功行程中,作用在活塞顶部的气体压力的水平分力使活塞压向气缸壁。压缩行程和做功行程气体的侧压力方向正好相反,由于燃烧压力大大高于压缩压力,所以,做功行程中的侧压力也大大高于压缩行程中的侧压力。活塞裙部承受侧压力的两个侧面称为推力面,它们处于与活塞销轴线相垂直的方向上。

2)活塞连杆组——活塞环

活塞环是具有弹性的开口环,有气环和油环之分。

功用:气环(图 3-18)是保证气缸与活塞间的密封性,防止漏气,并且要把活塞顶部吸收的大部分热量传给气缸壁,由冷却水带走。其中密封作用是主要的,因为密封是传热的前提。如果密封性不好,高温燃气将直接从气缸表面流入曲轴箱。这样不但由于环面和气缸壁面贴合不严而不能很好散热,而且由于外圆表面吸收附加热量而导致活塞和气环烧坏;油环起布油和刮油的作用,下行时刮除气缸壁上多余的机油，上行时在气缸壁上铺涂一层均匀的油膜。这样既可以防止机油窜入气缸燃烧掉，又可以减少活塞、活塞环与气缸壁的摩擦阻力，此外，油环还能起到封气的辅助作用。

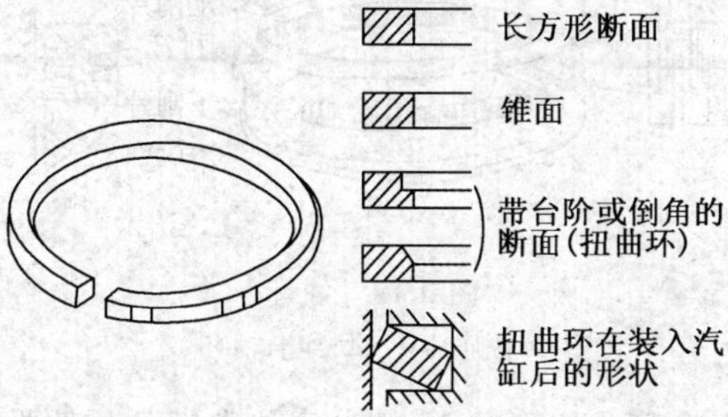

图 3-18 气环

工作条件：活塞环在高温、高压、高速和润滑极其困难的条件下工作，尤其是第一道环最为困难，长期以来，活塞环一直是发动机上使用寿命最短的零件。活塞环工作时受到气缸中高温高压燃气的作用，温度很高(特别是第一道环温度可高达600 K)，活塞环在气缸内随活塞一起做高速运动，加上高温下机油可能变质，使环的润滑条件变坏，难以保证良好的润滑，因而磨损严重。另外，由于气缸壁的锥度和椭圆度，活塞环随活塞往复运动时，沿径向会产生一张一缩运动，使环受到交变应力而容易折断。因此，要求活塞环弹性好，强度高、耐磨损。目前广泛采用的活塞环材料是合金铸铁(在优质灰铸铁中加入少量铜、铬、钼等合金元素)，第一道环镀铬，其余环一般镀锡或磷化。

(1)气环。气环开有切口，具有弹性，在自由状态下外径大于气缸直径，它与活塞一起装入气缸后，外表面紧贴在气缸壁上，形成第一密封面，被封闭的气体不能通过环周与气缸之间，便进入了环与环槽的空隙，一方面把环压到环槽端面形成第二密封面，同时，作用在环背的气体压力又大大加强了第一密封面的密封作用，气环密封效果一般与气环数量有关，汽油机一般采用 2 道气环，柴油机一般多采用 3 道气环。

(2)油环。油环有普通油环和组合油环两种(图 3-19)。

①普通油环：普通油环又叫整体式油环。环的外圆柱面中间加工有凹槽，槽中钻有小孔或开切槽，当活塞向下运动时，将缸壁上多余的机油刮下，通过小孔或切槽流回曲轴箱；当活塞上行时，刮下的机油仍通过回油孔流回曲轴箱。有些普通环还在其外侧上边制有倒角，使环在随活塞上行时形成油楔，可起均布润滑油的作用，下行刮油能力强，减少了润滑油的上窜。

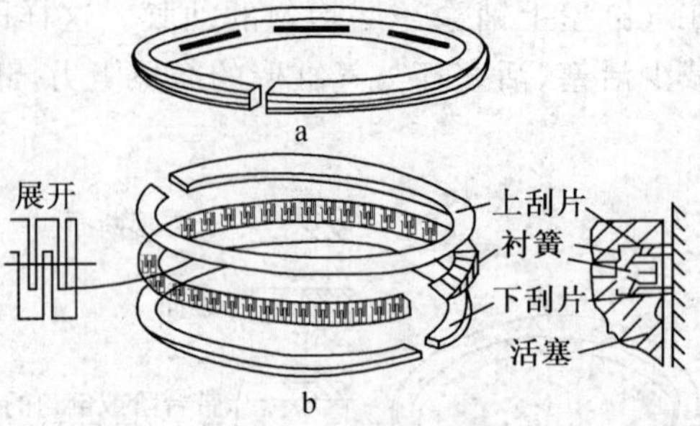

图 3-19 油环

a. 普通油环 b. 组合油环

②组合式油环:组合环由上下两片侧轨环与中间的扩胀器组成,侧轨环用镀铬钢片制成,扩胀器的周边比气缸内圆周略大一些,可装侧轨环紧紧压向气缸壁。这种油环的接触压力高,对气缸壁面适应性好,而且回油通路大,重量小,刮油效果明显。图 3-18 右侧所示的组合环由三个刮油钢片和两个弹性衬环组成,它具有上述组合环的优点。近年来汽车发动机上越来越多地采用了组合式油环。它的缺点主要是制造成本高。

3)活塞连杆组——活塞销

活塞销的功用是连接活塞和连杆小头,并把活塞承受的气体压力传给连杆。

活塞销在高温下周期地承受很大的冲击载荷,其本身又作摆转运动,而且处于润滑条件很差的情况下工作,因此,要求活塞销具有足够的强度和刚度,表面韧性好,耐磨性好,重量轻。所以活塞销一般都做成空心圆柱体,采用低碳钢和低碳合金钢制成,外表面经渗碳淬火处理以提高硬度,精加工后进行磨光,有较高的尺寸精度和表面光洁度。

活塞销的内孔有三种形状:a. 圆柱形;b. 两段截锥与一段圆柱组合;c. 两段截锥形。

圆柱形孔结构简单,加工容易,但从受力角度分析,中间部分应力最大,两端较小,所以这种结构质量较大,往复惯性力大;为了减小质量,减小往复惯性力,活塞销做成两段截锥形孔,接近等强度梁,但孔的加工较复杂;组合形孔的结构介于二者之间。

活塞销与活塞销座孔及连杆小头衬套孔的连接配合有两种方式:“全浮式”安装和“半浮式”安装(见图 3-20)。

“全浮式”安装,当发动机工作时,活塞销、连杆小头和活塞销座都有相对运动,这样,活塞销能在连杆衬套和活塞销座中自由摆动,使磨损均匀。为了防止全浮式活塞销轴向窜动刮伤气缸壁，在活塞销两端装有挡圈，进行轴向定位。由于活塞是铝活塞，而活塞销采用钢材料，铝比钢热膨胀量大。为了保证高温工作时活塞销与活塞销座孔为过渡配合。装配时，先把铝活塞加热到一定程度，然后再把活塞销装入，这种安装方式应用较广泛。

“半浮式”安装的特点是活塞中部与连杆小头采用紧固螺栓连接，活塞销只能在两端销座内作自由摆动，而和连杆小头没有相对运动。活塞销不会作轴向窜动，不需要锁片。小轿车上应用较多。

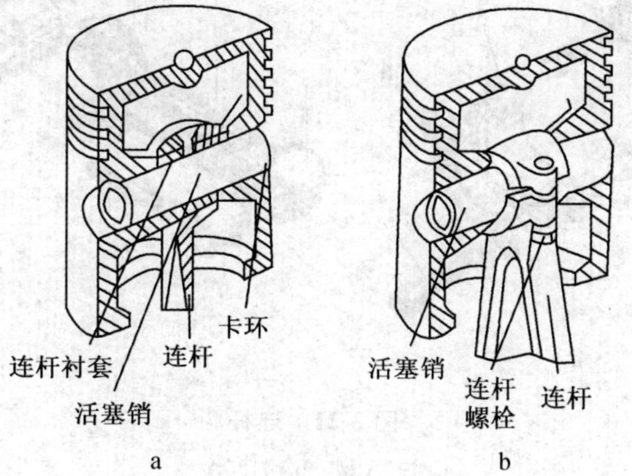

图 3-20 活塞销连接方式

a. 全浮式 b. 半浮式

4)活塞连杆组——连杆

连杆(图 3-21)的功用是连接活塞与曲轴。连杆小头通过活塞销与活塞相连，连杆大头与曲轴的连杆轴颈相连。并把活塞承受的气体压力传给曲轴，使活塞的往复运动转变成曲轴的旋转运动。

连杆工作时，承受活塞顶部气体压力和惯性力的作用，而这些力的大小和方向都是周期性变化的。因此，连杆受到的是压缩、拉伸和弯曲等交变载荷。这就要求连杆强度高，刚度大，重量轻。连杆一般都采用中碳钢或合金钢经模锻或辊锻而成，然后经机加工和热处理，连杆分为三个部分：即连杆小头、连杆杆身和连杆大头(包括连杆盖)。连杆小头与活塞销相连。

对全浮式活塞销，由于工作时小头孔与活塞销之间有相对运动，所以常常在连杆小头孔中压入减磨的青铜衬套。为了润滑活塞销与衬套，在小头和衬套上铣有油槽或钻有油孔以收集发动机运转时飞溅上来的润滑油并用以润滑。有的发动机连杆小头采用压力润滑，在连杆杆身内钻有纵向的压力油通道。采用半浮式活塞销是与连杆小头紧配合的，所以，小头孔内不需要衬套，也不需要润滑。

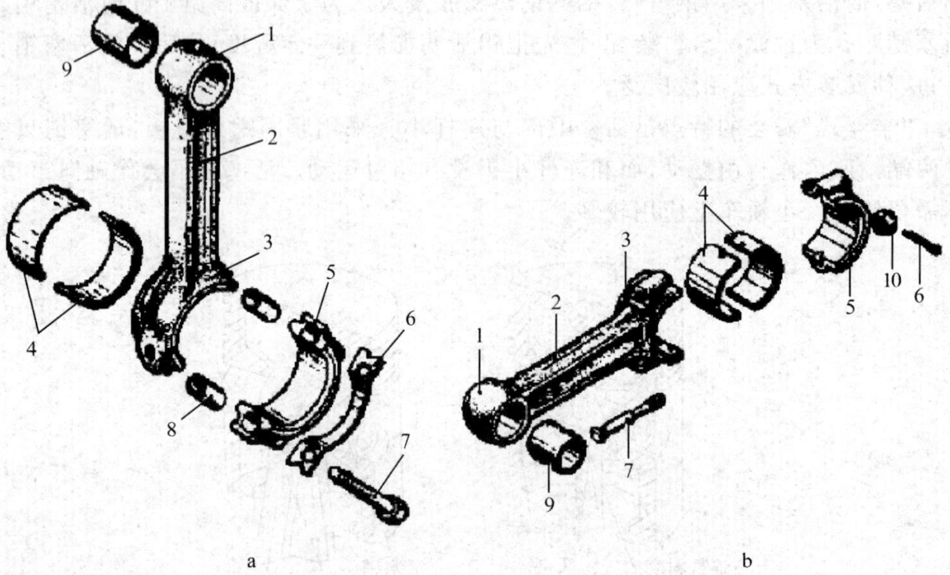

图 3-21 连杆

a. 495A 型 b. 4125A 型

1. 连杆小头 2. 连杆体 3. 连杆大头 4. 连杆轴瓦 5. 连杆盖 6. 锁片和开口销
7. 连杆螺钉 8. 定位销 9. 铜套 10. 连杆螺母

连杆杆身通常做成“I”字形断面，抗弯强度好，重量轻，大圆弧过渡，且上小下大，采用压力法润滑的连杆，杆身中部都制有连通大、小头的油道。

连杆大头与曲轴的连杆轴颈相连，大头有整体式和分开式两种。一般都采用分开式，分开式又分为平分和斜分两种。

平分——分面与连杆杆身轴线垂直（图 3-21），汽油机多采用这种连杆。因为，一般汽油机连杆大头的横向尺寸都小于气缸直径，可以方便地通过气缸进行拆装，故常采用平切口连杆。

斜分——分面与连杆杆身轴线成 30°～60°夹角。柴油机多采用这种连杆。因为柴油机压缩比大，受力较大，曲轴的连杆轴颈较粗，相应的连杆大头尺寸往往超过了气缸直径，为了使连杆大头能通过气缸，便于拆装，一般都采用斜切口，最常见的是 45°夹角。

把连杆大头分开可取下的部分叫连杆盖，连杆与连杆盖配对加工，加工后，在它们同一侧打上配对记号，安装时不得互相调换或变更方向。为此，在结构上采取了定位措施。平切口连杆盖与连杆的定位多采用连杆螺栓定位，利用连杆螺栓中部精加工的圆柱凸台或光圆柱部分与经过精加工的螺栓孔来保证的。斜切口连杆常用的定位方法有锯齿定位、圆销定位、套筒定位和止口定位。

连杆盖和连杆大头用连杆螺栓连在一起，连杆螺栓在工作中承受很大的冲击力，若折断或松脱，将造成严重事故。为此，连杆螺栓都采用优质合金钢，并精加工和热处理特制而成。安装连杆盖拧紧连杆螺栓螺母时，要用扭力扳手分 2～3 次交替均匀地拧紧到规定的扭矩，拧紧后还应可靠地锁紧。连杆螺栓损坏后绝不能用其他螺栓来代替。

连杆轴瓦——为了减小摩擦阻力和曲轴连杆轴颈的磨损，连杆大头孔内装有瓦片式滑动轴承，简称连杆轴瓦。轴瓦分上、下两个半片，目前多采用薄壁钢背轴瓦，在其内表面浇铸有耐磨合金层。耐磨合金层具有质软，容易保持油膜，磨合性好，摩擦阻力小，不易磨损等特点。耐磨合金常采用的有巴氏合金、铜铝合金、高锡铝合金。连杆轴瓦的背面有很高的光洁度。半个轴瓦在自由状态下不是半圆形，当它们装入连杆大头孔内时，又有过盈，故能均匀地紧贴在大头孔壁上，具有很好的承受载荷和导热的能力，并可以提高工作可靠性和延长使用寿命。

连杆轴瓦上制有定位凸键，供安装时嵌入连杆大头和连杆盖的定位槽中，以防轴瓦前后移动或转动，有的轴瓦上还制有油孔，安装时应与连杆上相应的油孔对齐。

3.2.4 配气机构

1）概述

（1）功用。配气机构是进、排气管道的控制机构，它按照气缸的工作顺序和工作过程的要求，准时地开闭进、排气门向气缸供给可燃混合气（汽油机）或新鲜空气（柴油机）并及时排出废气。另外，当进、排气门关闭时，保证气缸密封。进饱排净，四行程发动机都采用气门式配气机构。

（2）充气效率。新鲜空气或可燃混合气被吸入气缸越多，则发动机可能发出的功率越大。新鲜空气或可燃混合气充满气缸的程度，用充气效率 hv 表示。hv 越高，表明进入气缸的新气越多，可燃混合气燃烧时可能放出的热量也就越大，发动机的功率越大。

（3）型式。根据气门安装位置不同，分气门顶置式配气机构、气门侧置式配气机构。

气门型式如图 3-22 所示。气门位于气缸盖上称为气门顶置式配气机构，由凸轮、挺柱、推杆、摇臂、气门和气门弹簧等组成。其特点，进气阻力小，燃烧室结构紧凑，气流搅动大，能达到较高的压缩比，目前国产的汽车发动机都采用气门顶置式配气机构。

气门侧置　　气门顶置

图 3-22　气门型式

气门位于气缸体侧面称为气门侧置式配气机构，由凸轮、挺柱、气门和气门弹簧等组成。省去了推杆、摇臂等零件，简化了结构。因为它的进、排气门在气缸的一侧，压缩比受到限制，进排气门阻力较大，发动机的动力性和高速性均较差，逐渐被淘汰。

一般发动机都采用每缸两个气门，即一个进气门和一个排气门的结构。为了改善换气，在可能的条件下，应尽量加大气门的直径，特别是进气门的直径。但是由于燃烧室尺寸的限制，气门直径最大一般不能超过气缸直径的一半。当气缸直径较大，活塞平均速度较高时，每缸一进一排的气门结构就不能保证良好的换气质量。

2)气门组(图 3-23)

气门组包括：气门、气门座、气门导管、气门弹簧、锁片、卡簧，如图 3-24 所示。气门的功用：控制进、排气管的开闭。

工作条件：承受高温、高压、冲击、润滑困难。

要求：足够的强度、刚度、耐磨、耐高温、耐腐蚀、耐冲击。

材料：进气门采用合金钢（铬钢或镍铬等），排气门采用耐热合金钢（硅铬钢等）。

构造：气门由头部、杆身和尾部组成。

气门头部是一个具有圆锥斜面的圆盘，气门锥角一般为 45°，也有 30°(图 3-25)，气门头边缘应保持一定厚度，一般为 1～3 mm，以防工作中冲击损坏和被高温烧蚀。气门密封锥面与气门座配对研磨。气门头顶部形状有平顶、球面顶和喇叭形顶等(图 3-26)。

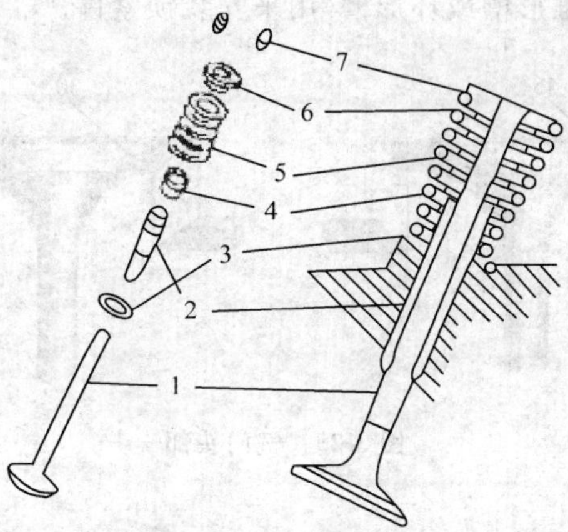

图 3-23　气门组

1. 气门　2. 气门导管　3. 气门弹簧下座圈　4. 气门油封　5. 气门弹簧　6. 气门弹簧座　7. 锁环

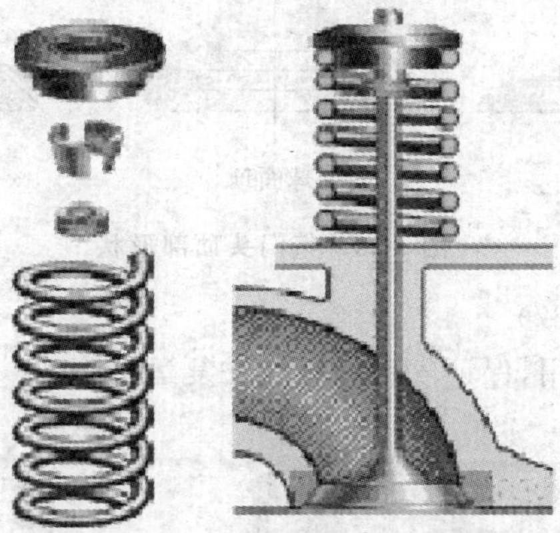

图 3-24　气门组件

平顶:结构简单、制造方便、吸热面积小,质量小、进、排气门均可采用。

球面顶:适用于排气门,强度高,排气阻力小,废气的清除效果好,但受热面积大,质量和惯性力大,加工较复杂。

喇叭形顶:适用于进气门,进气阻力小,但受热面积大。

有的发动机进气门头部直径比排气门大,两气门一样大时,排气门有记号。

杆身：杆身与头部制成一体，装在气门导管内起导向作用，杆身与头部采用圆滑过渡连接。

尾部：制有凹槽（锥形槽或环形槽）用来安装锁紧件。

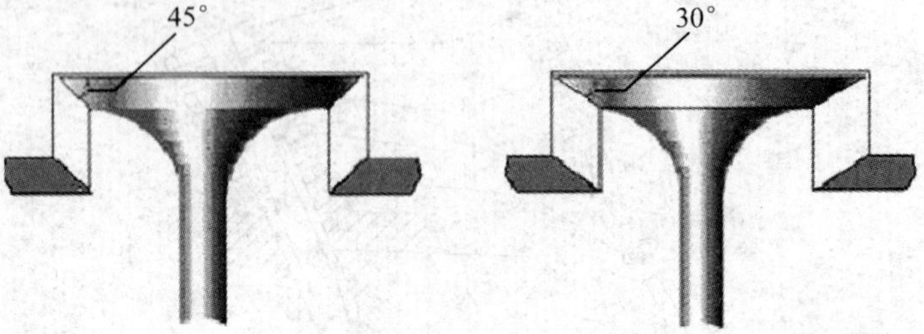

图 3-25 气门头部

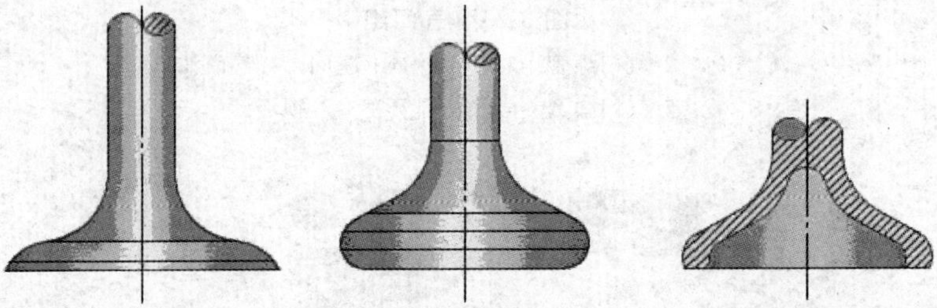

图 3-26 气门头顶部形状

3）气门导管（图 3-27）

功用：①起导向作用，保证气门做直线往复运动。

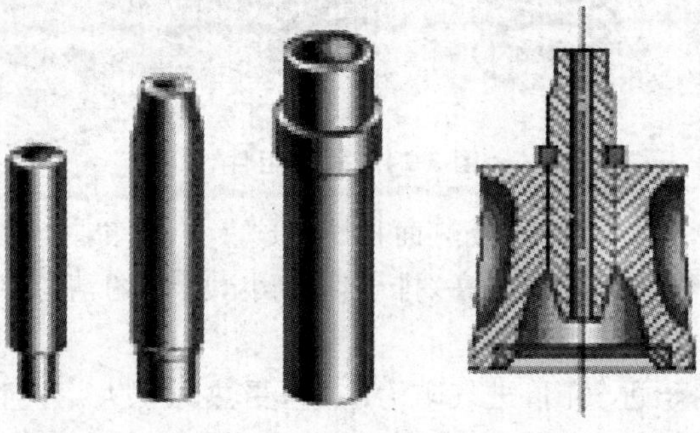

图 3-27 气门导管

②起导热作用，将气门头部传给杆身的热量，通过气缸盖传出去。

为了保证导向，导管应有一定的长度，气门导管的工作温度也较高，约 500 K。气门导管和气门的润滑是靠配气机构飞溅出来的机油进行润滑的，因此易磨损。为了改善润滑性能，气门导管常用灰铸铁或球墨铸铁或铁基粉末冶金制造。导管内、外圆面加工后压入气缸盖的气门导管孔内，然后再精铰内孔。为了防止气门导管在使用过程中松脱，有的发动机对气门导管用卡环定位。

4)气门座

气门座与气门头部密封锥面配合密封气缸，气门头部的热量亦经过气门座外传。气门座可以在缸盖或缸体上直接镗出，也可以采用镶嵌式结构。镶嵌式结构气门座都采用较好的材料(合金铸铁、奥氏体钢等)单独制作。

5)气门弹簧

功用：保证气门回位。

气门弹簧(图 3-28)的作用在于保证气门回位，在气门关闭时，保证气门与气门座之间的密封，在气门开启时，保证气门不因运动时产生的惯性力而脱离凸轮。气门弹簧多为圆柱形螺旋弹簧，它的一端支承在气缸盖上，另一端压靠在气门杆尾端的弹簧座上，弹簧座用锁片固定在气门杆的尾端。

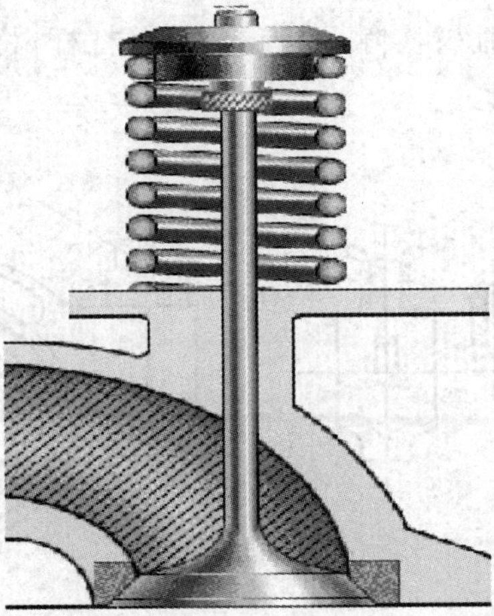

图 3-28 气门弹簧

6)气门传动组

功用：传递凸轮轴→气门之间的运动。

气门传动组包括凸轮轴、挺柱、推杆、摇臂气门间隙调整螺钉等。

(1)凸轮轴(图 3-29)。功用:控制气门的开启和关闭,每一个进、排气门分别有相应的进气凸轮和排气凸轮。凸轮的形状影响气门的开闭时刻及高度,凸轮的排列影响气门的开闭时刻和工作顺序(根据凸轮轴可以判断工作顺序)。工作中,凸轮轴受到气门间歇性开启的周期性冲击载荷,因此,对凸轮表面要求耐磨,凸轮轴要有足够的韧性和刚度。

(2)推杆(图 3-30)。推杆的作用是将从凸轮轴传来的推力传给摇臂,它是配气机构中最容易弯曲的零件。要求有很高的刚度,在动载荷大的发动机中,推杆应尽量地做得短些。

图 3-29 凸轮轴

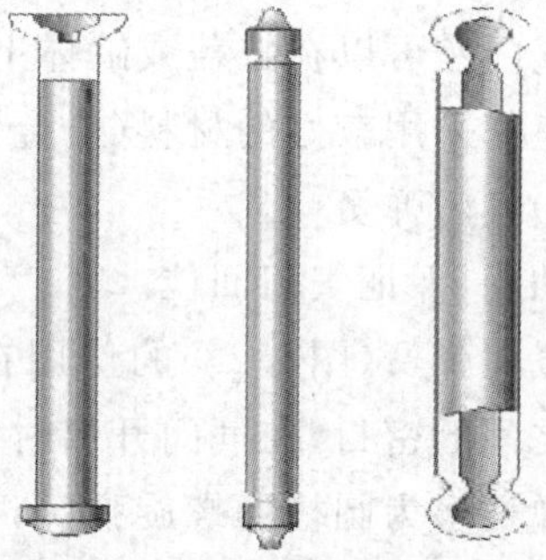

图 3-30 推杆

(3)摇臂(图 3-31)。摇臂实际上是一个双臂杠杆,将推杆传来的力改变方向,作用到气门杆端打开气门。

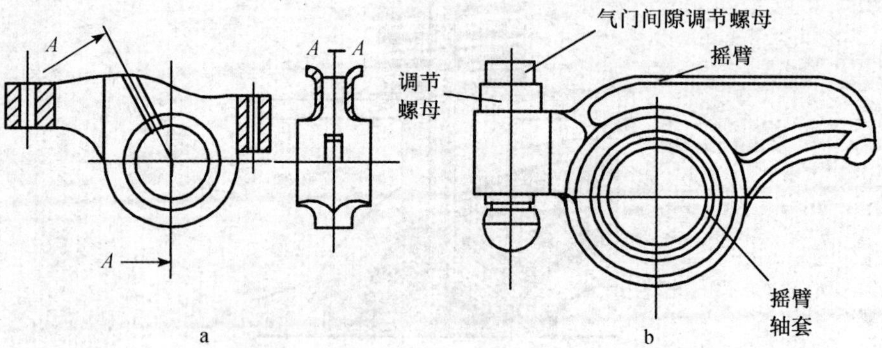

图 3-31 摇臂

a. 45 号钢冲压结构 b. 铸铁或铸钢铸造结构

3.2.5 柴油供给系统

柴油机供给系同样要完成柴油供给和空气供给以及可燃混合气的形成、燃烧和废气的排出任务。

1)组成

燃油供给装置:柴油箱、输油泵、柴油滤清器、喷油泵、喷油器等。

空气供给装置:空气滤清器、进气管道。

混合气形成装置:燃烧室。

废气排出装置:排气管道、消声器。

2)柴油

柴油是在 533～623 K 的温度范围内,从石油中提炼出的碳氢化合物,含碳 87%、氢 12.6%和氧 0.4%。柴油按凝点分为 10,0,－10,－20,－35 五个牌号,其凝点分别不高于 10℃,0℃,－10℃,－20℃,－35℃,牌号越高凝点越低。其代号分别为 RCZ-10,RC-0,RC-10,RC-20,RC-35,"R"和"C"是"燃"和"柴"字的汉语拼音字头,凝点在 0℃以上的则在"－"前加上"Z"字,选用时,号数应比实际气温低 5～10℃。

柴油机的使用性能指标:

发火性——指燃油的自燃能力,16 烷值越高,发火性越好。

蒸发性——由燃油的蒸馏实验。

黏度——决定燃油的流动性,黏度越小,流动性越好。

凝点——指柴油冷却到开始失去流动性的温度。

3)可燃混合气的形成与燃烧室

(1)可燃混合气的形成与燃烧。柴油机可燃混合气的形成和燃烧都是直接在燃烧室内进行的。当活塞接近压缩上止点时,柴油喷入气缸,与高压高温的空气接触,混合,经过一系列的物理、化学变化才开始燃烧。之后便是边喷射,边燃烧。其混合气的形成和燃烧是一个非常复杂的物理化学变化过程,其主要特点是:

①燃料的混合和燃烧是在气缸内进行的。

②混合与燃烧的时间很短(0.001 7～0.004 s)(气缸内)。

③柴油黏度大,不易挥发,必须以雾状喷入。

④可燃混合气的形成和燃烧过程是同时、连续重叠进行的,即边喷射,边混合,边燃烧。

(2)可燃混合气的形成与燃烧大体分四个时期(图 3-32)。

Ⅰ)备燃期

从喷油开始→开始着火燃烧为止。喷入气缸中的雾状柴油并不能马上着火燃烧,气缸中的气体温度,虽然已高于柴油的自燃点,但柴油的温度不能马上升高到自燃点,要经过一段物理和化学的准备过程。也就是说,柴油在高温空气的影响下,吸收热量,温度升高,逐层蒸发而形成油气,向四周扩散并与空气均匀混合(物理变化)。

随着柴油温度升高,少量的柴油分子首先分解,并与空气中的氧分子进行化学反应,具备着火条件而着火,形成了火源中心,为燃烧做好了准备。这一时期很短,一般仅为 0.000 7～0.003 s。

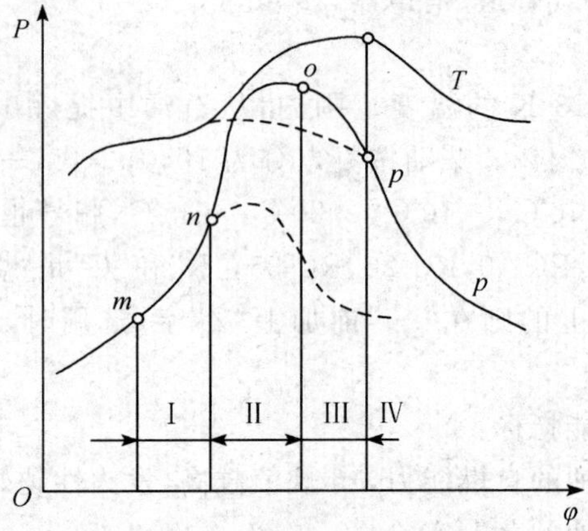

图 3-32 可燃混合气的形成过程

Ⅰ.备燃期 Ⅱ.速燃期 Ⅲ.缓燃期 Ⅳ.后燃期

Ⅱ)速燃期

从燃烧开始→气缸内出现时为止。火源中心已经形成,已准备好了的混合气迅速燃烧,在这一阶段由于喷入的柴油几乎同时着火燃烧,而且是在活塞接近上止点,气缸工作容积很小的情况下进行燃烧的,因此,气缸内的压力 P 迅速增加,温度升高很快。

Ⅲ)缓燃期

从出现→出现为止。这一阶段喷油器继续喷油,由于燃烧室内的温度和压力都高,柴油的物理和化学准备时间很短,几乎是边喷射边燃烧。但因为气缸中氧气减少,废气增多,燃烧速度逐渐减慢,气缸容积增大。所以气缸内压力略有下降,温度达到最高值,通常喷油器已结束喷油。

Ⅳ)后燃期

缓燃期以后的燃烧,这一时期,虽然不喷油,但仍有一少部分柴油没有燃烧完,随着活塞下行继续燃烧。后燃期没有明显的界限,有时甚至延长到排气冲程还在燃烧。后燃期放出的热量不能充分利用来做功,很大一部分热量将通过缸壁散至冷却水中,或随废气排出,使发动机过热,排气温度升高,造成发动机动力性下降,经济性下降。因此,要尽可能地缩短后燃期。

综上所述，要使燃烧过程进行得好，混合气形成的好坏是关键，所以对混合气形成的要求如下：

①必须要有足够的空气量和适当的柴油量：因为柴油燃烧放出热量是由于柴油和空气中的氧气在一定温度和压力条件下产生化学作用的结果，所以，空气与柴油是放热的两个重要因素。空气量与柴油量比例不同，所形成的可燃混合气的成分也就不同，一般要求 $\alpha=1.3\sim1.5$。α 过大：混合气过稀，燃烧速度慢，散发热量多，发动机有效功率(Ne)↓；α 过小：混合气过浓，燃烧不完全，油耗增加，冒黑烟，经济性变坏。可见 α 是影响发动机功率和油耗的重要因素。

②喷油时刻要准确，混合气形成的规律应合适：气缸中燃烧过程的主要放热阶段应该是上止点稍后，容积小可得到较高的压力，热效率高，热损失小，所以要求喷油时刻要准确。喷油过早、过迟对发动机工作都是不利的。

过早：混合气提前形成，并在活塞到达上止点前像爆炸似的同时着火燃烧，结果给正在上行的活塞造成一个短时间阻力，并严重"敲缸"，工作粗暴。

过迟：混合气在活塞下行时才开始形成和燃烧，结果燃烧空间增大，从气缸壁面传走的热量增加，造成发动机过热，燃烧压力降低(P↓)，气体压力推动活塞的效果减小，甚至有可能使部分混合气来不及燃烧而随废气排出去，使 Ne↓。

最好的喷油时刻与燃烧室的型式和发动机转速有关，对于一定结构的发动机在规定转速下，可通过试验找到一个功率大、油耗低的最好喷油时刻，通常用曲轴距活塞到达上止点的转角表示，称为喷油提前角。

③喷油质量应与燃烧室形状相适应，形成均匀的混合气。

雾化良好：喷油泵和喷油器的喷射质量应与燃烧室相适应。

燃烧室的形状：空气产生相应流动来促进混合。

④气流的搅动，燃料的性能。燃烧室的形状，切向进气，形成涡流，有利于混合，柴油的16烷值高，则自燃点低，备燃期短。

(3)改善燃烧性能的途径：根据可燃混合气的形成与燃烧过程得知柴油机要求：备燃期要短，速燃期压力升高要快才能使动力性好、经济性好、工作柔和、不冒烟。

因为柴油挥发性差，混合时间短，要求混合均匀，燃烧完全就必须要求喷射压力高，雾化好，喷射质量要满足燃烧室形状的要求。

3.2.6　润滑系统

发动机工作时，各运动零件均以一定的力作用在另一个零件上，并且发生高速的相对运动，有了相对运动，零件表面必然要产生摩擦，加速磨损。因此，为了减轻磨损，减小摩擦阻力，延长使用寿命，发动机上都必须有润滑系。

1)润滑系的功用

润滑作用:润滑运动零件表面,减小摩擦阻力和磨损,减小发动机的功率消耗。

清洗作用:机油在润滑系内不断循环,清洗摩擦表面,带走磨屑和其他异物。

冷却作用:机油在润滑系内循环还可带走摩擦产生的热量,起冷却作用。

密封作用:在运动零件之间形成油膜,提高它们的密封性,有利于防止漏气或漏油。

防锈蚀作用:在零件表面形成油膜,对零件表面起保护作用,防止腐蚀生锈。

液压作用:润滑油还可用作液压油,如液压挺柱,起液压作用。

减震缓冲作用:在运动零件表面形成油膜,吸收冲击并减小振动,起减震缓冲作用。

2)润滑方式

由于发动机各运动零件的工作条件不同,对润滑强度的要求也就不同,因而要相应地采取不同的润滑方式。

(1)压力润滑:利用机油泵,将具有一定压力的润滑油源源不断地送往摩擦表面。例如,曲轴主轴承、连杆轴承及凸轮轴轴承等处承受的载荷及相对运动速度较大,需要以一定压力将机油输送到摩擦面的间隙中,方能形成油膜以保证润滑。这种润滑方式称为压力润滑。

(2)飞溅润滑:利用发动机工作时运动零件飞溅起来的油滴或油雾来润滑摩擦表面的润滑方式称为飞溅润滑。这种润滑方式可使裸露在外面承受载荷较轻的气缸壁,相对滑动速度较小的活塞销,以及配气机构的凸轮表面、挺柱等得到润滑。

(3)定期润滑:发动机辅助系统中有些零件则只需定期加注润滑脂(黄油)进行润滑,例如水泵及发电机轴承就是采用这种方式定期润滑。近年来在发动机上采用含有耐磨润滑材料(如尼龙、二硫化钼等)的轴承来代替加注润滑脂的轴承。

3)润滑油

发动机的润滑剂有润滑油和润滑脂。润滑油习惯上称为机油,品种很多。

汽油机和柴油机使用的润滑油不同,汽油机润滑系使用的润滑油俗称汽油机机油,柴油机润滑系使用的润滑油俗称柴油机机油。

机油的黏度随温度变化而变化,温度高则黏度小,温度低则黏度大,因此,要根据季节选用不同牌号的润滑油。

4)润滑系组成

润滑系一般由机油泵、油底壳、机油滤清器、机油散热器、各种阀、传感器和机油压力表、温度表等组成。现代汽车发动机润滑系的组成及油路布置方案大致相似,只是由于润滑系的工作条件和具体结构的不同而稍有差别。

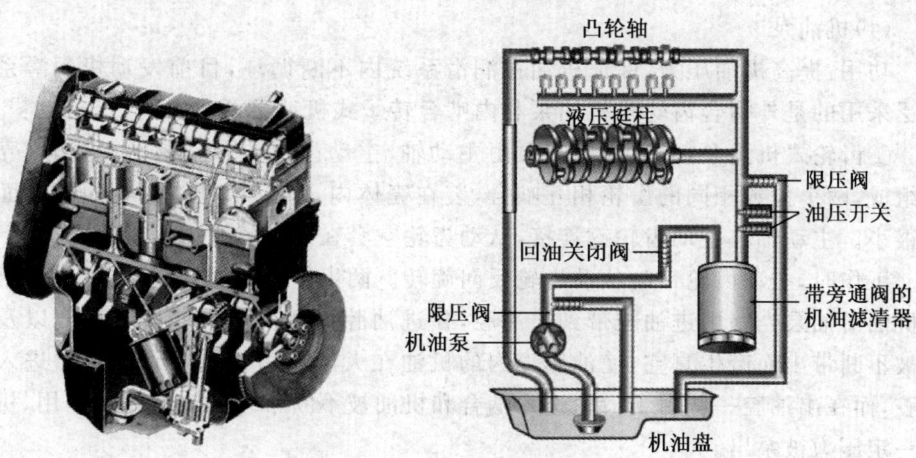

图 3-33 润滑系的组成

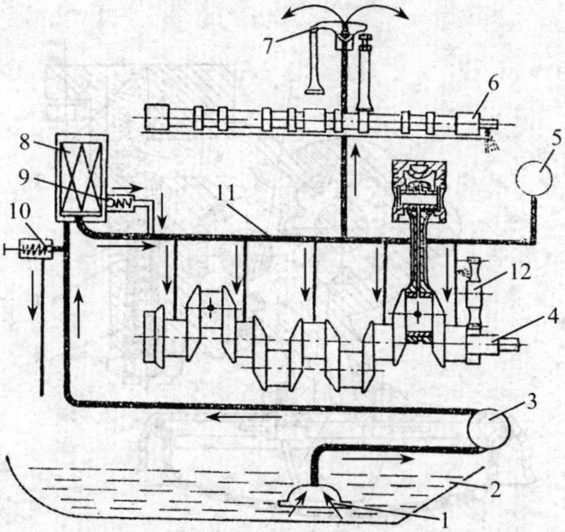

图 3-34 上海-45 型拖拉机发动机(495)润滑油路示意图

1. 机油集滤器 2. 油底壳 3. 内转子机油泵 4. 曲轴 5. 油压表 6. 凸轮轴
7. 摇臂 8. 机油滤清器 9. 安全阀 10. 机油泵限压阀 11. 主油管 12. 齿轮

5)发动机润滑部位

发动机的润滑部位主要有曲柄连杆机构、配气机构以及正室齿轮室。

6)润滑系的主要零部件

润滑系的主要部件有机油泵、机油滤清器,各种阀,机油散热器以及检视设备。

(1)机油泵

功用:提高机油压力,保证机油在润滑系统内不断循环,目前发动机润滑系中广泛采用的是外啮合齿轮式机油泵和内啮合转子式机油泵两种。

①齿轮式机油泵:齿轮式机油泵由主动轴、主动齿轮、从动轴、从动齿轮、壳体等组成,两个齿数相同的齿轮相互啮合,装在壳体内,齿轮与壳体的径向和端面间隙很小。主动轴与主动齿轮键连接,从动齿轮空套在从动轴上。

工作时,主动齿轮带动从动齿轮反向旋转。两齿轮旋转时,充满在齿轮齿槽间的机油沿油泵壳壁由进油腔带到出油腔,在进油腔一侧由于齿轮脱开啮合以及机油被不断带出而产生真空,使油底壳内的机油在大气压力作用下经集滤器进入进油腔,而在出油腔一侧由于齿轮进入啮合和机油被不断带入而产生挤压作用,机油以一定压力被泵出。

齿轮式机油泵结构简单,机械加工方便,工作可靠,使用寿命长,应用较广泛。

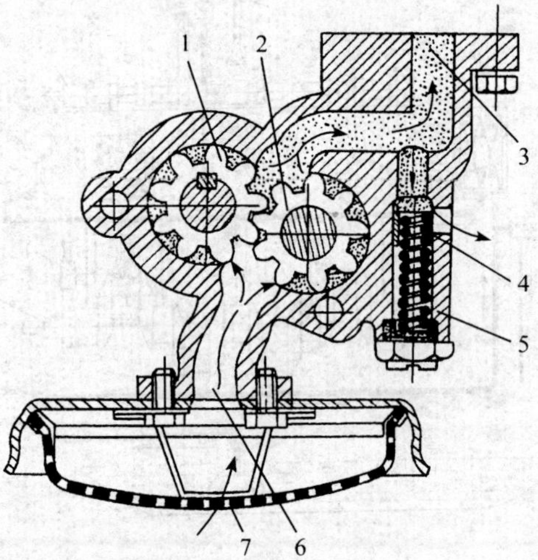

图 3-35 齿轮式机油泵

1.主动齿轮 2.从动齿轮 3.出油口 4.限压阀 5.壳体 6.进油口 7.滤网

②转子式机油泵:转子式机油泵由壳体、内转子、外转子和泵盖等组成。内转子用键或销子固定在转子轴上,由曲轴齿轮直接或间接驱动,内转子和外转子中心的偏心距为 e,内转子带动外转子一起沿同一方向转动。内转子有 4 个凸齿,外转子有 5 个凹齿,这样,内、外转子同向不同步的旋转。

转子齿形齿廓设计得使转子转到任何角度时,内、外转子每个齿的齿形廓线上总能互相成点接触。这样内、外转子间形成 4 个工作腔，随着转子的转动，这 4 个工作腔的容积是不断变化的。在进油道的一侧空腔，由于转子脱开啮合，容积逐渐增大，产生真空，机油被吸入，转子继续旋转，机油被带到出油道的一侧，这时，转子正好进入啮合，使这一空腔容积减小，油压升高，机油从齿间挤出并经出油道压送出去。这样，随着转子的不断旋转，机油就不断地被吸入和压出。

转子式机油泵结构紧凑，外形尺寸小，重量轻，吸油真空度较大，泵油量大，供油均匀性好，成本低，在中、小型发动机上应用广泛。

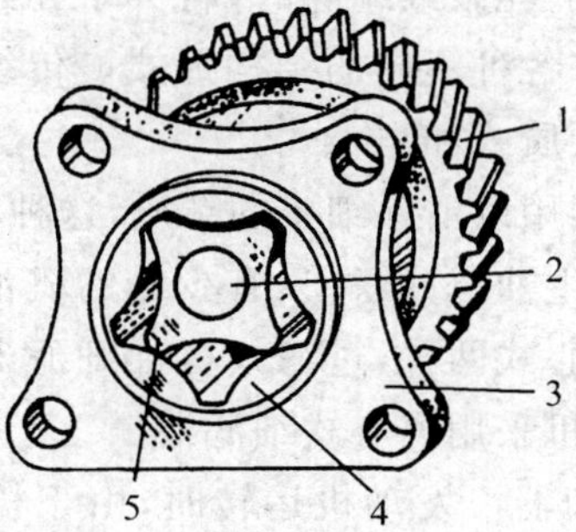

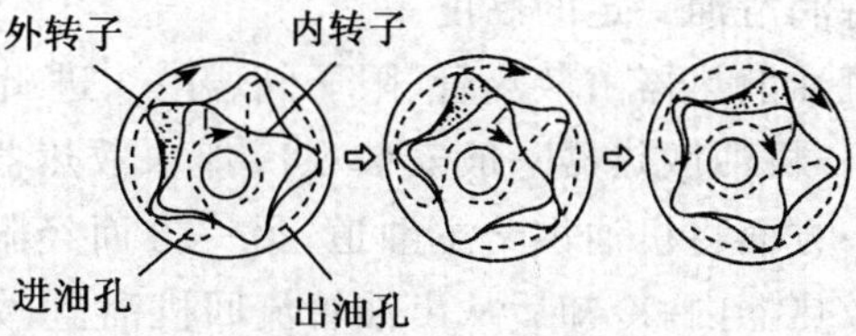

图 3-36　转子式机油泵

1. 驱动齿轮　2. 转子轴　3. 外壳　4. 外转子　5. 内转子

(2)机油滤清器。发动机工作时，金属磨屑和大气中的尘埃以及燃料燃烧不完全所产生的炭粒会渗入机油中，机油本身也因受热氧化而产生胶状沉淀物，机油中含有这些杂质。如果把这样的脏机油直接送到运动零件表面，机油中的机械杂质就会成为磨料，加速零件的磨损，并且引起油道堵塞及活塞环、气门等零件胶结。因此，必须在润滑系中设有机油滤清器，使循环流动的机油在送往运动零件表面之前得到净化处理。保证摩擦表面的良好润滑，延长其使用寿命。

一般润滑系中装有几个不同滤清能力的滤清器，集滤器、粗滤器和细滤器，分别串联和并联在主油道中。与主油道串联的滤清器称为全流式滤清器，一般为粗滤器；与主油道并联的滤清器称为分流式滤清器，一般为细滤器，过油量为 10%～30%。

①集滤器:集滤器是具有金属网的滤清器,安装于机油泵进油管上,其作用是防止较大的机械杂质进入机油泵。浮式集滤器飘浮于机油表面吸油,能吸入油面上较清洁的机油,但油面上的泡沫易被吸入,使机油压力降低,润滑欠可靠,目前应用不多。固定式集滤器淹没在油面之下,吸入的机油清洁度较差,但可防止泡沫吸入,润滑可靠,结构简单,逐步取代浮式集滤器。

②粗滤器:粗滤器用于滤去机油中粒度较大的杂质,机油流动阻力小,它通常串联在机油泵与主油道之间,属于全流式滤清器。粗滤器是过滤式滤清器,其工作原理是利用机油通过细小的孔眼或缝隙时,将大于孔眼或缝隙的杂质留在滤芯的外部。根据滤芯的不同,有各种不同的结构形式。传统的粗滤器多采用金属片缝隙式和绕线式,现多采用纸质式和锯末式。

③细滤器:机油细滤器用以清除细小的杂质,这种滤清器对机油的流动阻力较大,故多做成分流式,它与主油道并联,只有少量的机油通过它滤清后又回到油底壳。细滤器有过滤式和离心式两种,过滤式机油细滤器存在着滤清能力与通过能力的矛盾。为此多数发动机采用离心式细滤器。

(3)机油散热器和冷却器。发动机运转时,由于机油黏度随温度的升高而变稀,降低了润滑能力。因此,有些发动机装用了机油散热器或机油冷却器。其作用是降低机油温度,保持润滑油一定的黏度。

①机油散热器:机油散热器由散热管、限压阀、开关、进出水管等组成。其结构与冷却水散热器相似。机油散热器一般安装在冷却水散热器的前面,与主油道并联。机油泵工作时,一方面将机油供给主油道;另一方面经限压阀、机油散热器开关,进油管进入机油散热器内,冷却后从出油管流回机油盘,如此循环流动。

②机油冷却器:将机油冷却器置于冷却水路中,利用冷却水的温度来控制润滑油的温度。当润滑油温度高时,靠冷却水降温,发动机起动时,则从冷却水吸收热量使润滑油迅速提高温度。机油冷却器由铝合金铸成的壳体、前盖、后盖和铜芯管组成。为了加强冷却,管外又套装了散热片。冷却水在管外流动,润滑油在管内流动,两者进行热量交换。也有使油在管外流动,而水在管内流动的结构。

(4)阀门。在润滑系中都设有几个限压阀和旁通阀,以确保润滑系正常工作。

①限压阀:限压阀用以限制润滑系中机油的最高压力。发动机工作时,机油泵的泵油压力是随发动机转速增加而增高的,并且当润滑系中油路淤塞、轴承间隙过小或使用的机油黏度过大时,也将使供油压力增高。因此,在润滑系机油泵和主油道中设有限压阀,限制机油最高压力,以确保安全。

当机油泵和主油道上机油压力超过预定的压力时,克服限压阀弹簧作用力,顶开阀门,一部分机油从侧面通道流入油底壳内,使油道内的油压下降至设定的正常值后，阀门关闭。

②旁通阀：旁通阀用以保证润滑系内油路畅通，当机油滤清器堵塞时，机油通过并联在其上的旁通阀直接进入润滑系的主油道，防止主油道断油。旁通阀与限压阀的结构基本相同，只是其安装位置、控制压力、溢流方向不同，通常旁通阀弹簧刚度要比限压阀弹簧刚度小得多。

(5)油尺和机油压力表。油尺是用来检查油底壳内油量和油面高低的。它是一片金属杆，下端制成扁平，并有刻线。机油油面必须处于油尺上下刻线之间。

机油压力表用以指示发动机工作时润滑系中机油压力的大小，一般都采用电热式机油压力表，它由油压表和传感器组成，中间用导线连接。传感器装在粗滤器或主油道上，它把感受到的机油压力传给油压表。油压表装在驾驶室内仪表板上，显示机油压力的大小值。

7)曲轴箱通风装置

发动机工作时，一部分可燃混合气和废气经活塞环泄漏到曲轴箱内。泄漏到曲轴箱内的汽油蒸汽凝结后，将使润滑油变稀。同时，废气的高温和废气中的酸性物质及水蒸气将侵蚀零件，并使润滑油性能变坏。另外，由于混合气和废气进入曲轴箱，使曲轴箱内的压力增大，温度升高，易使机油从油封、衬垫等处向外渗漏。为此，一般汽车发动机都有曲轴箱通风装置，以便及时将进入曲轴箱内的混合气和废气抽出，使新鲜气体进入曲轴箱，形成不断地对流。曲轴箱通风方式一般有两种，一种是自然通风，另一种是强制通风。

(1)自然通风。从曲轴箱抽出的气体直接导入大气中的通风方式称为自然通风。柴油机多采用这种曲轴箱自然通风方式。在曲轴箱连通的气门室盖或润滑油加注口接出一根下垂的出气管，管口处切成斜口，切口的方向与汽车行驶的方向相反。利用汽车行驶和冷却风扇的气流，在出气口处形成一定真空度，将气体从曲轴箱抽出。

(2)强制通风。从曲轴箱抽出的气体导入发动机的进气管，吸入气缸再燃烧。这种通风方式称为强制通风，汽油机一般都采用这种曲轴箱强制通风方式，这样，可以将窜入曲轴箱内的混合气回收使用，有利于提高发动机的经济性。

3.2.7 冷却系统

1)概述

冷却系的主要功用是把受热零件吸收的部分热量及时散发出去，保证发动机在最适宜的温度状态下工作。

冷却系按照冷却介质不同可以分为风冷和水冷(图 3-37)，如果把发动机中高温零件的热量直接散入大气而进行冷却的装置称为风冷系。而把这些热量先传给冷却水,然后再散入大气而进行冷却的装置称为水冷系。由于水冷系冷却均匀,效果好,而且发动机运转噪声小。

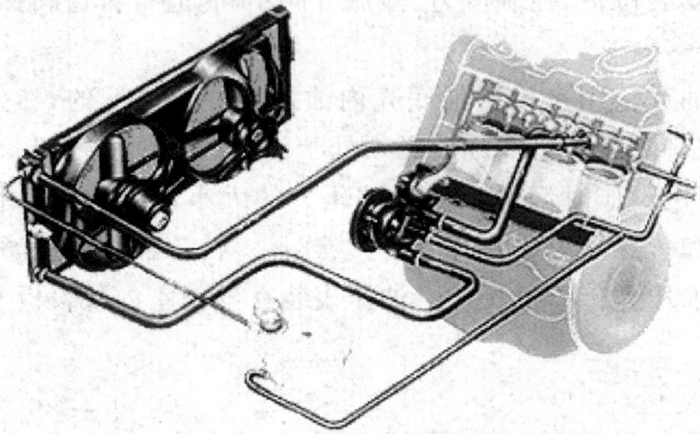

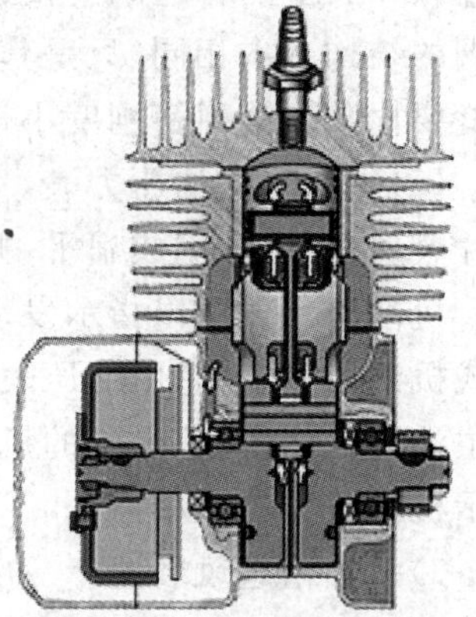

图 3-37 冷却系统

2)水冷却系的组成及水路

水冷却系是以水作为冷却介质,把发动机受热零件吸收的热量散发到大气中去。目前汽车发动机上采用的水冷系大都是强制循环式水冷系,利用水泵强制水在冷却系中进行循环流动。它由散热器、水泵、风扇、冷却水套和温度调节装置等组成(图 3-38)。

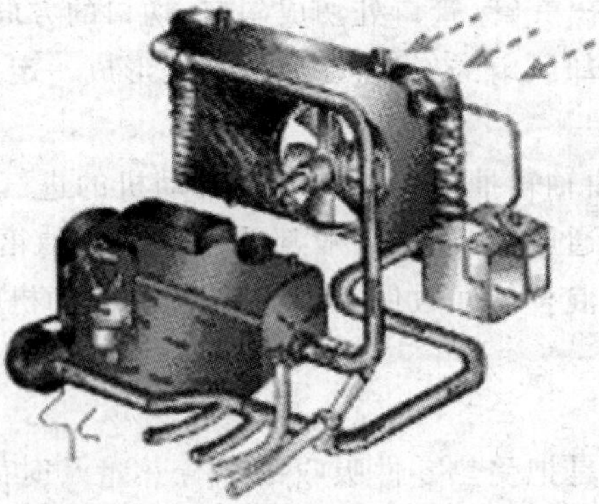

图 3-38 水冷却系

散热器内的冷却水加压后通过气缸体进水孔压送到气缸体水套和气缸盖水套

内,冷却水在吸收了机体的大量热量后经气缸盖出水孔流回散热器。由于有风扇的强力抽吸,空气流由前向后高速通过散热器。因此,受热后的冷却水在流过散热器芯的过程中,热量不断地散发到大气中去,冷却后的水流到散热器的底部,又被水泵抽出,再次压送到发动机的水套中,如此不断循环,把热量不断地送到大气中去,使发动机不断地得到冷却。

通常冷却水在冷却系内的循环流动路线有两条,一条为大循环,另一条为小循环。所谓大循环是水温高时,水经过散热器而进行的循环流动;而小循环就是水温低时,水不经过散热器而进行的循环流动,从而使水温升高。

3)水冷系主要部件的构造

(1)散热器。功用:增大散热面积,加速水的冷却。冷却水经过散热器后,其温度可降低 10～15℃,为了将散热器传出的热量尽快带走,在散热器后面装有风扇与散热器配合工作。

散热器又称为水箱,由上水室、散热器芯和下水室等组成。

散热器上水室顶部有加水口,冷却水由此注入整个冷却系并用散热器盖盖住。在上水室和下水室分别装有进水管和出水管,进水管和出水管分别用橡胶软管和气缸盖的出水管和水泵的进水管相连,这样,既便于安装,而且当发动机和散热器之间产生少量位移时不会漏水。在散热器下面一般装有减震垫,防止散热器受振动损坏。在散热器下水室的出水管上还有放水开关,必要时可将散热器内的冷却水放掉。

散热器芯由许多冷却管和散热片组成,对于散热器芯应该有尽可能大的散热面积,采用散热片是为了增加散热器芯的散热面积。散热器芯的构造形式有多样,常用的有管片式和管带式两种。

管片式散热器芯冷却管的断面大多为扁圆形,它连通上、下水室,是冷却水的通道。和圆形断面的冷却管相比,不但散热面积大,而且万一管内的冷却水结冰膨胀,扁管可以借其横断面变形而避免破裂。采用散热片不但可以增加散热面积,还可增大散热器的刚度和强度。这种散热器芯强度和刚度都好,耐高压,但制造工艺较复杂,成本高。

管带式散热器芯采用冷却管和散热带沿纵向间隔排列的方式,散热带上的小孔是为了破坏空气流在散热带上形成的附面层,使散热能力提高。这种散热器芯散热能力强,制造工艺简单,成本低,但结构刚度不如管片式大,一般多为轿车发动机采用,近年来在一些中型车辆上也开始采用。

对散热器的要求是,必须有足够的散热面积,而且所有材料导热性能要好,因此,散热器一般用铜或铝制成。

(2)风扇。功用:提高通过散热器芯的空气流速,增加散热效果,加速水的冷却。风扇通常安排在散热器后面，并与水泵同轴。当风扇旋转时，对空气产生吸力，使之沿轴向流动。空气流由前向后通过散热器芯，使流经散热器芯的冷却水加速冷却。

车用发动机的风扇有两种形式：轴流式和离心式。轴流式风扇所产生的风，其流向与风扇轴平行；离心式风扇所产生的风，其流向为径向。轴流式风扇效率高，风量大，结构简单，布置方便。因而在车用发动机上得到了广泛的应用。

(3)水泵。功用：对冷却水加压，加速冷却水的循环流动，保证冷却可靠。车用发动机上多采用离心式水泵，离心式水泵具有结构简单、尺寸小、排水量大、维修方便等优点。

离心式水泵主要由泵体、叶轮和水泵轴组成，叶轮一般是径向或向后弯曲的，其数目一般为6～9片。当叶轮旋转时，水泵中的水被叶轮带动一起旋转，在离心力作用下，水被甩向叶轮边缘，然后经外壳上与叶轮成切线方向的出水管压送到发动机水套内。与此同时，叶轮中心处的压力降低，散热器中的水便经进水管被吸进叶轮中心部分。如此连续的作用，使冷却水在水路中不断地循环。如果水泵因故停止工作时，冷却水仍然能从叶轮叶片之间流过，进行热流循环，不致于很快产生过热。

(4)冷却强度调节装置。冷却强度调节装置是根据发动机不同工况和不同使用条件，改变冷却系的散热能力，即改变冷却强度，从而保证发动机经常在最有利的温度状态下工作。改变冷却强度通常有两种调节方式，一种是改变通过散热器的空气流量；另一种是改变冷却液的循环流量和循环范围。

①改变通过散热器的空气流量：通常利用百叶窗和各种自动风扇离合器来实现改变通过散热器的空气流量。百叶窗是调节空气流量并防止冬季冻坏水箱，多用人工调节，也有采用自动调节装置的。自动风扇离合器是根据发动机的温度自动控制风扇的转速，调节扇风量以达到改变通过散热器的空气流量，它不仅能减少发动机的功率损失，节省燃油，而且还能提高发动机的使用寿命，降低发动机的噪声。

②改变通过散热器的冷却水的流量：通常利用节温器来控制通过散热器冷却水的流量。节温器装在冷却水循环的通路中（一般装在气缸盖的出水口），根据发动机负荷大小和水温的高低自动改变水的循环流动路线，以达到调节冷却系的冷却强度。节温器有蜡式和乙醚皱纹筒式两种，目前多数发动机采用蜡式节温器。

3.3 发动机常用术语

(1)上止点。活塞在气缸里作往复直线运动时，当活塞向上运动到最高位置，即活塞顶部距离曲轴旋转中心最远的极限位置，称为上止点。

(2)下止点。活塞在气缸里作往复直线运动时,当活塞向下运动到最低位置,即活塞顶部距离曲轴旋转中心最近的极限位置,称为下止点。

(3)活塞行程。活塞从一个止点到另一个止点移动的距离,即上、下止点之间的距离称为活塞行程。一般用 s 表示,对应一个活塞行程,曲轴旋转 180°。

(4)曲柄半径。曲轴旋转中心到曲柄销中心之间的距离称为曲柄半径,一般用 R 表示。通常活塞行程为曲柄半径的 2 倍,即 $S=2R$。

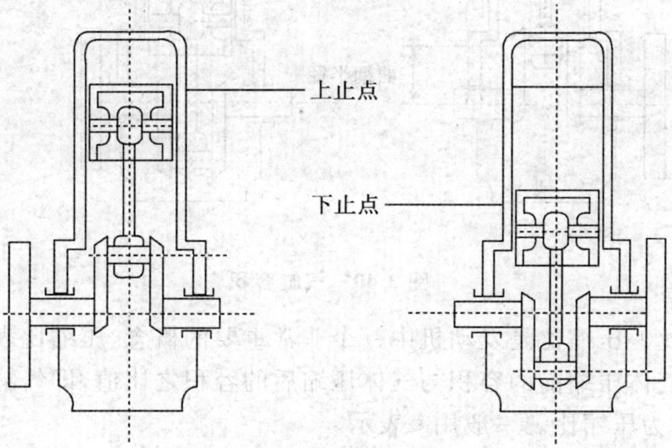

图 3-39 上止点与下止点

(5)气缸工作容积。

$$V_h=\frac{\pi}{4}D^2\cdot S\times10^{-6}(\mathrm{L})$$

活塞从一个止点运动到另一个止点所扫过的容积,称为气缸工作容积,一般用 V_h 表示。

式中:D——气缸直径,mm;S——活塞行程,mm。

(6)燃烧室容积。活塞位于上止点时,其顶部与气缸盖之间的容积称为燃烧室容积。一般用 V_c 表示。

(7)气缸总容积。活塞位于下止点时,其顶部与气缸盖之间的容积称为气缸总容积。一般用 V_a 表示,显而易见,气缸总容积就是气缸工作容积和燃烧室容积之和,即 $V_a=V_c+V_h$。

(8)发动机排量。多缸发动机各气缸工作容积的总和,称为发动机排量,一般用 V_L 表示。

$$V_L=V_h\times i$$

式中：V_h——气缸工作容积；i——气缸数目。

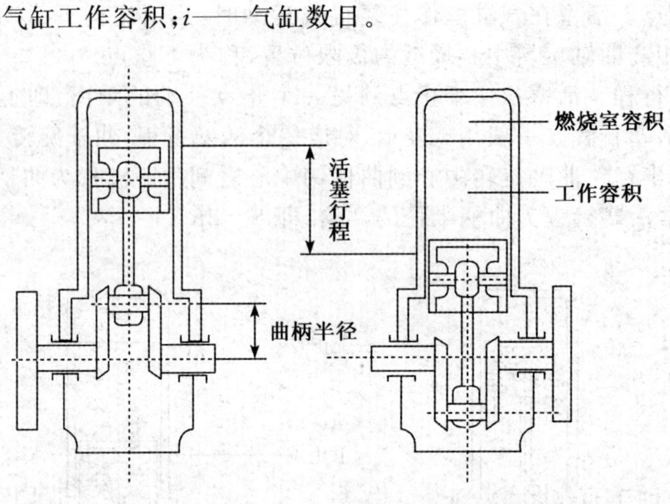

图 3-40 气缸容积

(9)压缩比。压缩比是发动机中一个非常重要的概念，压缩比表示了气体的压缩程度，它是气体压缩前的容积与气体压缩后的容积之比值，即气缸总容积与燃烧室容积之比称为压缩比。一般用 ε 表示。

$$\varepsilon=\frac{V_a}{V_c}=\frac{V_h+V_c}{V_c}=1+\frac{V_h}{V_c}$$

式中：V_a——气缸总容积；V_h——气缸工作容积；V_c——燃烧室容积。

通常柴油机的压缩比较高，一般为16～22，汽油机的压缩比为6～10。

(10)工作循环。每一个工作循环包括进气、压缩、做功和排气过程，即完成进气、压缩、做功和排气四个过程叫一个工作循环。

发动机是一种能量转换机构，它将燃料燃烧产生的热能转变成机械能。那么，它是怎样完成这个能量转换过程呢？也就是说它是怎样把热能转换成机械能的呢？要完成这个能量转换必须经过进气，把可燃混合气(或新鲜空气)引入气缸；然后将进入气缸的可燃混合气(或新鲜空气)压缩，压缩接近终点时点燃可燃混合气(或将柴油高压喷入气缸内形成可燃混合气并引燃)；可燃混合气着火燃烧，膨胀推动活塞下行实现对外做功；最后排出燃烧后的废气。即进气、压缩、做功、排气四个过程。把这四个过程叫做发动机的一个工作循环，工作循环不断地重复，就实现了能量转换，使发动机能够连续运转。把完成一个工作循环，曲轴转两圈(720°)，活塞上下往复运动四次，称为四行程发动机。而把完成一个工作循环，曲轴转一圈(360°)，活塞上下往复运动两次，称为二行程发动机。下面介绍一下四行程发动机的工作原理和工作过程。

3.4 发动机的工作原理

3.4.1 四行程汽油机的工作原理

四行程汽油机的运转是按进气行程、压缩行程、做功行程和排气行程的顺序不断循环反复的。

(1)进气行程。进气行程如图 3-41 所示。由于曲轴的旋转,活塞从上止点向下止点运动,这时排气门关闭,进气门打开。进气过程开始时,活塞位于上止点,气缸内残存有上一循环未排净的废气,因此,气缸内的压力稍高于大气压力。随着活塞下移,气缸内容积增大,压力减小,当压力低于大气压时,在气缸内产生真空吸力,空气经空气滤清器并与化油器供给的汽油混合成可燃混合气,通过进气门被吸入气缸,直至活塞向下运动到下止点。在进气过程中,受空气滤清器、化油器、进气管道、进气门等阻力影响,进气终了时,气缸内气体压力略低于大气压,为 0.075～0.09 MPa,同时受到残余废气和高温机件加热的影响,温度达到 370～400 K。实际汽油机的进气门是在活塞到达上止点之前打开,并且延迟到下止点之后关闭,以便吸入更多的可燃混合气。

(2)压缩行程。压缩行程如图 3-42 所示。曲轴继续旋转,活塞从下止点向上止点运动,这时进气门和排气门都关闭,气缸内成为封闭容积,可燃混合气受到压缩,压力和温度不断升高,当活塞到达上止点时压缩行程结束。此时气体的压力和温度主要随压缩比的大小而定,可燃混合气压力可达 0.6～1.2 MPa,温度可达 600～700 K。压缩比越大,压缩终了时气缸内的压力和温度越高,则燃烧速度越快,发动机功率也越大。但压缩比太高,容易引起爆燃。所谓爆燃就是由于气体压力和温度过高,可燃混合气在没有点燃的情况下自行燃烧,且火焰以高于正常燃烧数倍的速度向外传播,造成尖锐的敲缸声。会使发动机过热,功率下降,汽油消耗量增加以及机件损坏。轻微爆燃是允许的,但强烈爆燃对发动机是很有害的,汽油机的压缩比一般为 $\varepsilon=6\sim10$。

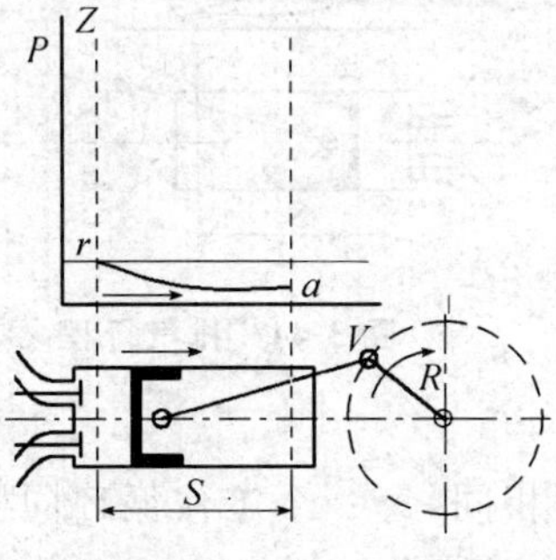

图 3-41 进气行程

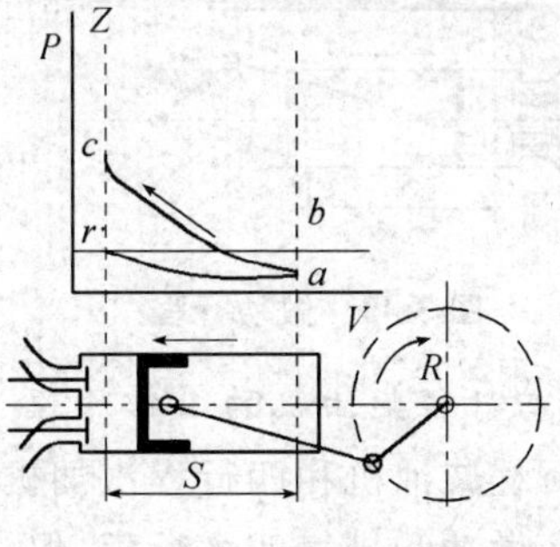

图 3-42 压缩行程

(3)做功行程。做功行程如图 3-43 所示。做功行程包括燃烧过程和膨胀过程,在这一行程中,进气门和排气门仍然保持关闭。当活塞位于压缩行程接近上止点(即点火提前角)位置时,火花塞产生电火花点燃可燃混合气,可燃混合气燃烧后放出大量的热使气缸内气体温度和压力急剧升高,最高压力可达 3～5 MPa,最高温度可达 2 200～2 800 K,高温高压气体膨胀,推动活塞从上止点向下止点运动,通过连杆使曲轴旋转并输出机械功,除了用于维持发动机本身继续运转外,其余用于对外做功。随着活塞向下运动,气缸内容积增加,气体压力和温度降低,当活塞运动到下止点时,做功行程结束,气体压力降低到 0.3～0.5 MPa,气体温度降低到 1 300～1 600 K。

(4)排气行程。排气行程如图 3-44 所示。可燃混合气在气缸内燃烧后生成的废气必须从气缸中排出去以便进行下一个进气行程。当做功接近终了时,排气门开启,进气门仍然关闭,靠废气的压力先进行自由排气,活塞到达下止点再向上止点运动时,继续把废气强制排到大气中去,活塞越过上止点后,排气门关闭,排气行程结束。实际汽油机的排气行程也是排气门提前打开,延迟关闭,以便排出更多的废气。由于燃烧室容积的存在,不可能将废气全部排出气缸。受排气阻力的影响,排气终止时,气体压力仍高于大气压力,为 0.105～0.115 MPa,温度为 900～1 200 K。曲轴继续旋转,活塞从上止点向下止点运动,又开始了下一个新的循环过程。可见四行程汽油机经过进气、压缩、做功、排气四个行程完成一个工作循环,这期间活塞在上、下止点往复运动了四个行程,相应地,曲轴旋转了两圈。

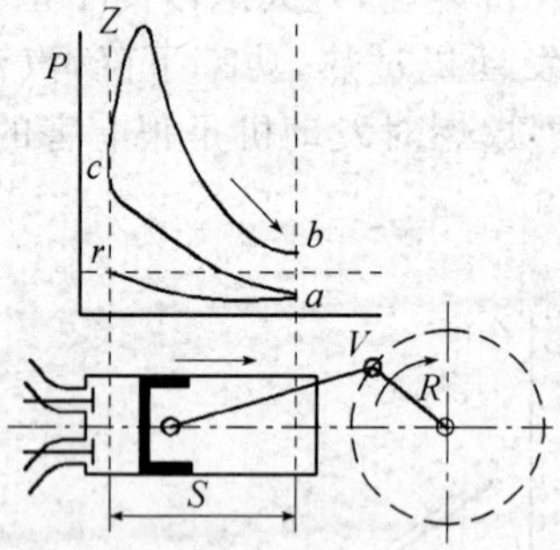

图 3-43 做功行程

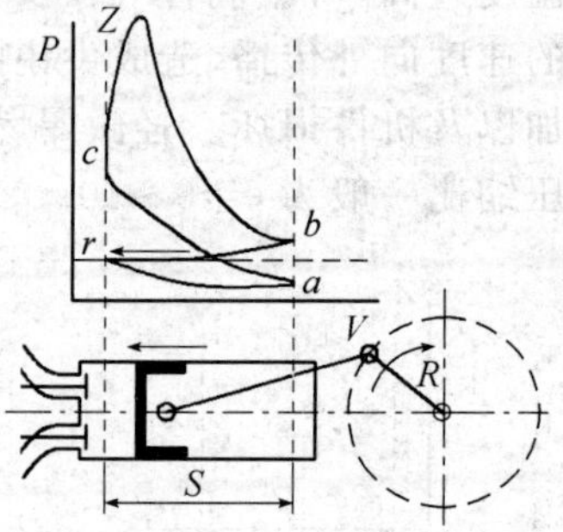

图 3-44 排气行程

3.4.2 四行程柴油机的工作原理

四行程柴油机和四行程汽油机的工作过程相同,每一个工作循环同样包括进气、压缩、做功和排气四个行程,但由于柴油机使用的燃料是柴油,柴油与汽油有较大的差别，柴油黏度大，不易蒸发，自燃温度低，故可燃混合气的形成，着火方式，燃烧过程以及气体温度压力的变化都和汽油机不同，下面主要分析一下柴油机和汽油机在工作过程中的不同点。

四行程柴油机在进气行程中所不同的是柴油机吸入气缸的是纯空气而不是可燃混合气，在进气通道中没有化油器，进气阻力小，进气终了时气体压力略高于汽油机而气体温度略低于汽油机。进气终了时气体压力为 0.078 5～0.093 2 MPa，气体温度为 300～370 K。

压缩行程压缩的也是纯空气，在压缩行程接近上止点时，喷油器将高压柴油以雾状喷入燃烧室，柴油和空气在气缸内形成可燃混合气并着火燃烧。柴油机的压缩比比汽油机的压缩比大很多(一般为 16～22)，压缩终了时气体温度和压力都比汽油机高，大大超过了柴油机的自燃温度。压缩终了时，气体压力为 3.5～4.5 MPa，气体温度为 750～1 000 K，柴油机是压缩后自燃着火的，不需要点火，故柴油机又称为压燃机。

柴油喷入气缸后，在很短的时间内与空气混合后便立即着火燃烧，柴油机的可燃混合气是在气缸内部形成的，而不像汽油机那样，混合气主要是在气缸外部的化油器中形成的。柴油机燃烧过程中气缸内出现的最高压力要比汽油机高得多，可高达 6～9 MPa，最高温度也可高达 2 000～2 500 K。做功终了时，气体压力为 0.2～0.4 MPa，气体温度为 1 200～1 500 K。

柴油机的排气行程和汽油机一样，废气同样经排气管排入到大气中去，排气终了时，气缸内气体压力为 0.105～0.125 MPa，气体温度为 800～1 000 K。

柴油机与汽油机比较，柴油机的压缩比高，热效率高，燃油消耗率低，同时柴油价格较低，因此，柴油机的燃料经济性能好，而且柴油机的排气污染少，排放性能较好。但它的主要缺点是转速低，质量大，噪声大，振动大，制造和维修费用高。在其发展过程中，柴油机不断发扬其优点，克服缺点，提高速度，有望得到更广泛的应用。

3.4.3 行程汽油机的工作原理

二行程汽油机的工作循环也是由进气、压缩、燃烧膨胀、排气过程组成，但它是在曲轴旋转一圈(360°)，活塞上下往复运动的两个行程内完成的。因此，二行程发动机与四行程发动机工作原理不同，结构也不一样。

例如曲轴箱换气式二行程汽油机，气缸上有三排孔，利用这三排孔分别在一定时刻被活塞打开或关闭进行进气、换气和排气的。工作原理如下：图 3-45a 表示活塞向上运动，将三排孔都关闭，活塞上部开始压缩，当活塞继续上行时，活塞下方打开了进气孔，可燃混合气进入曲轴箱(图 3-45b)，活塞接近上止点时(图 3-45c)，火花塞点燃混合气，气体燃烧膨胀，推动活塞向下运动，进气孔关闭，曲轴箱内的混合气受到压缩，当活塞接近下止点时，排气孔打开，排出废气，活塞再向下运动，换气孔打开，受到压缩的混合气便从曲轴箱经进气孔流入气缸内，并扫除废气（图 3-45d）。

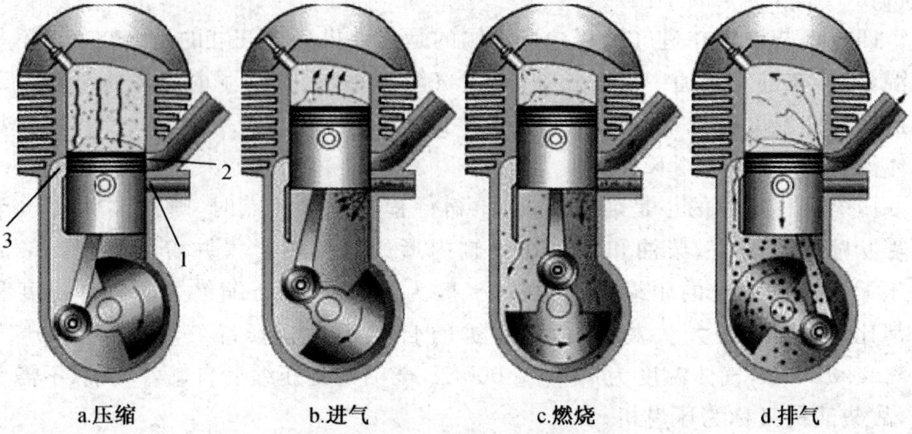

图 3-45 二行程汽油机的工作过程

1. 进气孔 2. 排气孔 3. 扫介孔

第一行程：活塞从下止点向上止点运动，事先已充满活塞上方气缸内的混合气被压缩，新的可燃混合气又从化油器被吸入活塞下方的曲轴箱内。

第二行程：活塞从上止点向下止点运动，活塞上方进行做功过程和换气过程，而活塞下方则进行可燃混合气的预压缩。

3.4.4 二行程柴油机的工作原理

二行程柴油机和二行程汽油机工作类似，所不同的是，柴油机进入气缸的不是可燃混合气，而是纯空气。例如带有扫气泵的二行程柴油机工作过程如图 3-46 所示。

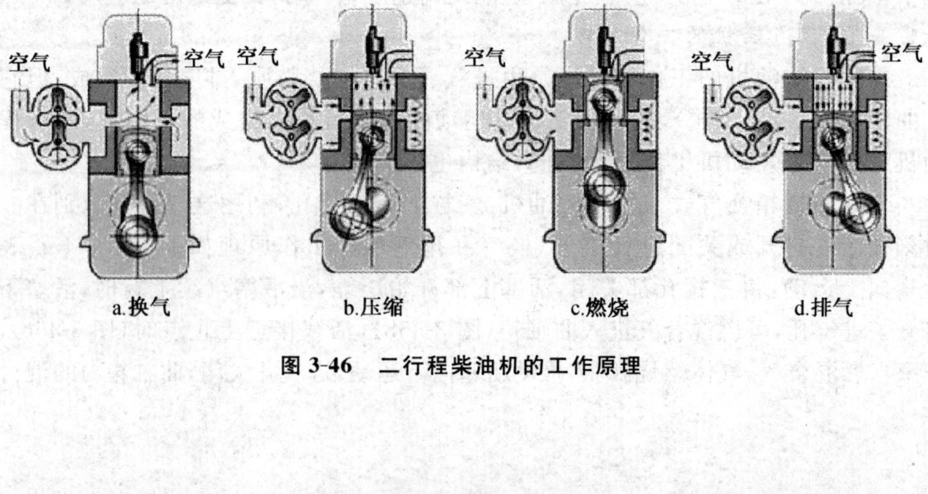

图 3-46 二行程柴油机的工作原理

第一行程:活塞从下止点向上止点运动,行程开始前不久,进气孔和排气门均以开启,利用从扫气泵流出的空气使气缸换气。当活塞继续向上运动进气孔被关闭,排气门也关闭,空气受到压缩,当活塞接近上止点时,喷油器将高压柴油以雾状喷入燃烧室,燃油和空气混合后燃烧,使气缸内压力增大。

第二行程:活塞从上止点向下止点运动,开始时气体膨胀,推动活塞向下运动,对外做功,当活塞下行到大约 2/3 行程时,排气门开启,排出废气,气缸内压力降低,进气孔开启,进行换气,换气一直延续到活塞向上运动 1/3 行程进气孔关闭结束。

3.4.5 多缸发动机的工作原理

前面介绍的是单缸发动机的工作过程,而现代汽车发动机都是多缸四行程发动机,那么,多缸四行程发动机与单缸四行程发动机的工作过程有什么区别呢?就能量转换过程,发动机的每一个气缸和单缸机的工作过程是完全一样的,都要经过进气、压缩、做功和排气四个行程。但是单缸发动机的四个行程中只有一个行程做功,其余三个行程不做功,即曲轴转两圈,只有半圈做功,所以运转平稳性较差,功率越大,平稳性就越差。为了使运转平稳,单缸机一般都装有一个大飞轮。而多缸发动机的做功行程是差开的,按照工作顺序做功,即曲轴转两圈交替做功,因此,运转平稳,振动小。缸数越多,做功间隔角越小,同时参与做功的气缸越多,发动机运转越平稳。多缸机使用最多的有四缸发动机、六缸发动机和八缸发动机。

4 手扶拖拉机

4.1 S195 柴油机的构造

S195 柴油机由曲柄连杆机构、配气机构、燃料供给系统、润滑系统、冷却系统和调速器等六大部分组成。这些机构和系统互相配合进行着有规则的运动，共同完成把柴油燃烧的热能转化为稳定的、持续的、机械功的任务。

4.1.1 机体

机体(图 4-1、图 4-2)又叫气缸体，是安装各零部件的骨架，在工作中它要承受很多作用力，所以机体要有很好的强度和刚度。机体是用铸铁制成的长方形箱体，在其表面和内部有许多经过加工的面和孔及铸成的通道，用来安装各零部件及保证润滑油和冷却系的流通。

机体中部有一垂直隔板，将内腔分成前后两半部。(柴油机的前、后、左、右与拖拉机的前、后、左、右正好相反。下同。)

前半部的镗孔内装有气缸套，气缸套前面用气缸盖密封；后半部是曲轴箱，内部装有曲轴、连杆组、平衡轴等。后面用后盖(图 4-2)盖住，后盖上有油标尺，插油尺的孔为加油口。机体下面装着油底壳，用来存放润滑油。机体右侧壁上装着主轴承盖，其上装有一个主轴承，和左侧壁上的另一主轴承共同支承曲轴。在右侧壁上还装有放水开关，用来放去冷却水。机体左侧塞上装有齿轮室盖，齿轮室内装有六只齿轮和调速器。机体上方前半部装有水箱；后半部装有柴油箱；中间装有吊环和吊环螺栓，供吊起柴油机时拴绳索用。

4.1.2 气缸套

气缸套(图 4-1)呈圆筒形，紧压在机体前半部的镗孔内，前端用缸盖密封。一般为湿式缸套，装配后在气缸套和机体之间构成冷却水套，缸套外面直接和冷却系接触。缸套后部凸台上有两个方形槽，装两个“O”形橡胶封水圈(图 4-1)，防止冷却水进入曲轴箱。

(1)每次拆卸对形封水圈都要换用新品，并应安装平整，不允许扭曲。

(2)缸套压入机体前，封水圈四周可涂上一层机油，以帮助密封和易滑入机体。

(3)缸套压入机体时，应扶正推入，防止歪斜以致封水圈被剪切损坏，气缸套变形失圆。

(4)装好后，缸套前端面应高出机体平面 0.04～0.17 mm，以保证气缸垫密封，防止漏气、漏水。

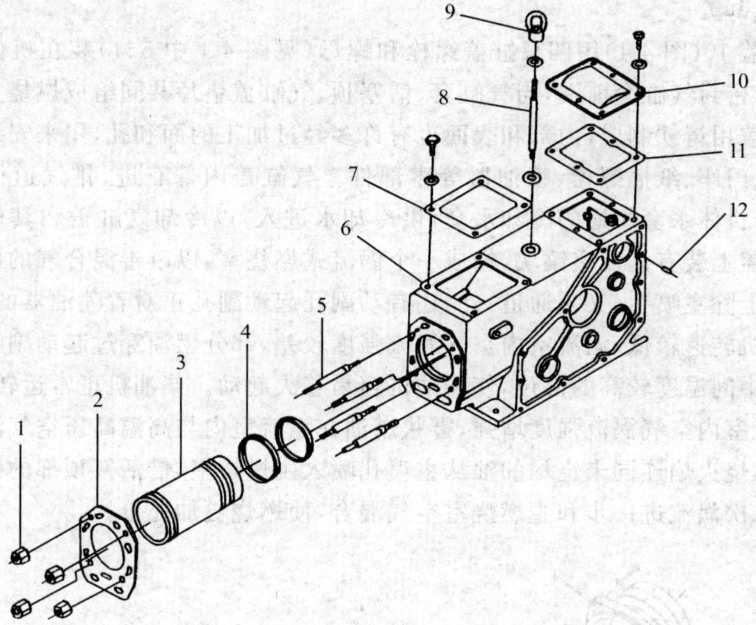

图 4-1 机体总成(一)

1.汽缸盖螺母 2.汽缸盖垫片 3.汽缸套 4.封水圈 5.汽缸盖螺栓 6.机体 7.水箱垫片 8.吊环螺栓 9.吊环 10.上盖 11.上盖垫片 12.定位销

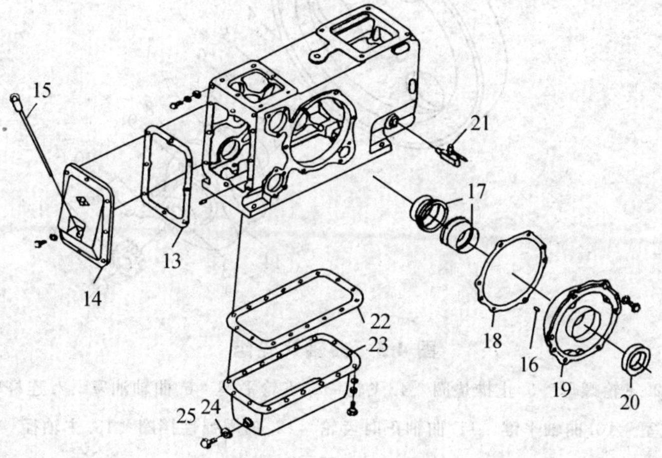

图 4-2 机体总成(二)

13.后盖垫片 14.后盖 15.油标尺 16.定位销 17.主轴承 18.主轴承垫片 19.主轴承盖 20.曲轴油封 21.放水开关 22.油底壳垫片 23.油底壳部件 24.垫圈 25.放油螺栓

4.1.3 气缸盖

气缸盖10(图4-1)用四只缸盖螺栓和螺母(见图4-1中5、1)装在机体的前端面上,用来密封气缸套前端,与气缸套、活塞顶、气缸盖垫片共同组成燃烧空间。

气缸盖用铸铁制成,内部和表面也有许多经过加工的面和孔,用来安装气门组零件、进气门座、纸插螺栓、喷油器等零部件。气缸盖内部有进、排气道供气体流通;并有与机体水套相通的冷却水套,供冷却水进入,以冷却气缸盖和其他有关零件。气缸盖上装有涡流室镶块,构成一个涡流式燃烧室,以改善混合气的形成和燃烧。镶块上除主喷孔(又叫通道)外,还有动副孔起动副孔正对着喷油器的喷孔,启动时柴油机转速较低,涡流室内空气涡流强度较差,部分燃油穿过起动副喷孔直接喷活塞顶中间温度较高的部位,使柴油机容易着火起动。柴油机正常运转后,转速升高,涡流室内空气涡流强度增强,雾状燃油在涡流室内与高温高压空气混合后着火燃烧,燃烧火焰连同未烧尽的油从主喷孔喷入主燃烧室,借活塞顶部的铲击形凹坑,产生二次涡流进一步和主燃烧室空气混合,使燃烧更加充分。

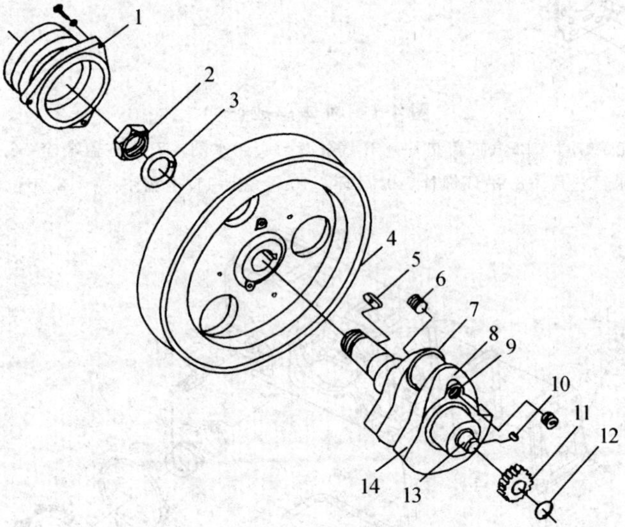

图4-3 曲轴飞轮组

1.三角皮带 2.飞轮螺母 3.止推垫圈 4.飞轮 5.飞轮平键 6.曲轴油塞 7.连杆轴径 8.曲轴 9.离心净化室 10.曲轴平键 11.曲轴正时齿轮 12.轴用弹性挡圈 13.主轴径 14.平衡铁

气缸盖前部用气缸盖罩罩住。气缸盖装有减压机构和机油压力指示。以便于启动和观察润滑系工作是否正常。

与机体接合的面经过精密加工,在两者之间装有紫铜皮包石棉做成的气缸盖垫片,又叫气缸床(图 4-1)。以保证燃烧室的密封,防止漏气、漏水。拆卸气缸盖时,应注意不使气缸盖垫付破损、皱折,并予妥善保管。拧紧气缸盖螺母时,必须用扭力扳手,应按对角线交叉的顺序,分 3～4 次逐步拧紧到规定力矩 245 牛顿米(约 25 公斤力米),切忌将一个螺母拧紧后,再拧另一个,以保证气缸盖均匀压紧。否则将会引起漏气、漏水和冲坏气缸盖垫片的故障。

为提高气缸盖和气门的使用寿命,气缸盖上镶有气门座圈,烧蚀磨损后可以更换。

4.1.4 曲轴飞轮组

曲轴飞轮组是受力最大的最重要的运动部件。它由曲轴、飞轮、正时齿轮等零件组成(图 4-3)。

曲轴是柴油机的主轴,用球墨铸铁制成。它的功用是接受活塞连杆传来的力,并使活塞的往复直线运动转变成曲轴的旋转运动,通过飞轮、传动机构传输柴油机的功率。另外,通过曲轴正时齿轮,驱动其他齿轮,带动配气机构、调速机构、平衡机构等进行工作。

曲轴各轴颈、轴承工作面的加工精度都要求很高。在拆装过程中都要加以保护,不可损伤、碰毛。

1)飞轮

飞轮(图 4-3)是铸铁圆盘。安装在曲轴一端的锥形部分,用平键联结,螺母压紧止推垫圈锁定飞轮。飞轮的功用是使柴油机运转平稳。

飞轮圆周上打有上止点、下止点、气门开闭、供油等钢印记号,用来和水箱上的刻线对齐,以检查各机构和系统的工作位置。

2)平衡机构

(1)平衡机构的功用

对于旋转运动的离心力是由装在曲柄相反方向的平衡铁来平衡的、对干往复运动的惯性力,则是由另一套平衡机构来平衡的。

(2)平衡机构的构造和工作原理

S195 柴油机采用双轴平衡机构,主要由构造基本相同的铸有偏心重块的上平衡轴和下平衡轴组成(图 4-4)。两平衡轴用滚动轴承装在机体后部,轴端装有与曲轴齿轮齿数相等的平衡轴齿轮,接受曲轴正时齿轮传来的动力而旋转,所以它们的转速和曲轴一致,而两平衡轴之间的旋转方向相反。装配时由正时记号保证。

在水平方向上的分力和活塞连杆小头运动的惯性力大小相等、方向相反、互相抵消,从而减小了柴油机的震动。下平衡轴的一端面上制有一长槽,用来驱动机油泵。

3) 齿轮室和齿轮室盖

机体左侧是齿轮室,室内装有曲轴正时齿轮、凸轮轴齿轮、调速齿轮、起动齿轮、两只平衡轴齿轮和调速器，用齿轮室盖盖住。曲轴正时齿轮将曲轴的动力通过凸轮轴齿轮、调速齿轮等分配给其他机构和系统，带动它们协同动作，保证柴油机正常工作。

齿轮安装时必须注意各啮合记号要对准(图 4-4)。任何一个齿轮的记号对错了，都会影响柴油机的正常工作，甚至会造成机械事故。凸轮轴齿轮记号对错了，会使气门开闭时间和供油时间混乱。平衡齿轮记号对错了，不但不能起到平衡震动力的作用，反而会引起更大的震动。曲轴齿轮记号对错了，全机各机构和系统的动作都会产生不协调，因此，安装传动齿轮时，应该特别注意。

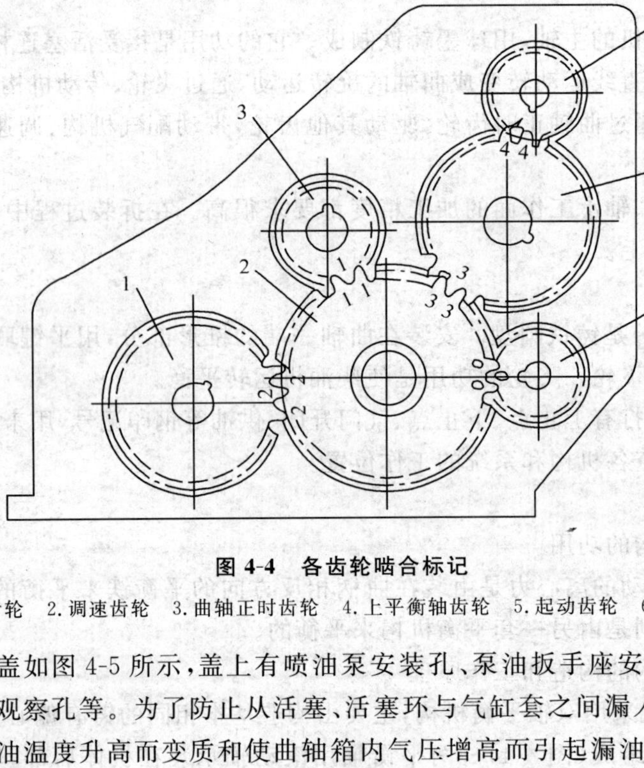

图 4-4　各齿轮啮合标记

1. 凸轮轴齿轮　2. 调速齿轮　3. 曲轴正时齿轮　4. 上平衡轴齿轮　5. 起动齿轮　6. 下平衡轴齿轮

齿轮室盖如图 4-5 所示，盖上有喷油泵安装孔、泵油扳手座安装孔、起动轴衬套安装孔和观察孔等。为了防止从活塞、活塞环与气缸套之间漏入曲轴箱的高温气体使润滑油温度升高而变质和使曲轴箱内气压增高而引起漏油，曲轴箱处的机体壁上有两个孔和齿轮室相通，齿轮室盖上侧设置曲轴用通风装置，其功能是把从活塞环与气缸套间隙或挺柱与挺柱孔间隙中漏入曲轴箱内燃烧气体或废气排除出去，避免曲轴箱背压增高和保持曲轴箱清洁。

曲轴箱通风装置为迷宫式呼吸腔和弹簧阀片组成(图 4-6)。活塞下行时，曲油箱背压增高，油气进入迷宫式呼吸腔的大部分润滑油雾被甩掉，流回曲轴箱，而废气则推开弹簧阀片逸入大气。而当活塞上行时，曲轴箱压力下降，于是在大气的作用下，弹簧阀片关闭，与外界隔绝、曲轴箱内一般保持 20～33 kPa（150～250 mmHg）的负压。

齿轮室盖的外伸壁上有供调速把手螺栓通过的弧形长槽，还有一矩形窗口，装着说明牌，拆下说明牌，就可以从此窗口关闭油箱开关。

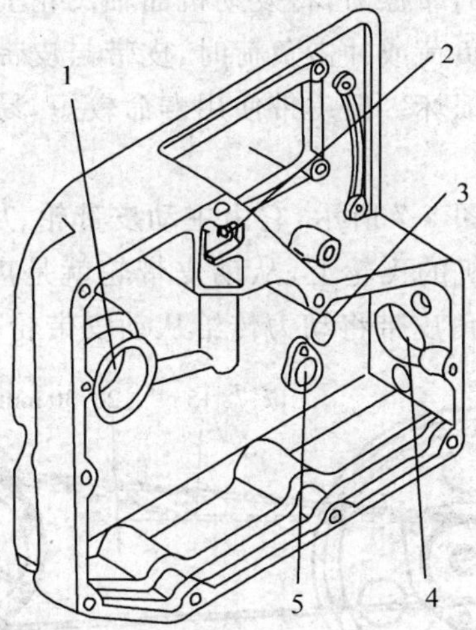

图 4-5 齿轮室盖

1. 启动轴承套安装孔 2. 呼吸器孔 3. 观察孔 4. 喷油泵安装孔 5. 油泵扳手座安装孔

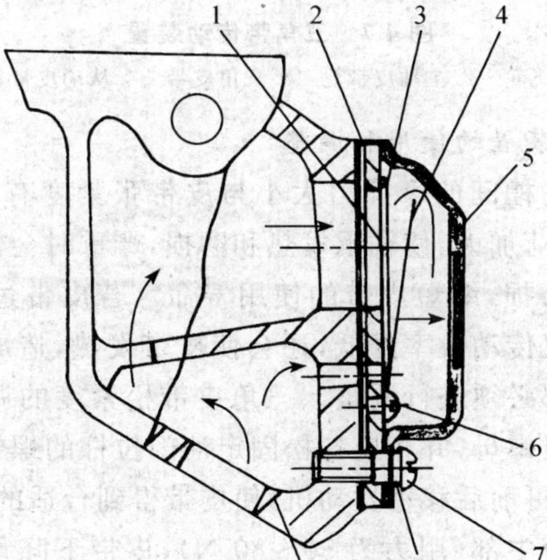

图 4-6 曲轴箱通风装置

1. 垫片 2. 底板 3. 弹簧片 4. 弹簧片挡板 5. 罩壳 6. 铆钉 7. 螺栓 8. 垫圈 9. 迷宫（齿轮室盖）

4.2 三角皮带传动装置

4.2.1 三角皮带传动装置的功用和结构

三角皮带传动是一种常见的机械传动方式,它是依靠三角皮带的两侧面与皮带轮槽的两斜面之间产生的摩擦力,将发动机曲轴飞轮上的动力传递给离合器的。当拖拉机工作中遇到较大负荷或冲击负荷时,皮带与皮带轮之间将产生打滑,能保护传动系统其他零件不受损坏。但皮带使用寿命较短,易磨损和变形,需及时调整张紧度或更换。

三角皮带传动装置如图 4-7 所示,它由主动皮带轮、从动皮带轮及三角皮带组成。主动皮带轮装在发动机的飞轮上,从动皮带轮就是离合器外壳。主动皮带轮通过三根 B1880 规格的三角皮带将动力传给从动皮带轮。

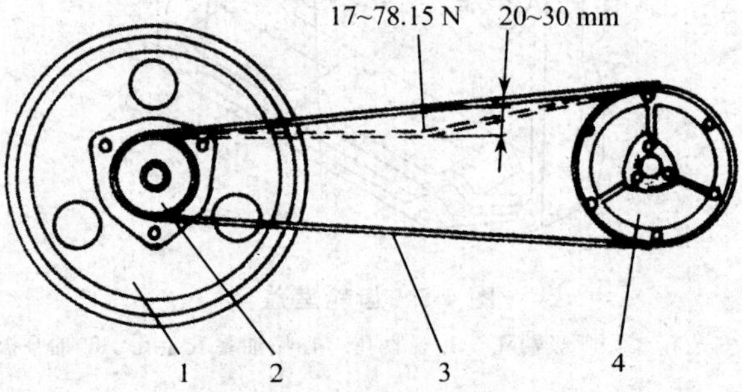

图 4-7 三角带传动装置

1. 飞轮 2. 主动皮带轮 3. 三角皮带 4. 从动皮带轮

4.2.2 三角皮带传动装置的使用和调整

三角皮带和皮带轮槽间的摩擦力大小与皮带张紧度有直接关系。若皮带过紧,会造成轴的径向载荷加大,使轴承发热和磨损,严重时会使离合器轴弯曲变形,同时也加快了皮带的磨损,缩短皮带的使用寿命。若皮带过松,没有一定的摩擦力,皮带严重打滑,不仅传动效率降低,还会使皮带发热,造成皮带的损坏。因此,三角皮带过紧和过松都必须进行调整。三角皮带松紧度的调整方法:松开发动机横架和机架之间的四只螺母,并相应拧松固定油门拉杆的螺钉,旋动机架前面拉紧螺栓上的调整螺母,即可前后移动发动机,使皮带得到合适的张紧度。其检查方法可用四个手指按压皮带中部(用力为 50～80 N),皮带下降量在 20～30 mm 之间即为调整恰当(图 4-8),然后再拧紧各固定螺母。调整时,必须注意主、从动皮带轮轮轴中心线应平行,轮槽中心线应对齐,不允许偏斜。

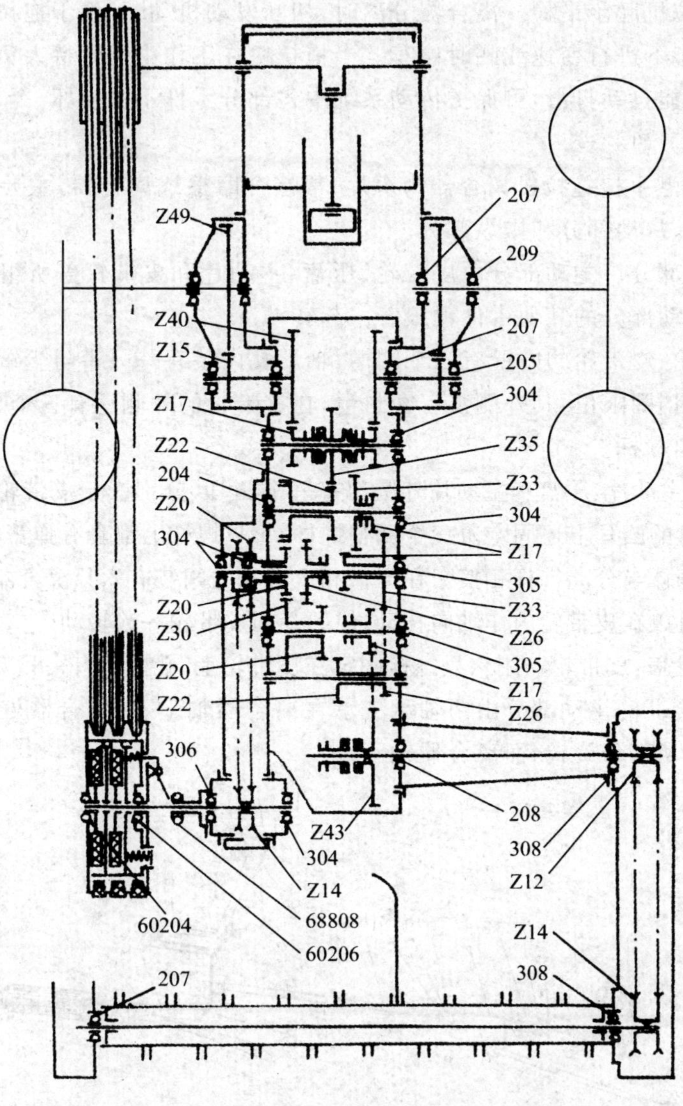

图 4-8　东风-12 型手扶拖拉机动力传动系统

4.3　离合器

4.3.1　离合器的功用

离合器的功用是接合或者切断发动机传到传动系的动力，也可防止发动机超负荷。离合器接合时，发动机动力传递给传动系统，进行行驶作业，离合器的柔和接合可使拖拉机起步平稳。离合器分离时，切断发动机动力，便于拖拉机在发动机不熄火的状态下进行变速或临时停车。当拖拉机在工作中遇到特大负荷或冲击负荷时，离合器能自动打滑，可保护传动系统中各部分零件不受损坏。

4.3.2 离合器的构造

东风-12型手扶拖拉机离合器为双片、常接合摩擦式离合器，主要包括三个部分：主动部分、从动部分和操纵部分。

(1)主动部分。主动部分由皮带轮、压盘、主动片和皮带轮盖所组成。当皮带轮转动时，主动部分的其他零件也跟着一起转动。

①皮带轮：皮带轮的内壁有三个凹槽，轴承孔内装有一只带防尘罩的60206轴承，并用弹性挡圈限位，其外侧装有密封毡，在皮带轮的外侧还有三个分离杠杆座，用于安装分离杠杆。

②压盘、主动片：压盘和主动片外圆都有三个凸耳，分别嵌于皮带轮内壁的三个凹槽内。压盘的凸耳上还固定着三个调整螺杆，每只螺杆上都套有弹簧和封尘圈，并伸出皮带轮壳体与分离杠杆相接。在压盘和皮带轮之间装有六只离合器弹簧。压盘和主动片都可以在皮带轮内作轴向移动，但始终和皮带轮一起转动。

③皮带轮盖：皮带轮盖用六只螺栓固定在皮带轮上，孔内装有一只60204轴承。

整个离合器的主动部分由两轴承支承在离合器轴上，在离合器处于分离状态时，离合器主动部分旋转，而离合器轴不转。

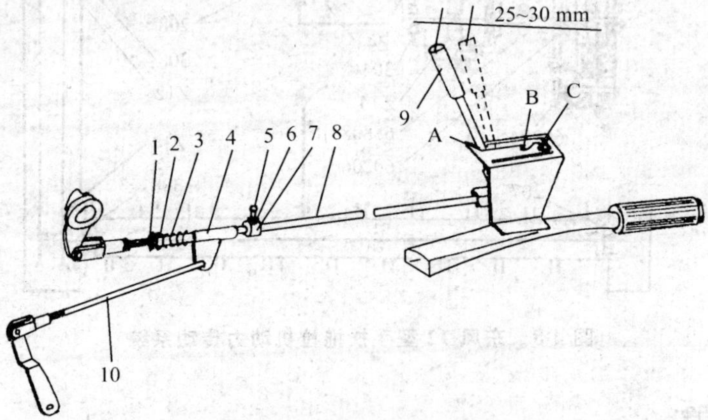

图 4-9 离合器、制动器操纵机构

1.螺母 2.调整螺母 3.弹簧 4.制动拉杆 5.支紧螺钉 6.锁紧螺母 7.制动回锁套 8.离合器拉杆 9.离合器制动手柄 10.制动拉杆

A.合 B.离 C.制动

(2)从动部分。从动部分是接受主动部分传来动力的部分，由两片从动盘和离合器轴组成。两片从动盘装在主动片两边。从动盘钢板两边铆有铜丝石棉摩擦片，钢板和花键套铆接在一起，而花键套套在离合器轴的花键上，能在轴上轴向移动，还能带动离合器轴一起转动。

(3)操纵部分。操纵部分(图 4-9)用来操纵离合器的接合和分离，由分离杠杆、分离轴承、分离爪、轴承盖、离合器拉杆和离合、制动手柄等组成。

4.3.3　离合器的工作原理和工作过程

离合器是利用两个零件接触的正压力在其表面所产生的摩擦力来传递动力的。摩擦力的大小与正压力和摩擦系数的大小有关，不同的材料有不同的摩擦系数。接触表面的光滑、清洁程度不同，摩擦系数也不同。正压力越大，摩擦力也越大。当摩擦力大于传递的动力时，两接触零件就不会相对滑动，就能传递动力。

离合器的工作过程：

(1)接合过程(图 4-10a)。将制动手柄置于“合”的位置，此时分离轴承和分离杠杆之间形成一定的间隙(0.4～0.7 mm)，在六只离合器弹簧的作用下，压盘、从动盘和主动片被紧紧压在一起(弹簧具有一定的预压紧力)，产生摩擦力而不能相对滑动。当皮带轮转动时，动力就通过摩擦片传给离合器轴，保证拖拉机的正常工作。

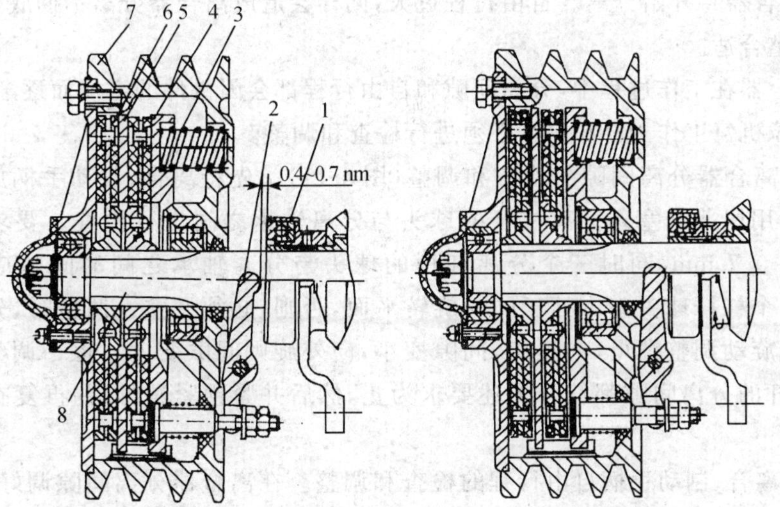

图 4-10　离合器工作过程

1.分离轴承　2.分离杠杆　3.离合器弹簧　4.压盘　5.从动盘　6.主动片　7.皮带轮　8.离合器轴

(2)分离过程(图 4-10b)。当离合、制动手柄置于“离”的位置时,拉杆带动分离爪转动一角度,由于分离爪和轴承盖之间的螺旋斜面作用,迫使分离轴承向左移动,分离轴承又推动分离杠杆。分离杠杆的另一端带动调整螺杆及压盘向右移动,使离合器弹簧进一步压缩。于是压盘、从动盘、主动片之间均失去压力而形成一定间隙,这时虽皮带轮还带动主动部分在旋转,但不能传到从动部分,动力被切断。

4.3.4　离合器的调整

离合器的调整是指离合器分离间隙和离合、制动手柄自由行程的调整。为了保证离合器完全接合和分离彻底,离合器在接合状态时,分离杠杆球头和分离轴承之间要保持有一定的间隙,称为离合器的分离间隙。如分离间隙过大,则手柄拉到“离”的位置时,离合器分离不彻底,动力没有完全切断,挂挡困难,摩擦片磨损加剧。如分离间隙过小,使离合群处于半接合状态工作,会造成离合器打滑,加速分离杠杆和分离轴承的磨损。因此,需经常检查和调整分离间隙。在操纵离合、制动手柄时,当手柄从“合”的位置向后拉到“离”的位置时,开始有一段距离所需的拉力不大,只是消除分离间隙,这段距离称为手柄的自由行程。当分离间隙消除后,手柄上所需拉力将显著增加,说明分离轴承开始推动分离杠杆,离合器弹簧被进一步压缩,离合器将开始分离。自由行程过大,同样会造成离合器分离不彻底,因此,也需要调整合适。

离合器在工作过程中,分离间隙和自由行程都会因机件的磨损而逐渐变化,所以在拖拉机每工作 100 h 左右必须进行检查和调整。

(1)离合器分离间隙的检查和调整(图 4-11)。先将离合、制动手柄放在“合”的位置,用厚薄规塞入分离杠杆的球头与分离轴承之间进行检查。要求其间隙为 0.4～0.7 mm,同时三个分离杠杆的球头与分离轴承之间的间隙应基本一致,使三个杠杆球头基本处于同一旋转平面,否则,必须调整。调整时,先松开锁紧螺母,旋动调整螺母(向里旋,间隙变小,向外旋则间隙变大),逐一调整到三个分离杠杆的分离间隙都符合上述要求为止,然后并紧锁紧螺母,并再复查一遍分离间隙。

(2)离合、制动手柄自由行程的检查和调整。在离合器分离间隙调好后,再检查手柄的自由行程,其行程为 25～30 mm。若不合适,可拧松锁紧螺母,调整拉杆的长短,使其符合要求,这样,当离合、制动手柄处于“离”的位置时,离合器就能可靠分离。

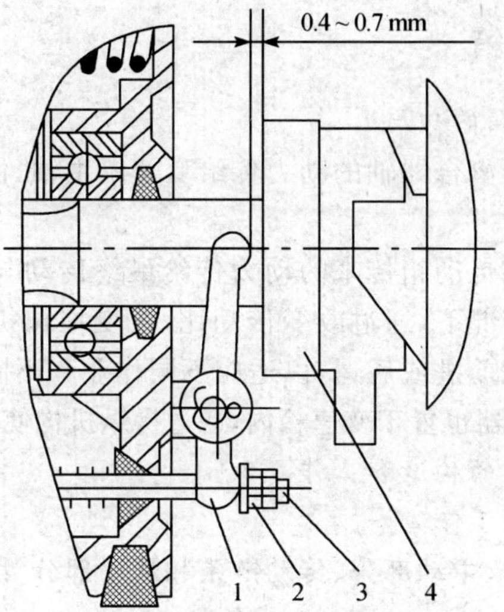

图 4-11　分离间隙的调整

1. 分离杠杆　2. 调整螺母　3. 锁紧螺母　4. 分离轴承

4.3.5　离合器的使用和保养

(1)离合器的使用

①离合器在接合时,应缓缓放松手柄,否则会使拖拉机起步时冲击太大,容易引起传动系统的零件和配带的农机具损坏。

②离合器分离时应迅速、彻底。严禁用离合、制动手柄控制拖拉机的行驶速度,以免离合器处于半接合状态工作,加速摩擦片的磨损。

③拖拉机停车后(包括发动机不熄火停车),应将变速杆置于空挡位置,将离合、制动手柄放在“合”的位置,使分离轴承停止旋转,离合器弹簧处于初始状态,以延长零件的使用寿命。

(2)离合器的保养

①拖拉机每工作 300～500 h 后,应拆下分离轴承,用清洁柴油清洗,使之转动灵活,并放入盛有黄油的容器中加热,使其溶液渗入轴承内,待冷凝后再装上。

②分离爪和轴承盖斜面应经常擦洗干净并加注机油或黄油,分离爪上的小油孔处应经常滴入润滑机油。

③离合器内不得生锈或沾有油污,否则应拆开除锈或用汽油或煤油清洗去污。

④离合器装配时,主动片应放在两从动片之间,从动盘花键套凸出的一面应背向主动片,否则,离合器不能接合或打滑。

4.4 传动箱和变速箱

4.4.1 传动箱和变速箱的功用

传动箱的功用是将离合器轴的动力传给变速箱主轴，使其转速降低、驱动力矩增加。

变速箱的功用是将传动箱传来的动力传给最终传动与旋耕机传动装置；在发动机曲轴转速不变的情况下，通过改变传动比，改变拖拉机的行驶速度和牵引力，使拖拉机能以不同速度前进或后退，以适应不同作业和不同用途的需要。

转向离合器和制动器也置于变速箱内，通过操纵机构使拖拉机实现转向和制动。

4.4.2 传动箱、变速箱的构造和工作

1)传动箱的构造和工作

传动箱主要由箱体、主动部分、传动链条和从动部分等组成(图 4-12)。

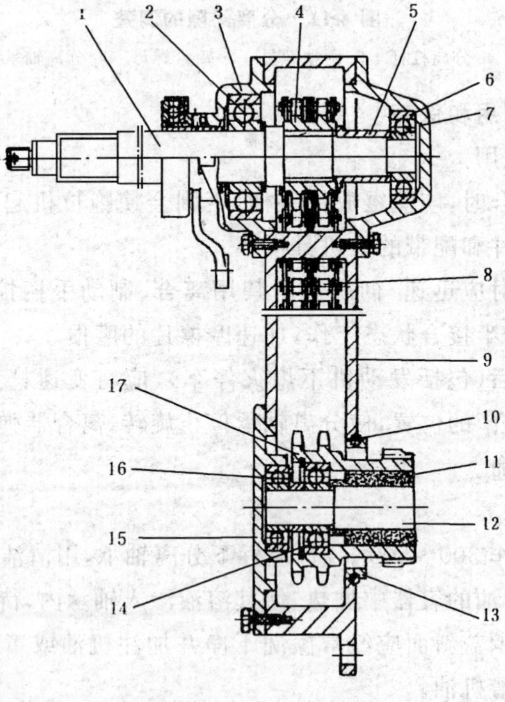

图 4-12 传动箱

1.离合器 2.305 轴承 3.轴承盖 4.主动链轮 5.套筒 6.轴承盖 7.304 轴承 8.1/2 英寸双排套筒滚子链 9.传动箱体 10.挡圈 11.轴套 12.主轴 13.定位套 14.304 轴承 15.轴承盖 16.204 轴承 17.主轴主动轮(从动链轮)

传动箱体为铸铁制成，用螺栓固定在变速箱体左侧传动箱体上孔左右两边用螺栓固定着轴承盖，轴承盖内分别用305轴承和304轴承支承着离合器轴，离合器轴上装着主动链轮，组成主动部分。传动箱体下孔右侧与变速箱体相通，左侧以螺栓固定着轴承盖，轴承盖内用一只204轴承支承着变速箱主轴左端，主轴上装着被动链轮（同主轴主动齿轮做成一体），组成从动部分。传动箱体前面有一长方形窗口，窗口上装着支承座，为便于拆装链条。

传动箱上、下两链轮之间由1/2英寸双排套筒滚子链（图4-12）连接（共64节），链条松边有张紧机构，链条上有一节是可以拆卸的，供拆装链条用。由离合器轴传来的动力，通过主动链轮经传动链条传给被动链轮。

2）变速箱的工作原理

变速箱主要由若干对齿轮和互相平行的轴组合而成。通过不同齿数的齿轮的啮合，改变拖拉机的行驶速度和驱动力矩，使拖拉机能前进、倒退或停车，以满足各项作业要求。

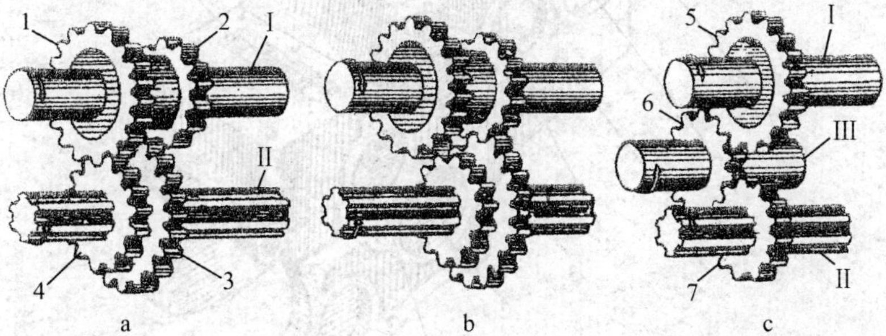

图4-13　变速箱原理示意图

Ⅰ—输入轴　Ⅱ—输出轴　Ⅲ—倒挡轴

1、2、5. 固定齿轮　3、4、7. 滑动齿轮　6. 倒挡齿轮

从图4-13上可以看出，轴Ⅰ上有固定齿轮和，轴Ⅱ上有滑动齿轮和，滑动齿轮可以轴向移动，将滑动齿轮向右移动，使齿轮和齿轮啮合（图4-13a）。这时来自轴Ⅰ的动力就通过齿轮和齿轮传给轴Ⅱ。如果将滑动齿轮向在移动使齿轮与齿轮脱开，而使齿轮和齿轮啮合（图4-13b），则轴Ⅰ的动力便通过齿轮和齿轮传给轴Ⅱ。由图4-13a、图4-13b两图可见，动力的传递在图4-13a上为大齿轮带动小齿轮，轴Ⅱ的转速比轴Ⅰ高、在图4-13b上为小齿轮带动大齿轮，轴Ⅱ的转速比轴Ⅰ低。可见改变不同齿数齿轮的啮合关系，可使轴Ⅱ获得不同的转速，从而

达到变速的目的。转速改变了，扭矩也相应改变。

如果滑动齿轮移至中间，均不与轴Ⅰ上的齿轮啮合，则轴Ⅰ上的动力就不能传到轴Ⅱ上，这就叫“空挡”。

如果在轴Ⅰ和轴Ⅱ之间加入轴Ⅲ和齿轮(图 4-13c)，则轴Ⅰ上的动力要通过齿轮的啮合及齿轮的啮合传给轴，这时轴的转动方向就与原来相反。如果拖拉机原来是前进，这时就变为倒退。

3)变速箱的构造

变速箱主要由变速箱体、变速箱盖、5 根传动轴、11 个齿轮和变速操纵机构等组成。

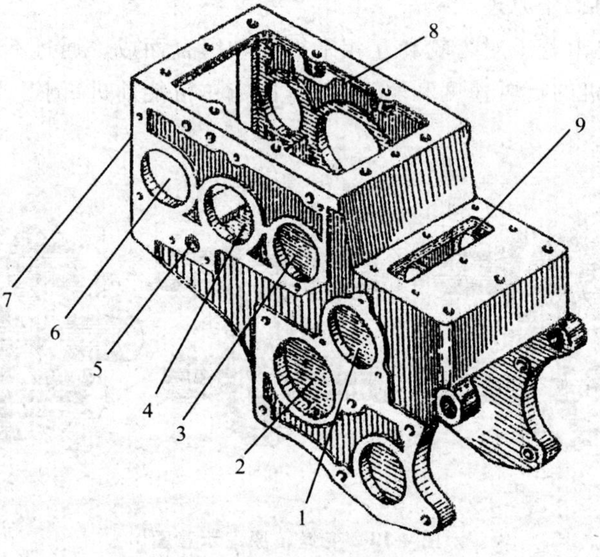

图 4-14　变速箱体

1. 转向轴孔　2. 齿轮轴孔　3. 副变速轴孔　4. 主轴孔　5. 倒挡轴孔　6. 中间轴孔　7. 后窗口　8. 上窗口　9. 前上窗口

变应箱体(图 4-14)由铸铁制成，上窗口装有变速箱盖，前上窗口装有转向盖，后窗口安装挂接框或联接旋耕机齿轮箱。左侧面装传动箱，右侧面装右侧盖板，左右下侧面分别与左右最终传动箱壳体相连。变速箱体上的六对轴孔是主轴孔、中间轴孔、副变速轴孔、转向轴孔、倒挡轴孔，分别安装有主轴、中间轴、副变速轴、转向轴、倒挡轴和齿轮轴。

变速箱的内部构造如图 4-15 所示。

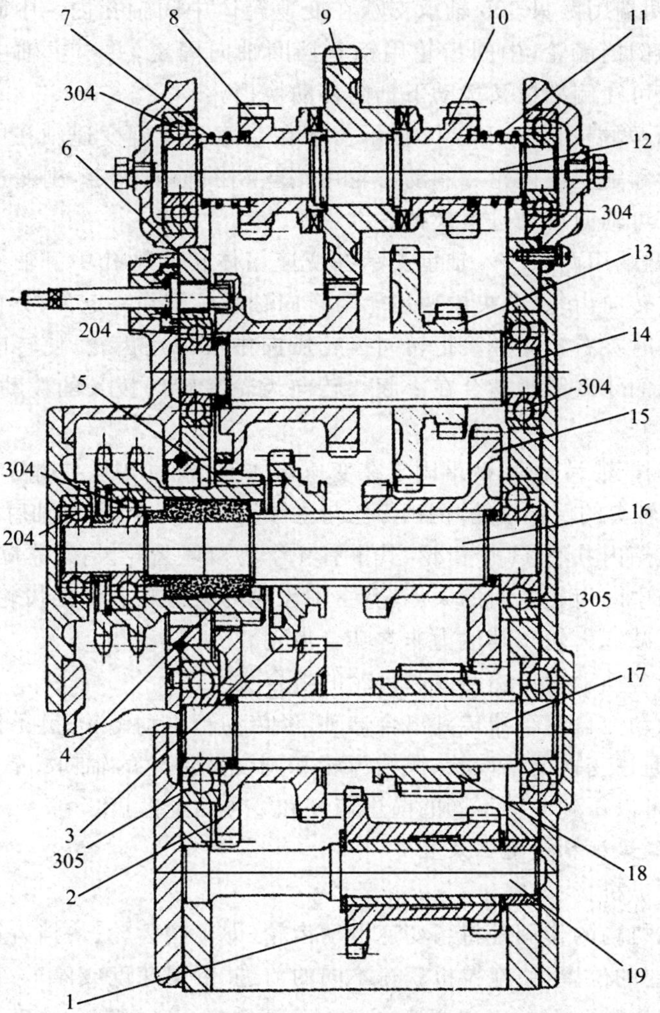

图 4-15 变速箱轴和齿轮

1. 倒挡齿轮 2. 中间齿轮 3. 快挡齿轮 4. 轴套 5. 主轴主动齿轮 6. 制动齿轮 7. 转向弹簧 8. 左转向齿轮 9. 中央减速齿轮 10. 右左转向齿轮 11. 转向弹簧 12. 转向轴 13. 副变速齿轮 14. 副变速轴 15. 主轴齿轮 16. 主轴 17. 中间轴 18. Ⅰ倒挡齿轮 19. 倒挡轴

主轴:动力由它传给变速箱。左右轴端分别用 304 和 305 轴承支承在变速箱体主轴孔中。主轴左边套有的主轴主动齿轮,和主轴有相对运动。主轴中间部位由花键连接一个快挡齿轮,可在快挡拨叉拨动下轴向移动换挡。主轴右边也由花键连接一个主轴齿轮,用钢丝挡圈将其轴向固定。

中间轴:两端用两只 305 轴承支承在变速箱体中间轴孔内。中间轴花键上套有中间齿轮和倒挡齿轮,中间齿轮用钢丝挡圈轴向固定,并与主轴主动齿轮常啮合。倒挡齿轮可在倒挡拨叉拨动下轴向移动换挡。

副变速轴:两端用 204 和 304 轴承支承在变速箱体副变速轴孔中。花键轴上套着制动齿轮和副变速齿轮。制动齿轮用钢丝挡圈轴向固定,副变速齿轮在副变速拨叉拨动下可轴向移动进行换挡。

转向轴:两端用两只 304 轴承支承在变速箱体转向轴孔中。轴上套有中央减速齿轮和左右转向齿轮,中央减速齿轮与转向轴是压配在一起的,并由挡圈和轴肩轴向固定。平时左右转向弹簧把转向齿轮压向中央减速齿轮,使转向齿轮牙嵌和中央减速齿轮的牙嵌紧紧啮合在一起。转向齿轮在转向拨叉的拨动下,可向外侧移动使牙嵌脱开。

倒挡轴:倒挡轴为光轴,两端固定在变速箱体倒挡轴孔中,左端衬有轴套。轴上套着一只装有轴套的倒挡齿轮,倒挡齿轮与主轴齿轮常啮合,并有轴肩和垫圈限住。

整个变速箱内共有 11 个齿轮,其中有 4 个为双联齿轮,有对常啮合齿轮(即主轴主动齿轮与中间齿轮左面的大齿轮;主轴齿轮的大齿轮和倒挡齿轮的小齿轮;制动齿轮与中央减速齿轮),其他为非常啮合齿轮。

4)变速箱各挡动力传递路线和齿轮的啮合关系

发动机的动力自离合器传到离合器轴,经传动箱主动链轮、链条传到变速箱主轴主动齿轮,通过变换倒挡齿轮、快挡齿轮和副变速齿轮的轴向位置,使之与相应的齿轮啮合,可以得到 6 种不同的前进速度和 2 种后退速度。

4.4.3 变速操纵机构及定位装置

1)变速操纵机构

变速操纵机构的作用是将各变速滑动齿轮(即 1 挡齿轮、快挡齿轮和副变速齿轮)拨到所需要的位置,使拖拉机获得不同的前进、倒退速度或停车,它包括主变速操纵和副变速操纵两部分。主变速部分由变速手柄、变速拉杆、主变速拨杆、Ⅰ倒挡拨叉和快挡拨叉、Ⅰ倒挡拨叉轴和快挡拨叉轴等组成。副变速部分由副变速连接杆组合件、副变速拨杆连接件、副变速拨杆、副变速拨叉和拨叉轴等组成(图 4-16)。

主变速拨杆的圆球安装在变速箱盖的球孔内,并用螺钉销在圆球的长槽内。主变速杆可上、下分别拨动快挡拨叉和Ⅰ倒挡拨叉,快挡拨叉拨动快挡齿轮实现Ⅱ、Ⅴ挡及Ⅲ、Ⅵ挡,在中间位置时是空挡。Ⅰ倒挡拨叉拨动Ⅰ倒挡齿轮实现Ⅰ、Ⅳ挡及倒Ⅰ、Ⅱ挡,在中间位置时是空挡。主变速拨杆上端伸在变速杆套管里,变速拉杆下部用销于联接着副变速联接杆,将变速拉杆沿主变速杆拉出或推进时,通过副变速联接杆件使副变速杆拨动副变速拨叉,使副变速齿轮处于高速或低速的啮合位置，分别实现Ⅰ、Ⅱ、Ⅲ及Ⅵ、Ⅴ、Ⅳ挡。各挡位的位置如图 4-17 所示。

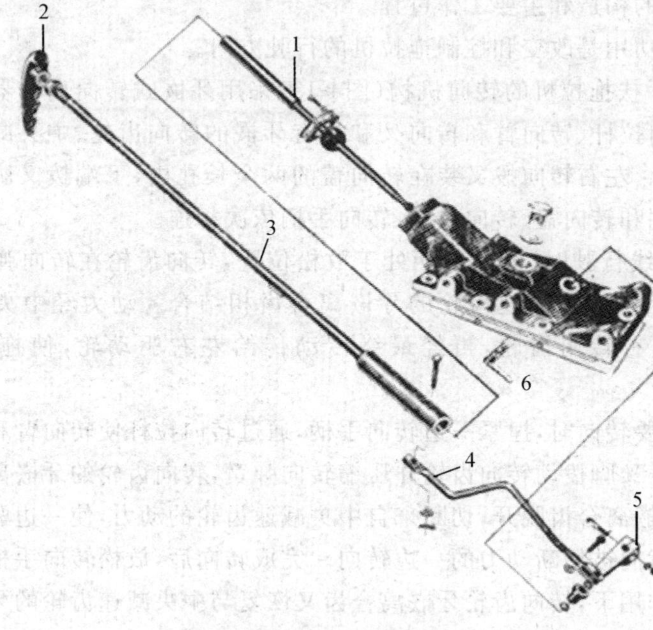

图 4-16 变速操纵机构

1. 主变速拨杆 2. 变速手柄 3. 变速拉杆 4. 副变速连接杆 5. 副变速拨杆连接杆 6. 副变速拨杆

2)定位装置

为了保证变速滑动齿轮准确可靠地处于啮合位置或空挡位置，不致产生自动脱挡或自动挂挡现象，采用了球簧式定位装置(图 4-18)。

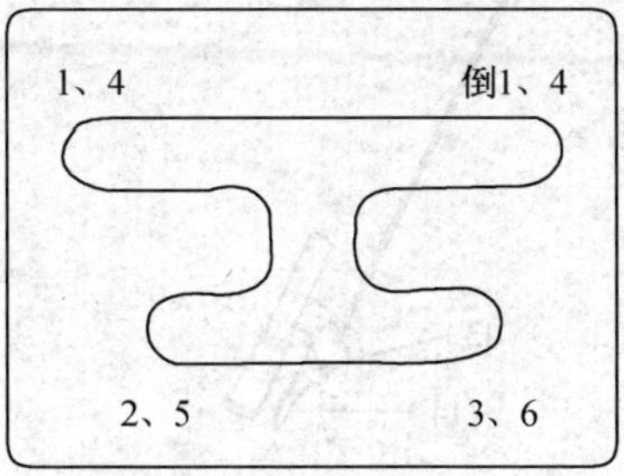

图 4-17 挡位板

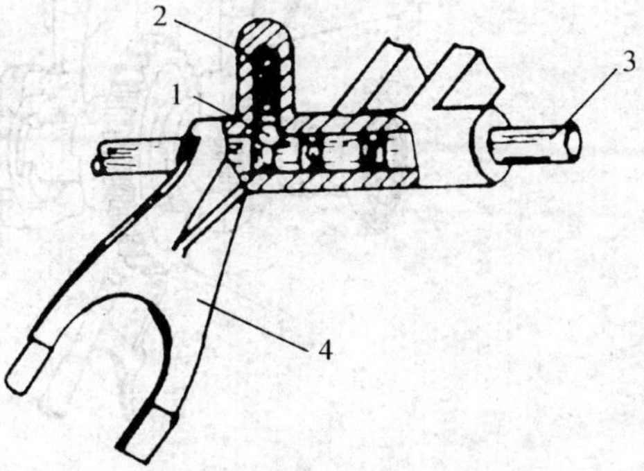

图 4-18 定位装置示意图

1. 钢球 2. 弹簧 3. 拨叉轴 4. 拨叉

4.4.4 转向机构

1)转向机构的构造和主要工作过程

转向机构的功用是改变和控制拖拉机的行驶方向。

东风-12 型手扶拖拉机的转向机构(图4-19)采用牙嵌式转向离合器。它主要由转向手柄、转向拉杆、转向臂和转向叉和具有牙嵌的转向齿轮、中央减速齿轮及转向弹簧等组成。左右转向拨叉装在转向盖的两个长孔内,下端拨叉脚卡入转向齿轮的槽内,上端和转向盖、转向拉杆、转向手柄依次相连。

当拖拉机直线行驶时,转向手柄处于放松位置,转向齿轮在转向弹簧的作用下,其牙嵌离合齿与中央减速齿轮的牙嵌离合齿相结合。动力经中央减速齿轮通过牙嵌传给左右转向齿轮,再经最终传动传给左右驱动轮,使拖拉机直线行驶。

当拖拉机需要转向时,捏紧一边转向手柄,通过转向拉杆使转向臂和转向拨叉转动一个角度,拨叉脚拨动转向齿轮并压缩转向弹簧,转向齿轮的牙嵌离合齿与中央减挂齿轮的牙嵌离合齿脱开,切断来自中央减速齿轮的动力,使一边驱动轮停止转动,则拖拉机就向被切断动力的一边转向。完成转向后,放松转向手柄到自由状态,在转向弹簧作用下,转向齿轮牙嵌离合齿又恢复与中央减速齿轮的牙嵌离合齿结合,拖拉机又恢复直线行驶。

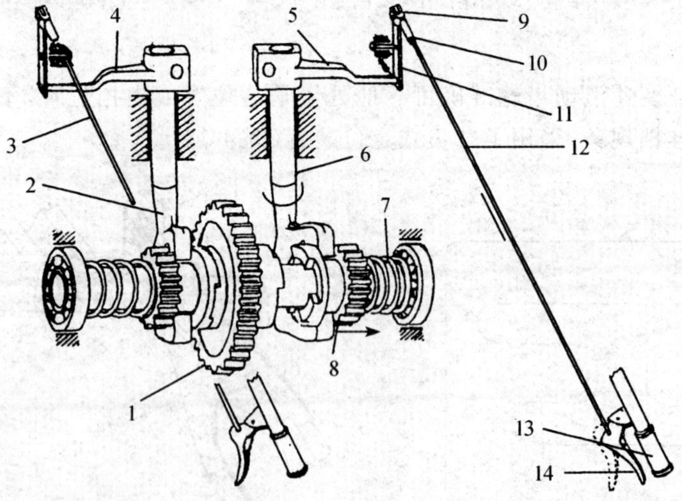

图 4-19 转向机构

1.中央减速齿轮 2.左转向拨叉 3.左转向杠杆 4.左转向臂 5.右转向臂 6.右转向拨叉 7.转向弹簧 8.转向齿轮 9.转向节叉 10.锁紧螺母 11.右转向杠杆 12.转向拉杆 13.转向手把套 14.转向手把

这种转向离合器结构简单,使用方便上由于拖拉机是利用切断驱动轮的动力进行转向的。在下坡时,被切断动力的一侧轮胎在重力作用下反而会滚动得更快,拖拉机就会向另一侧回转向,即操作右侧转向手柄,反而向左侧转向,因此,下坡转向时,操作应与平地相反,驾驶员要特别注意。一般在小坡度下坡时,不要轻易捏转向手柄,而采用推动扶手把进行转向。

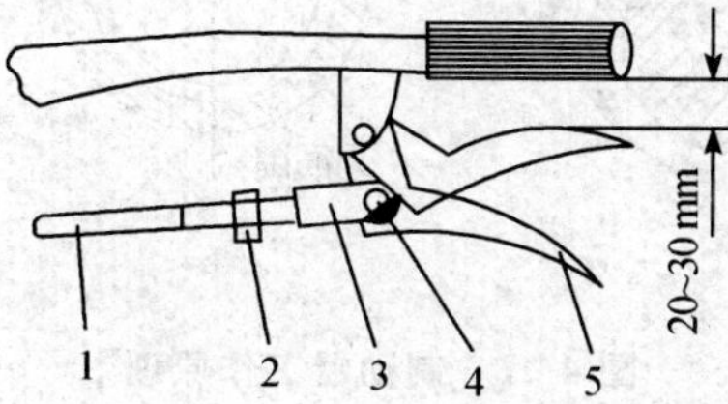

图 4-20 转向拉杆长短的调整

1.转向拉杆 2.螺母 3.连接叉 4.销轴 5.转向手柄

2)转向机构的调整

为了使转向准确可靠,保证转向齿轮和中央减速齿轮的牙嵌离台齿能很好地分离和结合,要注意转向拉杆长短的调整检查时可捏紧转向手柄(图 4-20),要求转向齿轮能顺利脱开,在牙嵌离合器脱开时,手柄和扶手架上的转向手把套之间应有 20～30 mm 的距离,否则,就应调整。调整方法:拧松转向拉杆和连接叉之间的螺母,拆下连接叉上的销轴,旋动连接叉即可调整转向拉杆的长度。调好后将转向拉杆上的螺母并紧。

4.5 制动器

4.5.1 制动器的功用

制动器俗称刹车。它的功用是当拖拉机在行驶中遇到紧急情况时,依靠制动器产生的制动力很快消除拖拉机行驶中的惯性,使拖拉机迅速停车。此外,当拖拉机短时间在坡地上停车时,制动器可使拖拉机停稳,不致沿坡下滑。

4.5.2 制动器的构造

东风-12 型手扶拖拉机的制动器为内张环式,如图 4-21a 所示,它由制动器杆、制动环、制动器齿轮等组成。

制动器杆支承在传动箱内,一端做成腰圆形凸轮,伸入变速箱插在制动环开口处,另一端有螺纹留在箱体外与制动器连杆联接,以便操纵。

制动环为一开口圆环,安放在制动器齿轮背面的制动鼓内。

制动器齿轮一端是齿轮,另一端是个圆盘作为制动器的制动鼓,用花键联接,套装在变速箱内的副变速轴上，并以弹簧钢丝挡圈轴向定位。

制动操纵机构如图 4-9 所示。“制动”与“离合”合用一个。

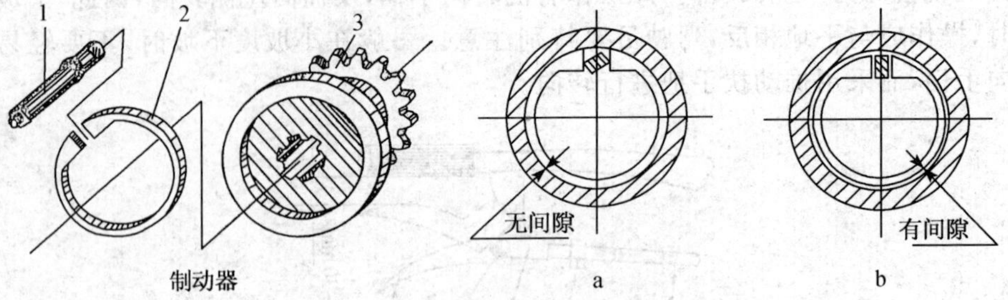

图 4-21 制动器工作原理

1. 制动器杆 2. 制动环 3. 制动器齿轮

操纵手柄与离合器拉杆的上端相连，离合器拉杆的下端套着一个拉杆，拉杆下方有弹簧、调整螺母和锁紧螺母，制动拉杆的一端与拉杆联接，另一端上装有联接叉组合件与制动器连杆联接、制动器连杆中都有复位弹簧，末端和制动器杆联接。

4.5.3 制动器的工作

将“离合、制动”手柄向后拉至“制动”位置时，通过制动拉杆、制动器连杆带动制动器杆转动。这时，制动器杆端部的腰圆形凸轮把制动环开口撑开(图 4-21b)，迫使制动环外圆柱表面压向制动鼓内壁而产生摩擦力，阻止了制动齿轮的转动，起到了制动作用。

当向前放松“离合、制动”手柄时，制动拉杆向前移动，带动制动器连杆使制动器杆恢复原位。被撑开的制动环在其自身弹力作用下复原，制动消除。

4.5.4 制动器的使用与调整

使用制动器时，要求离合器先分离后再制动。如果操纵手柄未到分离位置就起制动作用，说明制动过早，结果将导致制动环等机件剧烈磨损。如果操纵手柄拉到分离位置后再向后拉动，制动器还未开始起作用，说明制动过迟。为使拖拉机迅速停车，制动过早或过晚都不正确，必须进行调整。

调整方法：将离合制动手柄置于“分离”位置 B(见图 4-9)，调整制动拉杆的长短，使制动拉杆处于稍微压迫弹簧的位置，然后拧紧螺母。再将手柄拉到“制动”位置上，用力拉或推拖拉机，如果驱动轮不转动或滑动，则表示制动可靠，调整正确。否则，需要重新调整，直到获得可靠制动为止，最后将调整螺母并紧。

制动器在使用中，必须经常检查，以确保安全。拖拉机配带拖车运输作业时，刹车应使用拖车上的制动器，以防拖拉机制动效果欠佳而发生事故。

4.6 最终传动装置

4.6.1 最终传动装置的功用

最终传动装置的功用是将变速箱传来的动力传给驱动轮，并进一步减速以加大拖拉机的扭矩。同时，提高机体的离地间隙，保证拖拉机有良好的通过性。

4.6.2 最终传动装置的构造

最终传动装置是由左右两个对称配置的机构组成，除壳体外，其他零件完全相同，可相互调换装配，最终传动装置由最终传动箱体、齿轮轴、减速齿轮、驱动齿轮、驱动轮轴等组成。

(1)最终传动箱体。左右两只箱体各用五个螺母和双头螺栓分别安装在变速箱体的下部两侧。箱体上有上下两个轴孔，下部装有箱盖，箱盖上有一放油螺塞。

(2)齿轮轴。齿轮与花键轴做成一体，用205和207轴承各一个支承在箱体的上轴孔内。齿轮轴的齿轮一端在最终传动箱内，花键轴一端伸入变速箱体内，花键上装有减速齿轮，并用弹性挡圈限位。减速齿轮与变速箱内的转向齿轮经常啮合。

(3)驱动轮轴。也称驱动轮半轴。用207和209滚动轴承各一个支承在箱体下轴孔上，轴的一端为花键轴，驱动齿轮装在花键部位，与齿轮轴的齿轮经常啮合，轴的另一端伸出箱体外，轴上装有平键以及供调节驱动轮距用的定位孔。在209轴承外面装有轴承盖，轴承盖内背靠背地装有骨架自紧油封和骨架橡胶油封各一只。骨架自紧油封朝向最终传动箱体，这样可防止最终传动箱体内的齿轮抽外漏，而骨架橡胶油封朝向外，防止水田作业时泥水渗入最终传动箱里。

4.6.3 最终传动装置的工作过程

动力由转向齿轮传给减速齿轮，进行一次减速。再由齿轮轴齿轮传给驱动齿轮，进行最终减速。最后由驱动齿轮传至驱动轮轴，使驱动轮转动。

4.6.4 最终传动装置的拆装与使用

(1)最终传动箱和变速箱是连接相通的，齿轮油是从变速箱加油口加入的。当清洗变速箱放出脏油时，必须将最终传动箱底部的放油螺塞一起拧开。

(2)拆卸最终传动箱体时，必须首先拆除变速箱内的齿轮和轴，再将齿轮轴端固定减速齿轮的弹性挡圈取下，拿下减速齿轮，然后才可以将最终传动箱壳体连轴一齐拆下。

(3)装驱动齿轮时务必使该齿轮中间凸缘圆周上不倒角的一侧朝向207滚动轴承，如果装反了，将会使轴的窜动加大，导致207滚动轴承很快损坏，甚至造成箱体被挤破。

(4)安装油封时必须注意油封的方向，否则将失去封油、阻水作用。此外，装好油封的轴承座套入驱动轮轴时还要注意：

①防止油封的封油刃口被轴上的毛刺或锐棱(平键槽两侧棱)割破,因此要用油石消除毛刺及锐棱。

②要注意防止骨架自紧油封中的弹簧圈脱落。一旦脱落,油封就失去自紧作用,刃口也就丧失了封油性能。

(5)经常注意最终传动箱体与变速箱体相固紧的双头螺栓、螺母是否松动,必要时加以拧紧。

(6)最终传动箱放油螺塞处于箱盖底部,离地面最近,易与土壤摩擦而松脱,必须经常检查并拧紧。

4.7 照明设备

为了提高拖拉机的利用率,使拖拉机能在夜间进行运输和田间作业,东风-12型手扶拖拉机上设有照明设备。照明设备由 SFF-45 型飞轮式永磁交流发电机、照明灯、开关等组成。

4.7.1 永久交流发电机

SFF-45 型飞轮式永磁交流发电机为单向、三路,在额定转速 2 000 r/min 时,额定功率 45 W(电压 6~8 V)。可同时分别向三只 6~8 V 15 W 的灯泡供电,亦可单只或双只使用。它能在温度为-40~100℃的环境中正常工作,绝缘等级E级。

SFF-45 型发电机的构造如图 4-22 所示。主要由转子和定子两大部分组成。

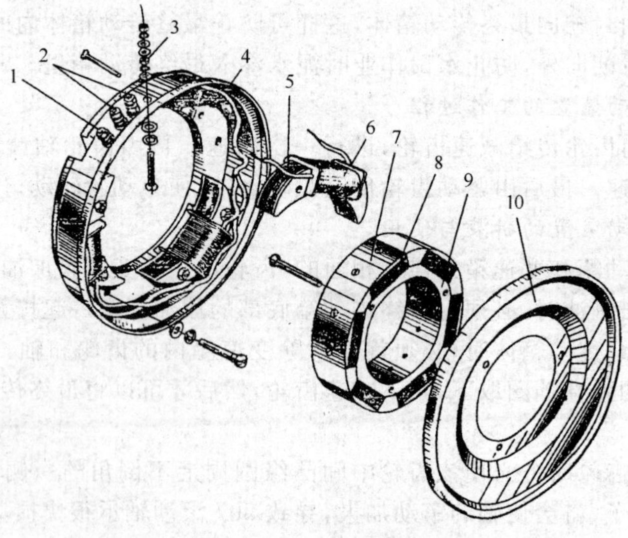

图 4-22 SFF-45 型发电机结构

1.搭铁接线柱 2.灯线接线柱 3.备用接线柱 4.定子底板 5.定子铁心 6.定子线圈 7.导磁片 8.磁瓦 9.磁路圈 10.罩盖

1)转子

转子部分由六块径向充磁的永久磁铁(做成瓦状)组成,固定在磁路圈上。为了更有效地集磁,在磁瓦表面贴有六块导磁片。转子和发电机罩盖共同用三只 M5×32 螺钉固定在柴油机飞轮内。

2)定子

定子部分由三组矽钢片叠成的定子铁芯和铁芯上的三个互相独立的定子线圈组成,并固定在定子底板(发电机壳)上。每个定子线圈各引出一个线头分别与发电机壳上的三个接线柱连接,各线圈的另一线头,共同接到发动机壳上的第四个接线柱(搭铁接线柱)上去,整个定子部分用三只螺钉固定在柴油机主轴承盖上。

当将飞轮安装到曲轴上去以后,三个定子铁芯便包围在转子周围,并保持有 0.75 mm 的单边空隙,在柴油机主轴承达到磨损极限时,发电机仍能正常工作。

当转子随飞轮旋转时,定子铁芯内形成交变磁场,定子线圈切割磁力线便产生感应电势,外线路接通时便有感应电流产生。

4.7.2 照明线路

东风-12 型手扶拖拉机出厂时的照明线路如图 4-23 所示。

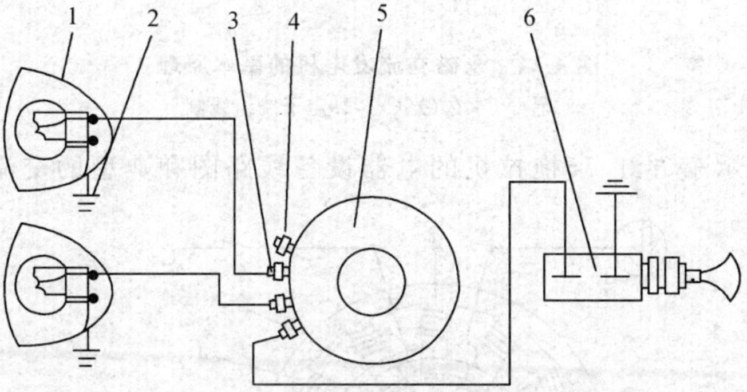

图 4-23 照明设备接线示意图

1.前大灯 2.搭铁线 3.接线柱 4.备用接线柱 5.发电机 6.开关

发电机与搭铁接线柱接到开关上,通过开关以后搭铁,另两个接线柱分别扭到两个照明灯上。剩下的一个接线柱 4 是备用接线柱,可根据工作需要在扶手架的适当地方安装一只 6～8 V 15 W 的照明灯,以便夜间作业时观察工作质量。另外,可在任一组线路上并联(不可单独使用)6～8 V 的仪表灯泡一只,装在油压阀附近的适当位置,以便夜间作业时观察压力指示阀的工作情况。

上述接线方案因开关搭铁用的是两挡开关，所以，照明灯虽是双丝灯泡，但实际上不好变换远近光，如夜间进行公路运输作业需要远近光，则需换三挡开关，并另定接线方案。

4.8 拖拉机的电气设备

4.8.1 永磁式交流发电机

手扶起动的东方红-150 及没有必要采用直流电源的拖拉机均可使用交流发电机作为供电源。交流发电机的工作原理如图 4-24 所示。

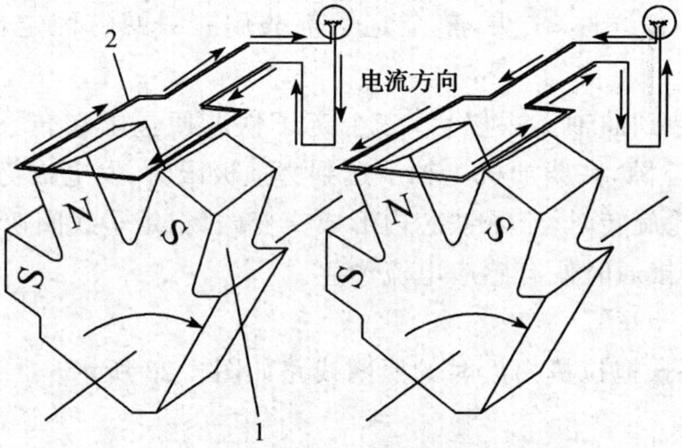

图 4-24 永磁交流发电机的基本原理

1. 转子(永久磁铁) 2. 定子绕组线圈

图4-25所示东方红-75拖拉机的电器设备线路图和典型的交流发电机的简

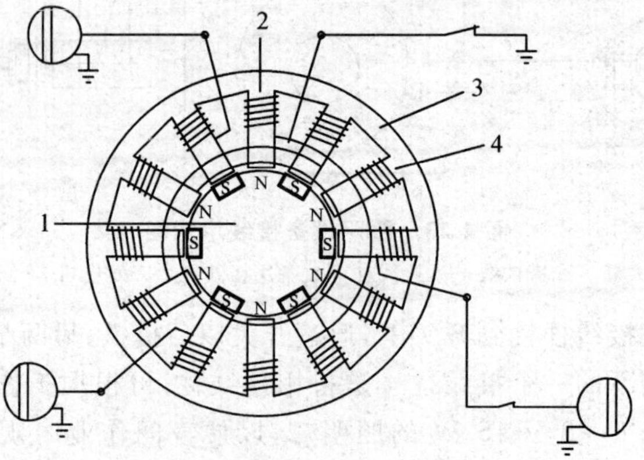

图 4-25 东方红-75 拖拉机的电路设备线路图

1. 转子(永久磁铁) 2. 定子绕组线圈 3. 壳体 4. 定子铁心

图。发电机的转子是具有12个磁极的永久磁铁N极与S极相互间隔，发电机的壳体是由许多圆环形硅钢片叠加起来的一个圆筒，内侧十二个凸出的定子铁心上面的线圈共分三组，相邻两个铁心上的线圈相串联，但绕线方向相反，使铁心的磁极性不相同。这样的串联线圈与其对面(相隔180°)的两铁心上同样的串联线圈再次串联，组合成一个绕线组，即每一个绕线组是由四个定子铁心的线圈串联而成。转子每转30°铁心线圈产生的感应电流的方向就改变一次，转一圈改变12次。当转子转速达到2 300 r/min时，发电机的功率为60 W，电压为6 V左右。

永磁式交流发电机适用于转速变化不大，用电设备少、功率不大，以及没有必要采用直流电源的场合。它结构简单(没有滑动接触的换向器和电刷等)，使用保养方便。在拖拉机发动机的工作转速范围内，不需要电压或电流调节器。但是这种发电机的电压是不稳定的，当转子在1 300～2 300 r/min范围工作时，电压在4～59 V范围内变化。在低转速下，因电压低灯光不明亮。这种发电机要求用电设备的电阻应有一定的配合。如果在使用中任意改变电阻(如换用其他型号的灯泡)，照明系统则不能正常工作或者灯泡安装困难。在外界，负载发生不均衡的情况下，会造成发电机磁转子的磁力线分布不均衡状况，出现灯光发暗的现象。因此，在使用中，必须使三组灯泡的功率、电压一致；如果不一致，或者有一组灯泡损坏，就会出现灯光发暗的现象。因此，在使用中必须把三组灯泡同时打开，保证负载均匀。

4.8.2 硅整流交流发电机及调节器

1)硅整流交流发电机的构造

硅整流交流发电机是爪极式三相交流发电机，经硅二极管整流后输出直流电。其构造主要由定子、转子、端盖和整流器组成，如图4-26所示。

(1)定子。包括铁心和电枢线圈。铁心有硅钢片三层，有二十四组，槽内核装电枢线圈，每八组线圈串联为一相，共分三相，互差120°。各相线圈的一头连在一起，称为中性点，另一头分别与整流器相接。

(2)转子。如图4-27所示，它的作用是产生旋转磁场。在转子轴上压装有两块爪极，每个爪极，上各有数目相同的鸟嘴形磁极，其空腔内装有导磁用的铁心，称为磁轭。其上装有励磁绕组，励磁绕组的引出线分别焊在与轴绝缘的两滑环上，滑环与装在后端盖内的两个电刷相接触。当电刷通直流电后，便有电流流过励磁绕组，从而产生磁场，使一个极爪被磁化为N极，另一块被磁化为S极。

(3)端盖。前后端在内装有轴承用来支承转子轴。前端盖外侧装有风扇和胶带轮，整流器装在后端盖内，盖上的三个接线柱(其中“＋”或“B”为电枢，“F”为磁场)靠弹簧的压力保持与沿环表面接触。其中一个电刷与盖上的“－”接线柱联接；

另一个电刷与"F"接线柱接(图 4-28)。

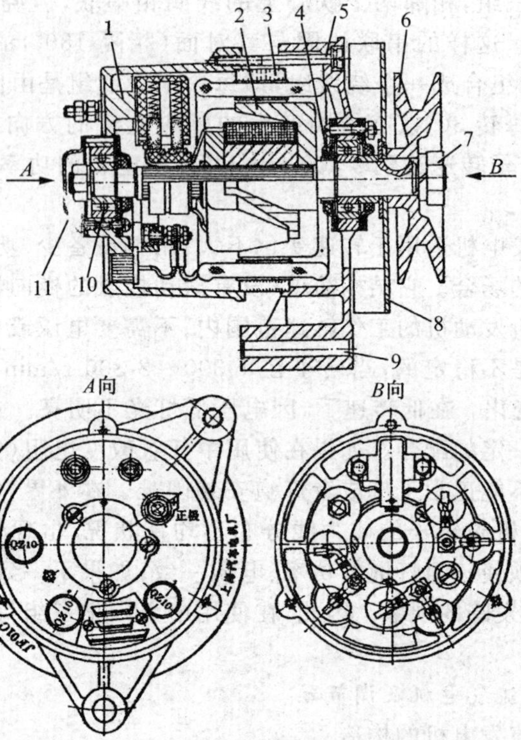

图 4-26 硅整流发电机

1.后盖 2.转子 3.定子 4.密封圈 5.螺栓 6.皮带轮 7.螺母 8.风扇 9.前盖 10.轴承 11.轴承盖

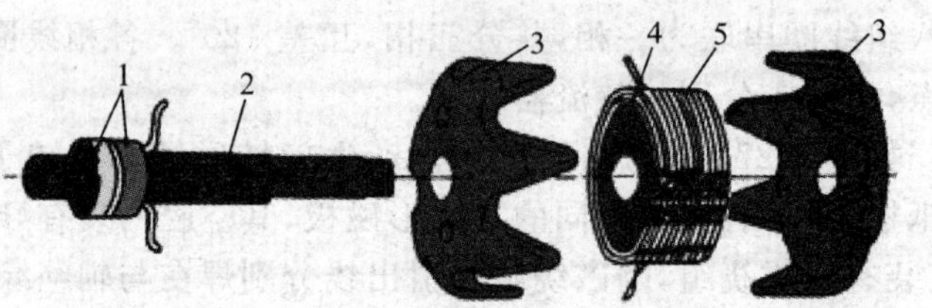

图 4-27 硅整流交流发电机转子

1.集电环 2.转子轴 3.爪极 4.磁轭 5.磁场绕组

(4)整流器。由六个硅二极管组成。这六个二极管有两种类型,即正极管和负极管,它们分别装在两个元件板上。

①正极管：其引线为二极管的正极，外壳为负极。三个正极管压装或焊接在一块铝合金制成的正元件板上，并与后端盖绝缘，用螺栓引出后端盖外部，作为交流发电机的输出接线柱，其标记一般为"B"或"＋"或"A"。

②负极管：其引线为二极管的负极，外壳为正极。三个负极管压装或焊接在另一块负元件板上或发电机的后端盖上（国产发电机多是将三个负极管压装在后端盖上）。六个硅二极管的引线分别接到定子线圈各相的端点，组成三相桥式全波整流电路，如图 4-29 所示。

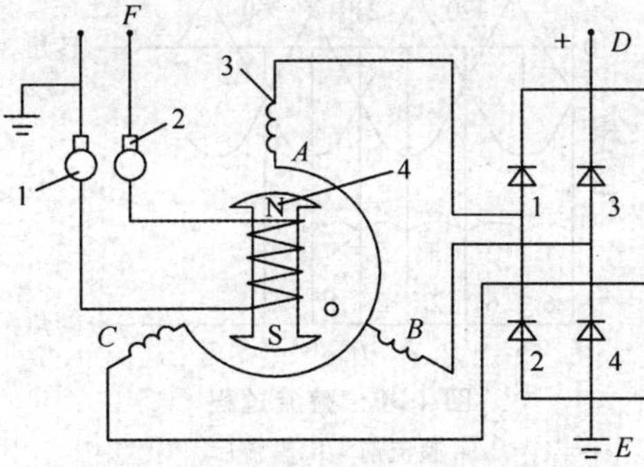

图 4-28　硅整流交流发电机的接线

1. 集电环　2. 电刷　3. 定子线圈　4. 转子

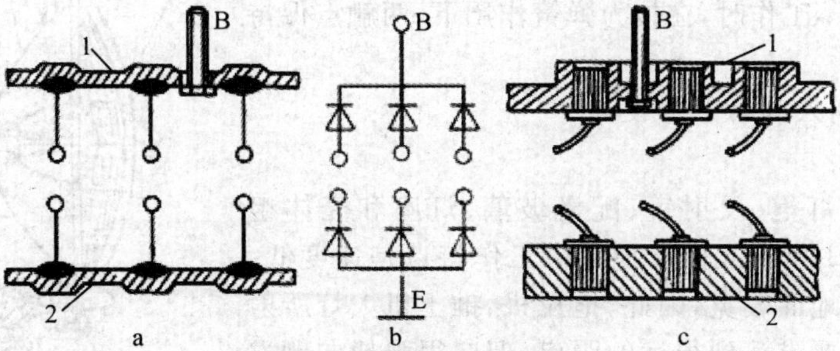

图 4-29　硅二极管的安装

a. 焊接式　b. 电路图　c. 压装图

1. 正整流板　2. 负整流板

2)整流交流发电机的工作原理

(1)三相交变电动势的产生。当转子上的励磁绕组通入直流电后便建立磁场，使爪极形成固定的 N 极和 S 极。转子转动时，磁极的磁力线切割定子上的电枢线圈，于是在电枢线圈中产生电动势。

(2)整流过程(图 4-30)。

(3)硅整流发电机的励磁过程。硅流发电机开始发电时采用他励方式进行。即由蓄电池供给励磁电流。当发电机电压达到蓄电池电压时转为自励,即发电机自身供给励磁电流。

3)硅整流发电机调节器作用及其构造硅整流发电机调节器的作用是根据发电机的不同转速调节供给发电机励磁电流的大小,从而稳定发电机的输出电压。

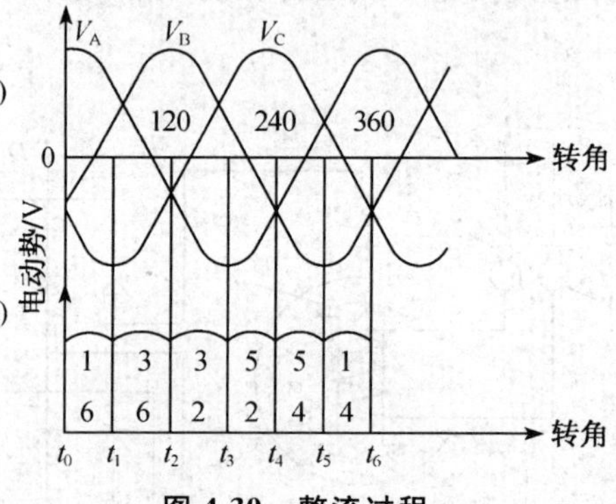

图 4-30 整流过程

a. 整流前 b. 整流后

调节器构造主要由框架、铁心、线圈 L_1 和线圈 L_2、触点 K、电阻 R_1、R_2、R_3、拉力弹簧、灭弧装置等组成。调节器不工作时,在拉力弹簧作用下,两触点保持闭合。

4.8.3 照明及辅助电器设备

1)大灯

大灯由灯泡、反射镜、配光玻璃、灯座和壳体组成,如图 4-31 所示。由于拖拉机工作特点是速度低、牵引农具占地面较宽,因此,拖拉机、推土机大灯所射出的光束不要求达到很远的距离,但应很强地向侧方分散。为此在拖拉机、推土机上的大灯应配置专用的配光玻璃。大灯的固定必须牢固,以免拖拉机受到强烈震动的影响而损坏。

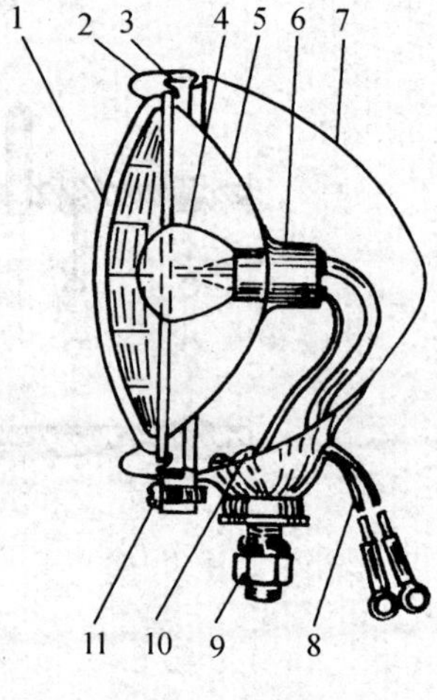

图 4-31 照明灯

1. 散光玻璃 2. 箍圈 3. 卡簧 4. 双丝灯炮 5. 反光镜 6. 插座 7. 灯壳 8. 导线 9. 固定螺母 10. 搭铁线 11. 固定螺钉

不同车型的大灯尺寸、电压、功率都不同,更换灯泡时应注意型号。以免造成不必要的损失。

2)转向信号灯

转向信号灯装在拖拉机前、后、左、右四角上。转向信号灯的用途是在拖拉机转向时,发出明暗交替的闪光信号,使前后车辆、行人知其行驶方向。它要求在 30 m 以外能清楚辨认。转向信号灯为黄色,后转向信号灯也可为红色。转向信号灯的电路如图4-32所示。

电路中的闪光器是用来控制转向灯的闪烁光的元件,它是用得较多的电热式闪光器。

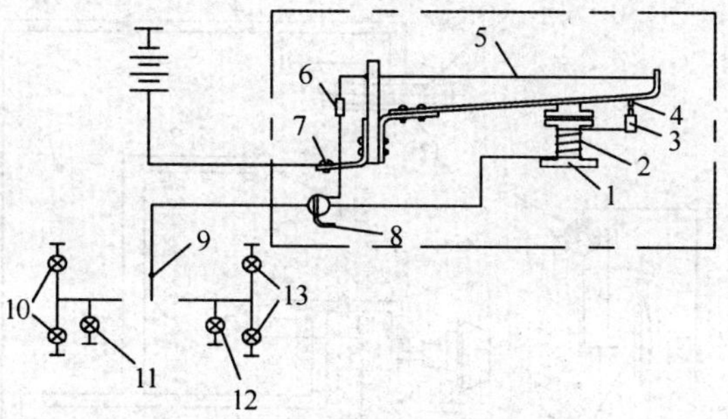

图 4-32 转向信号灯电路

1.铁心 2.线圈 3.固定触点 4.活动触点 5.镍铬丝 6.附加电阻 7、8.接线柱 9.转向开关 10、13.转向信号灯 11、12.转向信号指示灯

3)喇叭电路

如图 4-33 所示。

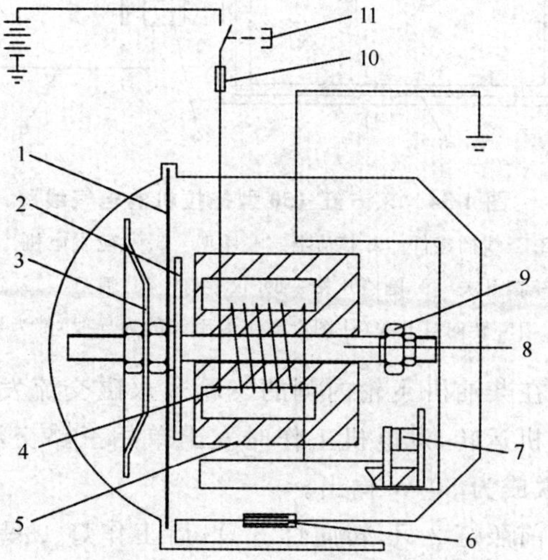

图 4-33 振动式喇叭及其电路图

1.振膜 2.音圈 3.定心支片 4.激磁线圈 5.电磁铁 6.电容器 7.触点 8.膜片中心杆 9.调整螺母 10.熔丝 11.喇叭按钮

触点在振动时有火花出现，易使触点烧蚀，因而需要装一个并联的电容器。螺母可以用来调整膜片的振幅和振动频率，即调节喇叭的声响。

4.8.4　典型手扶拖拉机电气线路

东方红-150 型拖拉机的电气线路采用单线制、负极搭铁，由发电机、用电设备和控制开关三部分组成。电气线路如图 4-34 所示。

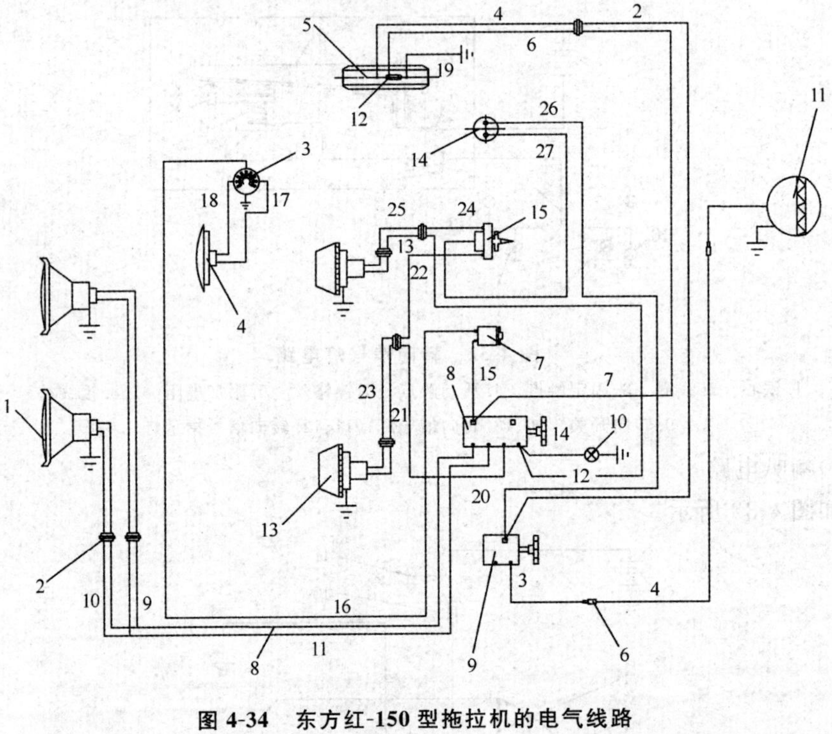

图 4-34　东方红-150 型拖拉机的电气线路

1.前照灯　2.二线插接件　3.整流器　4.喇叭　5.飞轮发电机　6.单线插接件　7.喇叭按钮　8.三挡开关　9.单挡开关　10.仪表灯　11.后灯　12.连接片　13.转向灯　14.闪光灯　15.转向灯开关(注图中数字无引线的为导线)都为导线已经注明

(1)电源是安装在柴油机飞轮内侧的飞轮式永磁交流发电机，额定电压 6 V，功率 45 W。当柴油机运转，发电机工作时发出单相三路交流电，每路 15 W 其中有两路用联接片并联成为 30 W 输出。

(2)用电设备有前照灯 2 只，转向灯 2 只，后工作灯 1 只和电喇叭 1 个。其中电喇叭所用直流电经整流器提供，其他电器均用交流电。

(3)控制开关有 4 个：1 个三栏开关控制的前照灯，第一挡是远光，第二挡是近光，第三挡是示宽灯，开关接通第一挡位，仪表内照明灯即点亮；1 个单挡开关控制后工作灯;1 个按钮控制电喇叭;1 个转向灯开关控制转向灯。

4.9 拖拉机操作技术

4.9.1 拖拉机的操作技术

拖拉机的操作技术是在经常工作中丰富和提高的。在驾驶拖拉机耕作和运输时,所遇到的问题都有它们不同的特点。我们在操作中遇到每一个问题时,应该根据自己的工作经验(或者学习别人的经验),同时还要根据每一个不同情况的特点进行分析和处理。

4.9.1.1 拖拉机的启动和启动前的准备工作

1)驾驶前的准备

拖拉机驾驶员除了要做好机车的保养工作,使机车经常保持着正常技术状态(机具完整)和工作状态(随时可投入工作)。此外还应该做好出车前的检查。有检查和无检查大不一样。在实际工作中我们遇到很多这样的事例,在隔天或者几天前机车已进行了保养,但有的驾驶员疏忽大意而遗漏了一些工作没有做,第二天出车时有的是由于匆忙,有的是过于相信自己而不再进行检查,结果拖拉机工作时发生了一些不应有的责任事故,如轮胎飞掉、气压不足、油箱和油管漏油、转向横直拉杆松脱、机油不够、冷却水不足等。这些情况发生的后果,严重的则危及人的生命安全和使机具报废。因此,出车前必须对机车认真地进行检查,力求将隐患消灭在出车之前。

2)拖拉机的起动

所有拖拉机发动机起动时都应先将油箱开关打开,将变速杆都放在空挡位置(拖拉机的副变速杆也应放在空挡位置)。下面介绍丰收 35 型拖拉机的方法:

丰收 35 型拖拉机是利用电动机起动拖拉机发动机,当气温在 5℃以上时:

①将电源钥匙插入电门开关,并转过一个方向。

②将减压手柄扳至减压位置。

③按下起动按钮(丰收 35 型拖拉机则应顺时针扳动预热起动开关手柄)使指线由“0”移至“起动”,待发动机转动几转后将减压手柄拉回工作位置随即加大油门,发动机即可起动。

④启动后立即放松起动按钮(有的拖拉机需将电源钥匙反时针转至充电位置)。

⑤启动电动机每次起动时间不能超过 15 s。一次起动不了,应停止 10 s 左右,再进行第二次起动。如果连续三次起动不成,应进行检查,消除故障后再起动。

气温低于 5℃时,应加以下启动步骤:

①将加热至 80～100℃的热水灌入水箱内，打开机体上的放水开关至流出热水为止。

②将机油加热至 60～70℃加入油底壳（注意加热机油时，必须不断地缓缓搅拌，以免机油局部过热而变质）。用摇手柄转动曲轴数圈或用炭火烤热油底壳和变速箱与后桥。严禁用明火烤车。

③按下预热按钮（丰收 35 型拖拉机则应顺时针扳动预热起动开关手柄使指线由“0”移至“预热”位置）10～15 s 后。再同时按起动按钮，发动机起动后立即松开起动按钮和预热按钮。

3)起动主发动机注意事项

如主发动机尚未发动，而起动机齿轮与飞轮齿圈已自动脱开。此时应迅速将汽化器节流阀略为关小，防止起动机飞车。然后重新操纵离合器手柄使齿轮啮合。

在启动主发动机时，主发动机未能迅速发动时，禁止以操纵汽化器的调速拉杆来提高起动机的转速，否则会导致起动机早期损坏。

4.9.2 拖拉机的起步、行驶、停车、倒车和变速

1)起步

拖拉机起步好坏，对整个传动机构的正常工作，减少不必要的磨损有很大关系。因此，要求起步时动力传递平稳，齿轮无撞击声。要求：

(1)挂挡时要将离合器踏到底。稍停再将变速杆挂入所需挡位内。

(2)挂上挡后，将油门略微加大。

(3)松开离合器踏板，动作要缓慢。松到车轮开始转动时就稍停一下，等车轮行走平稳时再将踏板完全松开。如猛松离合器，拖拉机会发生猛烈地撞击而使前轮跳起的现象，严重时会造成传动轴损坏（拖拉机进行水田作业时猛松离合器，会使后轮轮毂螺丝剪断）。

(4)在起步的同时应发出信号或按喇叭，通知周围人员让路。同时还要注意农具连接处是否有人，以免发生意外事故。

(5)田间起步时，必须事先将农具升起。

2)行驶中注意事项

(1)注意各仪表读数是否正常。

(2)离合器打滑时，拖拉机应停止工作。

(3)如发现有不正常的噪声和冲击声，应立即停车找出原因。

(4)拖拉机下坡行驶时，禁止空挡溜坡，以免发生事故。

3)倒车

(1)倒车时驾驶员应该用低速小油门，必要时可稍带离合器以减低速度，并随

时做好制动准备。

(2)在长距离后退时,驾驶员的视线一定要注意后方。如需转弯时应注意后退与前进有所不同,后退转弯要比前进时转弯早一点,不然错过转向机会就给转向带来困难,同时视线应注意转弯时的路程。这样,对后退时估计车辆的正确行进位置较为有利。

4)停车

(1)工作完毕后,应将拖拉机停放在指定的机库和场地,保证在任何情况下。每台机车都能单独从机库和场地开出。绝对不能数辆机车在同一条直线上或前后对置停放,以便在发生紧急情况时,可以马上离开机库。

(2)如必须在坡地上停车时,应用手、脚制动器将机车刹住。如手制动失效,可待发动机熄火后挂上倒挡并在前后轮下塞上三角木(或石块)。下次发车时定要注意将变速杆放回空挡位置。

(3)拖拉机不熄火,驾驶员不能离开机车。发动机熄火后,将变速杆放在低速挡位置。用制动器将机车刹住,并塞上三角木。有车门的拖拉机应将车门锁住,无车门的拖拉机一定要将电源钥匙带走。

5)变速

拖拉机在公路运输时,一般是在行驶中变速,这要求我们对拖拉机的性能要非常熟悉,能正确掌握车辆行驶速度和发动机转速。在变速时必须依次地进行,不要乱跳挡,否则变速箱齿轮冲击厉害,情况严重的,甚至有打坏变速箱齿轮的危险。在变速时一定要做到快离慢接。要求传动机构平稳,齿轮无撞击声。

(1)从低速换入高速,必须先加大油门提高拖拉机的行驶速度,再踩下离合器,减小油门换上挡,再加大油门松开离合器。以上这几个动作一定要协调,机车速度才能平稳增加。

(2)从高速换入低速。旧式拖拉机,必须采用两脚离合器的方法。首先减小油门降低拖拉机的速度。踩第一脚离合器,将变速杆放入空挡后立即松开离合器,加大油门再踩第一脚离合器,迅速将变速杆换入低挡位置,再松开离合器。只有这样才能使拖拉机平稳地从高速换入低速(上坡时可不用两脚离合器)。

4.9.3 拖拉机的田间操作和公路运输

1)田间操作

(1)接受任务后,必须事先对每块耕地进行勘察,详细地了解和熟悉地块的情况,对地块中的障碍要作出标志。如田地情况,有无新填的沟、洞、井等,以便在作业时注意。与此同时要了解机车通行到耕地的道路以及田间转移道路的情况,并事先做好调车路线。

(2)根据当地农户意见确定耕作方法。

(3)耕地基本方法:常用的有内翻、外翻和套翻法三种。

内翻法:内翻法是在耕作区中央左侧下第一犁。这种方法的优点是耕作简便,适用于小块田地。其最大缺点是中间形成高的垄台。

外翻法:外翻法的第一犁是在耕作区右侧下犁,左侧回犁一直从外向里耕。其缺点是在中间形成一条有两犁体宽的沟。

套翻法:套翻法的种类很多,有二区、三区和四区套翻等,可根据地块大小选择。这种方法优点是地头小,空行路程少。但太小的地块不适用这种方法。

(4)耙地方法:一般采用直耙法。直耙法又分顺耙(顺着耕地方向进行)和横耙(与耕地方向垂直)两种。这种方法的优点是行走路线简单易于操作,缺点是地头重耙现象多。

2)几种特殊情况的驾驶方法

(1)拖拉机越沟。广东省农村沟和渠道多,拖拉机进行田间作业时,经常会遇到沟渠。大的沟渠,拖拉机不能通过,可以填好后再过去。一般不太大的沟和渠道,有时也可以不填掉就越过,但要采用得当的方法,否则会使机车受到剧烈震动而有损坏的可能。越沟时,必须用低速挡,并使拖拉机和沟成一斜角(不要对沟开过去,因轮式拖拉机重心不稳),先让一前轮过去接着一后轮和另一前轮再过去,最后再让另一后轮过去。有时没有条件按斜角度过沟,而必须采取对直通过时则必须先让前轮缓和下沟,不能猛冲。前轮下去后,加油门让前轮上沟,再让后轮缓和下沟。下沟后再稍加油门,这样拖拉机可以较平稳地通过沟渠。

(2)拖拉机越过田埂。过较低的田埂可用上面所讲的拖拉机过沟对直通过的方法,较高的田埂不能对直过,可用倒车过去(指轮式车)。

(3)拖拉机通过泥泞地区的方法。广东省春季雨水较多,且农村多简易公路,雨后道路泥泞,在这样的情况下,拖拉机前轮有时容易滑动,使转向失去作用。因此,应对道路情况进行了解,如路的长、宽、坡度大小,转弯情况等。在确认通过无危险时,一定要减速掌握好方向盘,尽量利用泥泞中的辙迹和较为干燥的地方行驶。注意:

①如遇转向失灵,可用边制动帮助转向,但是边制动不能过猛。

②如遇后轮横滑,可用方向盘将前轮向后轮滑过去的同一方向修正。再减低速度,不能紧急制动,以免发生更大的滑动。

③在倾斜的泥泞坡上,下坡时应该用低速行驶,在任何情况下都不能紧急制动。

(4)拖拉机陷车处理方法。田间作业时,往往会遇到拖拉机陷车。发生陷车后，驾驶员应立即停车察看机车的下陷情况，不能盲目前、后乱冲，使拖拉机越陷越深。当确认机车不能直接开出时，必须采取必要的措施：用木板、石头或树枝等物填在后轮下，挖去前、后轮前面的泥土，减少机车阻力，然后低速开出；或者将机车减压，挂上低挡，用摇手柄将车摇出。如果陷落严重，就要用拖拉机来拖。

3)公路行驶及运输作业

拖拉机在公路上行驶和运输时，由于公路上有行人、车辆等活动的物体。因此，公路上的操作比在田间复杂。只要我们思想稍有疏忽，就有发生事故的可能。只要我们在思想上树立正确开车的观念，又在战术上做好应付各种复杂情况的准备。在任何情况下，都要求保证安全生产。在拖拉机进行运输作业前，应检查各操纵部分，特别是制动和转向等部件，应保证完全良好。同时还要检查悬挂或拖带农具拖车的连接处。拖拉机挂上拖车运输时，就不如空车行驶那样方便。特别是重负荷就更为复杂。因此，还应注意以下四点：

(1)有正式公路驾驶执照的驾驶员，方能在公路上驾驶，初学者和其他人员不能在公路上开车。

(2)在驾驶时应充分估计到挂上拖车以后，车辆在行驶中的特点。拖拉机挂拖车之后，整个机身变长，而且中间是用销子活动连接的。因此，在驾驶时转向角度和路边障碍距离都要估计得比原来空车行驶转得大一点。因为在转向时拖拉机和拖车行驶的路线不在同一条轨迹上。转弯时，拖车要稍向里偏一点。如果估计不足，拖车就会跌入沟内或者撞在路边电线杆、树木和其他障碍物上。

此外，在直线行驶时，也要充分估计应有的宽度(特别是较狭的路面和会车时)，不然也易发生两车摩擦和拖车跌入沟中的事故。

(3)在拖带载荷较重的拖车时，由于拖车惯性力的冲击，拖拉机在转向操纵上非常不稳，给行驶带来了困难。因此，在这种情况下，拖拉机行驶速度不能太快，更不允许高速转弯。转弯时方向盘不能转得太死，否则容易发生翻车事故。

4)上下坡

上坡：上坡前必须根据坡度的大小、拖带货物的重量、拖拉机力量的大小来决定上坡的方法。一般可用两种方法上坡。如操作技术比较熟练，可采用冲坡的方法：即在未上坡前用快速加油冲坡，冲到一定的地方减速再冲，再减速至机车能上坡为止。如在操作上尚无一定把握，可在上坡前先换入低挡一直拖上坡。

下坡：下坡前先要估计好坡度大小，在未下坡之前改用低速小油门或稍带制动慢慢下坡。如果在下坡时，拖车的惯性力大于拖拉机而猛推拖拉机，或路面打滑。千万不能猛踩制动器，只能用加快拖拉机的速度来解决。否则，会引起拖车推翻拖拉机的事故。

在公路行驶时，各机车之间应保持 30 m 距离。离近了，在前车遇到障碍紧急制动时，后车很可能因为没有充分准备来不及刹车而发生相撞。在高速行驶中遇有情况要采取紧急制动时，必须先减小油门，后踏制动器踏板，再踏下离合器，或两者同时进行，必要时再拉住手制动器，这样就可以马上取得制动效果。紧急制动的行动是非常迅速的，因此，一定要果断，不能犹豫不决。

拖拉机运输作业的安全措施：

(1)出车前，驾驶员应仔细检查转向机构、制动器、电气设备等的可靠性。

(2)装好、带好安全设备，如反光镜、喇叭、转向指示灯、三角木、保险链等。

(3)装载货物不得超过拖车规定的装载重量，高度从地面起不准超过 2 m，宽度不准超出车厢，长度前端不准超出车厢，后端不准超出车厢 50 cm。

(4)驾驶员一定要遵守交通法规，做到礼貌行车，先慢、先停、先让，转弯时做到减速、鸣号、靠右行。

(5)下坡中途不许换挡，下坡不许空挡滑行。下坡应让上坡车先行；如下坡已至中途，则上坡车应让下坡车。

(6)超车必须鸣号，待前车让道后，再加速通过。

(7)行驶中，左右制动踏板必须连锁卡住，以免产生单边制动造成危险。

(8)在公路上，发动机未熄灭时，驾驶员不得离开拖拉机，离开驾驶室时应将电门钥匙带走。

上面所讲的一些方法都是经验之谈，我们学用的时候要因地制宜，吸取对我们有益的东西，不要生搬硬套。拖拉机在工作过程中遇到的情况是非常复杂的，加之各地地理条件差异，对拖拉机的实际操作有很大的影响。别人、它地的经验要学，更为重要的是我们要不断总结和丰富自身的操作经验。

4.10 拖拉机的调整与操作

4.10.1 小型拖拉机的调整与操作

1)小型拖拉机的调整

(1)三角胶带张紧度的调整。

(2)离合器间隙和踏板自由行程的检查与调整。

(3)中央传动的检查与调整。

(4)小四轮拖拉机制动器间隙及踏板自由行程的检查与调整。

(5)手扶拖拉机制动系的检查与调整。

(6)转向盘自由行程(转角)的检查与调整。

(7)手扶拖拉机转向手柄的检查与调整。

(8)前轮前束的检查与调整。

(9)前轮轴承间隙的检查与调整。

(10)轮距的调整。

(11)悬挂杆件的调整。

2)小型拖拉机的驾驶操作

(1)出车前的检查

①燃油、润滑油和冷却水的检查。

②操纵机构的检查。

③轮胎气压及车轮紧固螺栓的检查。

④配套机具和随车工具的检查。

(2)一般驾驶操作要点

①起步:发动机起动后,经过暖车到水温达40℃以后方可起步。

a.松动制动。

b.分离离合器。

c.根据需要,选定起步挡位。

d.逐渐加大油门,同时缓慢松开离合踏板(手扶拖拉机为离合器手柄)。

e.正确起步,应使机车无冲击、无震颤、不熄火。

②转向:机车转向时,严禁高速急转弯。

③换挡。

④制动:如遇紧急情况时,应迅速踏下离合器踏板和制动器踏板,实现急制动。

⑤停车和熄火:减小油门,降低车速,分离离合器,稍加制动,挂空挡。

(3)安全操作要点

①田间作业安全操作要点:

a.出车前,机手应熟悉道路和耕作地块的情况,对不安全的地段应做好标记和排除障碍。

b.悬挂限位装置要调整适当,以防农具碰坏轮胎。

c.在转移作业地块时,应将农具升到最高位置,并用锁紧装置锁紧,途中行驶速度不宜过高。

d.耕作深度应适当,防止经常超负荷工作。

e.机组作业到达地头时,必须等到农具工作部件提升出土后,方可进行转弯。

f.需要清除农具上泥土和缠草时,应停车进行。

g.进行收获作业时,排气管口应安装灭火装置。

h.在拖拉机运行中,不得进行任何的调整、紧固等操作。

②运输作业安全操作要点：

a. 拖车应与拖拉机配套，装载不得超高、超重和超长。

b. 行车速度应按所载货物的性质、路面的情况进行适当的选择，最高车速不得超过 22 km/h。

c. 拖拉机带拖车时，不得高挡起步。

d. 在运输车辆列队行驶时，各车之间应保持一定的距离。

e. 上坡时，应根据载重和坡度情况，提前换上低挡，避免在上坡途中换挡。

f. 下坡时，不准空挡滑行或熄火滑行。

g. 运输机组应尽量避免坡道上停车。

③固定作业安全操作要点：

a. 根据作业机具的转速选用胶带轮。

b. 选择平坦地面，将作业机具牢靠地固定。

c. 调整拖拉机的位置，使拖拉机上的胶带轮与作业机具胶带轮对正，胶带的紧度适宜。

d. 在作业机具空载的情况下，起动发动机，带动作业机具运转，确信运转正常后才能投入正常工作。

e. 在作业中密切注意拖拉机和作业机具的工作情况，发现不正常现象时，应立即熄火停车检查。

f. 对作业机具要均匀施加负荷，并防止发动机超负荷工作。

g. 在作业中，防止其他人员接近胶带。

h. 场上作业时，要注意防火，并在排气管口安装灭火罩。

4.10.2 大中型拖拉机的调整与操作

1)大中型拖拉机的调整

(1)离合器间隙和踏板自由行程的检查与调整。

(2)中央传动的啮合副间隙及啮合印痕的检查与调整。

(3)转向离合器的检查与调整(履带拖拉机)。

(4)转向盘自由转角的检查与调整。

(5)制动器间隙及踏板自由行程的调整。

(6)轮距的检查与调整。

(7)悬挂机构的检查与调整。

(8)履带紧度的检查与调整(履带拖拉机)。

(9)发电机调节器的检查与调整。

(10)起动电动机啮合机构的检查与调整。

2)大中型拖拉机安全驾驶操作规则

(1)严禁拖拉机牵引挂车超车、超高和高速行驶,以免发生翻车事故。转弯时须低速行驶。

(2)下坡道之前,应根据拖载情况和坡度的大小,选择适当挡位,在陡坡行驶的中途,不要换挡。在下陡坡时,应挂低挡,缓慢行驶,严禁空挡滑行,以免发生事故。下坡时不要猛踩制动器,以免发生拖拉机倾翻的重大事故。

(3)牵引挂车行驶前,应把左右制动踏板连在一起,并检查制动器是否可靠,左右制动是否同步。

(4)挂车中不得乘人。

(5)拖拉机挡泥板的牵引杆不得乘坐人员,以免行驶中掉下,发生事故。

(6)牵引车后部与挂车前部,必须安装防护网、保护链及有效的制动器,以免脱节出事故。

(7)挂接挂车时,须用低速小油门倒车,并随时做好停车准备。插牵引销时,必须在拖拉机停止时进行,以免伤人。

(8)牵引平板车行驶时,不准在平板车上坐人,以免掉下发生事故。

(9)行驶中应尽量保持匀速。起步、停车要稳,以免拖拉机和挂车产生撞击。

4.10.3　拖拉机实验实习记录

拖拉机术语

对照拖拉机认识以下术语:

交流发电机	传动离合器	前轴行星齿轮减速器
前配重	风扇	动力输出轴离合器
制动盘	快速挂接器	动力输出轴传动轴
凸轮挺柱	前轮传动离合器	推杆
凸轮轴	燃油过滤器	散热器
凸轮轴驱动齿轮	燃油箱盖	分置液压输出口
连杆	悬挂机构提升油缸	摇臂
冷却液泵	液压系统油泵	牵引增力传感杆
曲轴箱机油泵	喷油泵	液压换挡变速箱
曲轴	喷油器	涡轮增压器
气缸套	悬挂机构下拉杆	万向节
前轴差速器	活塞	排气门

1)一般性能资料

(1)拖拉机制造厂 ________________

(2)型号______

(3)编号______

(4)标准轮距：前______ 后______

(5)转弯半径______

(6)轮胎尺寸：前______ 后______

(7)发货重量______

2)发动机

(1)型号______ (2)缸数______

(3)缸径______ (4)行程______

(5)标定转速(r/min)______

(6)有无可拆缸套？______ (7)湿式或干式？______

(8)主轴承数______ (9)压缩比______

3)燃料系统

(1)建议用的燃料______

(2)化油器还是喷油器？______

(3)喷油泵？______ 如何驱动？______

(4)燃油过滤器的数量和位置______

(5)发动机有无空气粗滤器？______

(6)油箱容量______

(7)耗油量______

(8)调速器安装位置______

(9)调速器如何驱动？______

(10)调速器如何控制速度？______

4)电气系统

(1)点火方式(压缩、火花)______

(2)点火次序______

(3)蓄电池电压______

(4)有无电磁起动开关？______

(5)调节器的位置______

(6)交流发电机还是直流发电机？______

(7)列举电气辅助设备______

5)冷却系统

(1)液体容量______

(2)系统是否加压？________________

(3)列出排水口________________

(4)节温器位置,是否为旁通式？________________

6)润滑系统

(1)推荐发动机用机油的黏度________________

(2)曲轴箱机油容量________________

(3)发动机机油过滤器的位置,制造厂________________

(4)推荐的换油周期______________滤芯更换周期______________

(5)拖拉机有无曲轴箱通气孔或通风器？________________

(6)推荐变速箱用润滑油的黏度________________差速器箱用润滑油的黏度________________

(7)列举黄油嘴部位________________

7)动力传动系统

(1)主离合器的直径________________

(2)变速箱的型式________________

(3)前进挡数________________倒退挡数________________

(4)能否不停车换挡？________________

8)液压系统

(1)检查液压驱动的机构：

转向______制动______离合器______换挡______增速传动或减速传动操纵机构______________提升杠杆轴的操作______________分置油缸操作______________牵引增力系统______________动力输出轴离合器______________其他______________

(2)系统的液体容量________________

(3)液体的技术要求________________

(4)系统过滤器的位置。滤芯的更换周期________________

(5)液压油泵的数量和位置________________

(6)系统泄油阀的开启压力________________

(7)油泵流量________________

(8)操纵手柄的数量________________

(9)牵引增力系统的灵敏度是否可变？________________

(10)分置油缸的直径和行程________________

9)动力输出轴传动装置

(1)标准的双速动力输出轴还是任选的？________________

(2)传动型式(变速箱式、连续式、独立式)______

(3)发动机标定转速下动力输出轴的转速(r/min)______

10)挂接装置

(1)挂接装置是否包括牵引装置?______三点挂接装置?______半悬挂装置?______

(2)如有拉力传感机构,表明其位置并加以说明______

(3)如有快速挂接装置,加以说明______

(4)下拉杆是如何挡住不动的还是容许摆动的?______

(5)列出挂接装置杆件上的调节和操纵部分______

11)操纵性、安全性和方便性评价内容

(1)登上该拖拉机是否容易?扶手是否在方便的位置?开关驾驶室门是否容易?

(2)座位是否舒适而且易于根据臂、腿的长度进行调节?座位皮带是否易于调节和系住?

(3)方向盘的调节装置是否易于使用?它们是否能充分调节来适应操向活动的需要?

(4)离合器踏板的位置是否方便?是否易于操纵?

(5)制动器踏板是否易于使用并易于锁在一起?停车制动器是否易于使用?制动器是否会受到无意的使用?

(6)调速器操纵杆定位是否方便?它的活动范围是否使你感到舒适?它能否易于凭感觉定位?它是否易于受到无意的移动?

(7)大多数重要的仪表是否可见并易于读数?它们是否布置在一起,以便于迅速地扫视一下而尽量减少眼睛从操向上移开?

(8)液压操纵杆是否便于使用?它们是否布置在一起单靠触摸来操纵?它们是定位的还是分开的,从而靠触摸来区别不成问题?

(9)评定从拖拉机座位上到前面、后面、挂接点和动力输出轴的可见度。

(10)在防御风、寒冷、太阳光、雨、炎热、噪声和翻车方面,驾驶室是否提供足够的保护?

4.11 拖拉机驾驶考试内容与评判标准

4.11.1 科目一

1)考试内容

(1)道路交通安全法律、法规和农机安全监理法规、规章。

(2)拖拉机及常用配套农具的总体构造,主要组成结构和功用,维护保养知识,常见故障的判断和排除方法,操作规程等安全驾驶相关知识。

2)考试要求

试题分为选择题与判断题,试题量为 100 题,每题 1 分。其中,全国统一试题不低于 80%;交通、农机安全法规与机械常识、操作规程试题各占 50%。采用笔试或计算机考试,考试时间为 90 分钟。

3)合格标准:成绩在 80 分以上的为合格。

4.11.2 科目二

1)方向盘式拖拉机场地驾驶考试

(1)图形

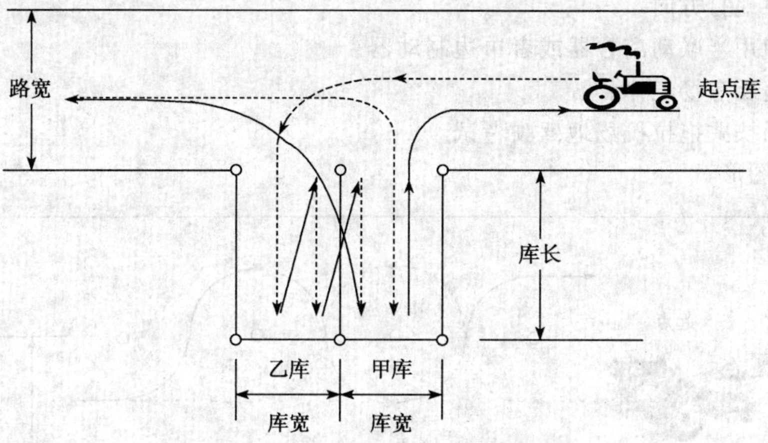

图 4-35 方向盘式拖拉机场地驾驶考试

(2)图例

○桩位;——边线;——→前进线;---→倒车线。

(3)尺寸

①起点:距甲库外边线 1.5 倍机长。

②路宽:机长的 1.5 倍。

③库长:机长的 2 倍。

④库宽:大中型拖拉机为机宽加 60 cm,小型拖拉机为机宽加 50 cm。

(4)操作要求。采用单机进行,从起点倒车入乙库停正,然后两进两退移位到甲库停正,前进穿过乙库至路上,倒入甲库停正,前进返回起点。

(5)考试内容

①在规定场地内,按照规定的行驶路线和操作要求完成驾驶拖拉机的情况。

②对拖拉机前、后、左、右空间位置的判断能力。

③对拖拉机基本驾驶技能的掌握情况。

(6)合格标准

未出现下列情形的,考试合格:

①不按规定路线、顺序行驶。

②碰擦桩杆。

③机身出线。

④移库不入。

⑤在不准许停机的行驶过程中停机 2 次以上。

⑥发动机熄火。

⑦原地打方向。

⑧使用半联动离合器或者单边制动器。

⑨违反考场纪律。

2)手扶式拖拉机场地驾驶考试

(1)图形

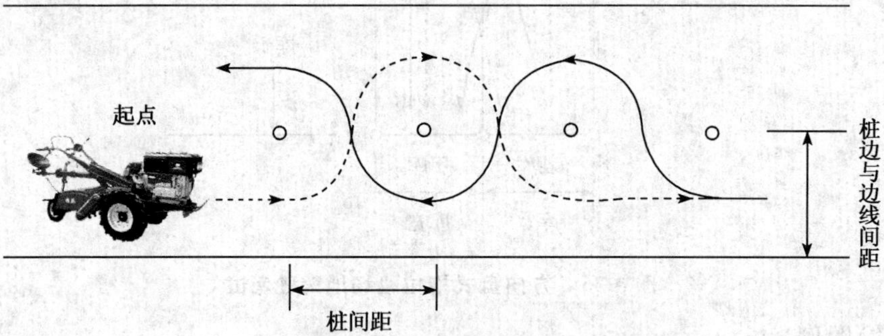

图 4-36　手扶式拖拉机场地驾驶考试

(2)图例

○桩位;——边线;——→前进线;--→倒车线。

(3)尺寸

①桩间距:机长加 40 cm。

②桩与边线间距:机宽加 30 cm。

(4)操作要求。手扶式拖拉机考试应挂接挂车进行。按考试图规定的路线行驶,从起点按虚线绕桩倒车行驶,再按实线绕桩前进驶出。

(5)考试内容

①在规定场地内,按照规定的行驶路线和操作要求完成驾驶拖拉机的情况。

②对拖拉机前、后、左、右空间位置的判断能力。

③对拖拉机基本驾驶技能的掌握情况。

(6)合格标准。未出现下列情形的，考试合格：

①不按规定路线、顺序行驶。

②碰擦桩杆。

③除扶手把外机身出线。

④在不准许停机的行驶过程中停机 2 次以上。

⑤原地推把或转向时脚触地。

⑥发动机熄火。

⑦违反考场纪律。

4.11.3 科目三

1)拖拉机挂接农具考试

(1)图形

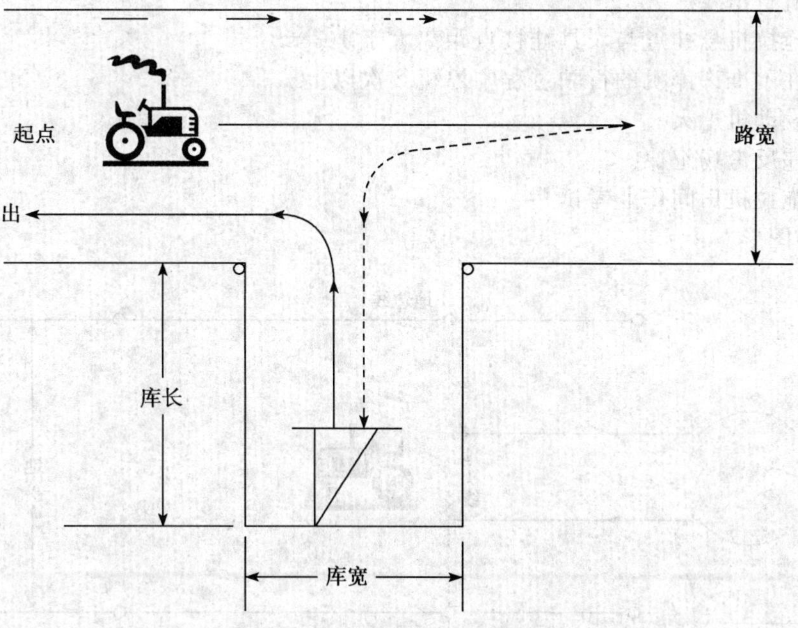

图 4-37 拖拉机挂接农具考试

(2)图例

○桩位；——边线；⟶前进线；┅→倒车线。

(3)图形尺寸

①路长：机长的 1.5 倍。

②路宽：机长的 1.5 倍。

③库长：机长加农具长加 30 cm。

④库宽：机宽加 60 cm。

(4)操作要求。采用实物挂接或者设置挂接点的方法进行，从起点前进，一次完成倒进机库，允许再 1 进 1 倒挂上农具。

(5)考试内容

①在规定的机库内，按照规定的行驶路线和操作要求完成进库挂接农具的情况。

②对拖拉机悬挂点和农具挂接点前、后、左、右空间位置的判断能力。

③对拖拉机基本驾驶技能的掌握情况。

(6)合格标准。未出现下列情形的，考试合格：

①不按规定路线、顺序行驶。

②碰擦桩杆。

③机身出线。

④拖拉机悬挂点与农具挂接点距离大于 10 cm。

⑤在不准许停机的行驶过程中停机 2 次以上。

⑥发动机熄火。

⑦违反考场纪律。

2)拖拉机田间作业考试

(1)图形

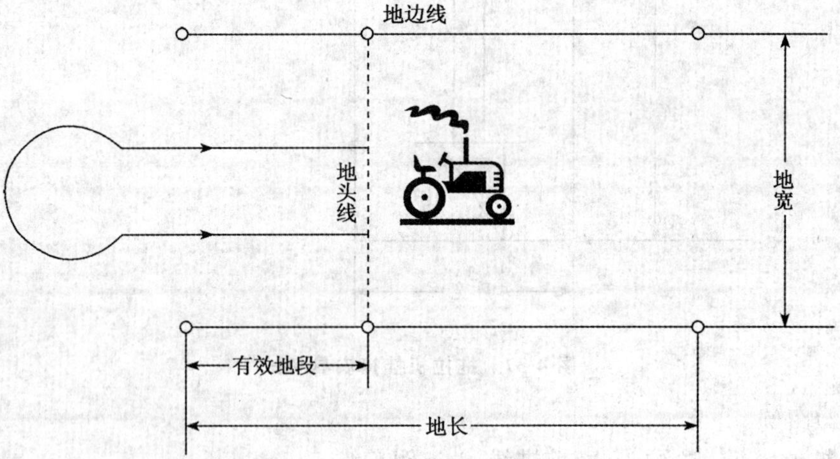

图 4-38　拖拉机田间作业考试

(2)图例

○桩位；┈┈地头线；⟶前进线；——地边线。

(3)图形尺寸

①地宽:机宽的 3 倍。

②地长:方向盘式拖拉机为 60 m;手扶式拖拉机为 40 m。

③有效地段:方向盘式拖拉机为 50 m;手扶式拖拉机为 30 m。

(4)操作要求。采用拖拉机悬挂(牵引)农机具实地作业或者在模拟图形上驾驶拖拉机划印方式进行。用正常作业挡,从起点驶入,入地时正确降下农具,直线行驶作业到地头,升起农具掉头,回程农具入地,出地时升起农具。

(5)考试内容

①在规定的田间,按照规定的行驶路线和操作要求正确升降农具的情况。

②对拖拉机地头掉头靠行作业的掌握情况。

③对拖拉机回程行驶偏差的掌握情况。

(6)合格标准。未出现下列情形的,考试合格:

①不按规定路线、顺序行驶。

②机组掉头靠行与规定位置偏差大于 30 cm。

③机组回程行驶过程中平行偏差大于 15 cm。

④在不准许停机的行驶过程中停机 2 次以上。

⑤发动机熄火。

⑥违反考场纪律。

4.11.4 科目四

1)考试内容

在模拟道路或者实际道路上,驾驶拖拉机机组进行起步前的准备、起步、通过路口、通过信号灯、按照道路标志标线驾驶、变换车道、会车、超车、定点停车等正确驾驶拖拉机的能力,观察、判断道路和行驶环境以及综合控制拖拉机的能力,在夜间和低能见度情况下使用各种灯光的知识,遵守交通法规的意识和安全驾驶情况。

拖拉机考试距离不少于 3 km。

2)合格标准

考试满分为 100 分,设定不及格、扣 20 分、扣 10 分、扣 5 分的评判标准。达到 70 分以上的为及格。

3)评判标准

(1)考试时出现下列情形之一的,道路驾驶考试不及格:

①不按交通信号或民警指挥信号行驶。

②起步时拖拉机机组溜动距离大于 30 cm。

③机组行驶方向把握不稳。

④当右手离开方向盘时，左手不能有效、平稳控制方向的。

⑤有双手同时离开方向盘或扶手把现象。

⑥换挡时低头看挡或两次换挡不进。

⑦行驶中使用空挡滑行。

⑧行驶速度超过限定标准。

⑧对机组前后、左右空间位置感觉差。

⑩不按考试员指令行驶。

⑪不能熟练掌握牵引挂车驾驶要领。

⑫对采用气制动结构的拖拉机，储气压力未达到一定数值而强行起步。

⑬方向转动频繁，导致挂车左右晃动。

⑭考试中，有吸烟、接打电话等妨碍安全驾驶行为。

⑮争道抢行或违反路口行驶规定。

⑯窄路会车时，不减速靠右边行驶或会车困难时，应让行而不让。

⑰行驶中不能正确使用各种灯光。

⑱在禁止停车的地方停车。

⑲发现危险情况未及时采取措施。

(2)考试时出现下列情形之一的，扣 20 分：

①拖拉机有异常情况起步。

②起步挂错挡。

③不放松手制动器或停车锁起步，未能及时纠正。

④起步时机组溜动小于 30 cm。

⑤起步时发动机熄火 1 次。

⑥换挡时有齿轮撞击声。

⑦控制行驶速度不稳。

⑧路口转弯角度过大、过小或打、回轮过早、过晚。

⑨掉头方式选择不当。

⑩掉头不注意观察交通情况。

⑪停车未拉手制动或停车锁之前机组后溜。

(3)考试时出现下列情形之一的，扣 10 分：

①起步前未检查仪表。

②起步时机组有闯动及行驶无力的情形。

③起步及行驶时驾驶姿势不正确。

④掌握方向盘或扶手把手法不合理。
⑤行驶制动不平顺，出现机组闯动。
⑥挡位使用不当或速度控制不稳。
⑦换挡掌握变速杆手法不对。
⑧换挡时机掌握太差。
⑨换挡时手脚配合不熟练。
⑩错挡但能及时纠正。
⑪不按规定出入非机动车道。
⑫变换车道之前，未查看交通情况。
⑬制动停车过程不平顺。
(4)考试时出现下列情形之一的，扣5分：
①起步前未调整好后视镜。
②起步前未检查挡位或停车制动器。
③发动机启动后仍未放开启动开关。
④不放停车制动器起步，但及时纠正。
⑤起步油门过大，致使发动机转速过高。
⑥换挡时机掌握稍差。
⑦路口转弯角度稍大、稍小或打、回轮稍早、稍晚。
⑧停车时未拉手制动或停车锁，检查挡位，抬离合器前先抬脚制动。

5 安全驾驶技术

5.1 概述

在道路交通系统(人—车—路—环境)中,人是最主要的因素。尤其在道路交通安全方面,驾驶员的影响更是起着决定性的作用。国外有关研究表明,在汽车事故中,由于驾驶员的原因所发生的事故占绝对多数。

我国虽没有确切统计,但至少也占60%~70%以上(湖南省1982年发生的公路交通事故为6 188起,其中驾驶员责任事故3 865起,占62.3%)。因此,有必要对驾驶员发生事故的内在原因进行深入探讨。作为驾驶员,更应该了解这方面的知识,以便能真正开好安全车。

本章主要介绍驾驶员的心理、生理素质与行车安全的关系。

5.2 驾驶员的信息处理过程

由于驾驶员的失误而发生的交通事故,从表面上看原因是各种各样的,但分析其内在原因却发现,主要是由于感知迟缓(或感知错误)、判断不准确(或判断过慢)、操作反应不当三个方面的原因造成的。有关调查表明,其中感知迟缓导致的事故约占55%,判断错误的事故约占40%,操作反应不当的事故约占5%。另一项对1 102起驾驶员事故内在原因的调查,也反映出类似的结论。

由此可见,绝大部分驾驶员事故都是由于感知迟缓和判断失误所致。感知、判断、操作是驾驶活动的基本程序,也是驾驶员信息处理的基本过程。因此,讨论驾驶员的信息处理过程,便成了对预防和分析交通事故都具有重要意义的问题。

5.2.1 驾驶员的信息处理过程概述

首先应该明确这里所说的信息的概念。人的感觉器官可以接受到各种各样的刺激,如驾驶员的眼睛可以看见车内的仪表、车外的道路、车辆、行人、交通信号和标志,耳朵可以听见发动机和喇叭的声音,鼻子可以闻到异常气味,手脚可以感觉到震动等。所有这些可以被人直接或间接感知到的各种刺激,就是这里所说的信息。

驾驶员驾驶车辆在道路上行驶时,道路和交通环境瞬息万变,危及行车安全的各种情况(即危险信息)随时都有可能出现。驾驶员必须能及时地发现这些危险信息,进行准确的判断,并迅速采取正确的操作,才能保证行车安全。这一过程就是驾驶员的信息处理过程。如:被处理的信息先传入感觉器官(主要是眼睛),经传入神经到达大脑,产生知觉(感知阶段),然后由大脑判断如何处理(判断阶段),再经传出神经，将判断后的指令传给动作器官（手、脚），手脚作出相应的反应动作（操作反应阶段），动作的结果是改变车辆的运行状态，它又作为新的信息反馈到感觉器官，进行修正处理，直到符合要求为止。

总之，任何一个信息的处理都要依次经过信息感知、分析判断、操作反应这三个阶段。每个阶段的失时和错误，都将导致整个信息处理过程的迟缓甚至失败，从而发生行车事故。因此，需要对信息处理的各个阶段以及它们之间的联系作详细的分析。

5.2.2 信息感知阶段

信息感知阶段也就是收集理解信息的阶段。所谓感知就是感觉器官获取的信息在头脑中的反映。其具体过程是：信息先由感觉器官接收，再经传入神经传到大脑皮层，产生相应的映象。一般来说，这一过程的速度是相当快的。如果因某种原因使得这一速度变慢，就是感知迟缓；如果在大脑中产生出现错误，就是感知错误。前面已经说过，由于感知方面的原因造成的事故约占驾驶员事故的一半以上。在信息感知阶段，最重要的是要快而准确。

发生感知迟缓或感知错误的原因，除了刺激物方面的原因（如有些信息过于突然、过于隐蔽、刺激强度过于微弱等）以外，主要是驾驶员心理和生理方面的原因。心理方面主要是注意力不集中、注意的范围过小、注意转移和分配能力差等。生理方面的原因主要是感觉器官和大脑机能不健全或不正常，比如有视觉障碍（色盲、近视）、酒精中毒、驾驶疲劳等，都会造成感官和大脑迟钝，使得感知缓慢甚至错误。尤其是酒后驾车，感知能力比正常时明显降低，常常造成重大事故，因此，要绝对避免酒后开车。

1）驾驶员的信息感知特点

（1）信息感知的预知性。有经验的驾驶员可以根据自己的丰富经验，预先觉察到某些不易发现或尚未出现的危险信息，能够有充分的思想准备，使某些本来是比较突然、比较隐蔽的信息，变得不算突然，能及时地采取防范措施。驾驶员应不断地通过虚心学习和认真实践来丰富自己的经验，增强感知的预知性。

（2）信息感知的选择性。正常情况下驾驶员对信息的感知是自觉的、积极的，而不是消极被动的；是能够在许多信息中，优先地把某一些与行车安全关系密切的信息区别出来予以反映，而不是兼收并蓄的。例如同时出现的信息有道路情况、车辆情况、路旁的树木、周围的建筑等，如果不分主次或者主次颠倒地感知，就容易发生事故。

（3）信息感知的强弱性。通常在交通比较紧张的情况下，驾驶员同时感知许多信息，处理某些信息的同时，又在处理着另一些信息。但对同时感知的信息，在程度上却有强弱之分。有的清晰，有的模糊。例如同时看到交通信号和交通标志，往往对于信号的感知强于对标志的感知。这与信息的特点、人的注意力、兴趣等密切相关。一般对刺激强烈的信息的感知，强于刺激微弱的信息。如对动的、亮的、声大的信息，比对静的、暗的、声小的信息感知强烈；对感兴趣的、注意的信息，比对不感兴趣的、不太注意的信息感知强烈。驾驶员应该把注意力和兴趣，放在与行车安全关系密切的信息上，防止对刺激微弱而又十分重要的信息感知不够。

(4)信息感知能力的有限性。当信息量超出了感知能力(即所谓信息超负荷)时，就不得不忽略一些信息，而当被忽略的信息危及行车安全时，就容易导致感知错误的事故。如在单调的平原公路行驶，路旁的行人甚至周围的景观，都能被驾驶员看得很清楚；而在行人众多、交通紧张的繁华地段行驶，就容易忽视突然横穿的行人等。驾驶员的信息感知量与行车速度有密切的关系。车速越高，能够清楚地感知的信息就越少，忽视的信息就越多，也就越容易造成感知错误。这也是高速行驶易发生事故的一个重要原因。因此，驾驶员在行车时，一定要根据自己的感知能力和道路交通情况控制车速。

2)驾驶员常见信息

驾驶员对信息的感知与各种信息的特点是密切相关的，掌握这些特点，对增强信息感知能力有很大帮助。驾驶员常见信息有以下几种：

(1)早显信息。这类信息的出现有一定的时间提前量，驾驶员感知这种信息时，没有多少紧迫感。例如在远处看到的车辆、行人、信号等。驾驶员遇到的多数信息是早显信息，一般来说它对行车安全的威胁不大。

(2)先兆信息。在出现之前有一定先兆的信息称为先兆信息。例如，在急弯路之前，看到了急弯路警告标志，就可以预先知道前方有急弯路；从车辆的异常行驶状态，就可以知道驾驶员是酒后驾车。根据先兆信息驾驶员就可以做好必要的思想准备，预先采取措施，防止事故的发生。各种交通标志都属于先兆信息。

(3)突显信息。没有任何先兆，突然出现的信息称为突显信息。例如，突然跳到马路上的小孩，突然摔倒在车前的自行车，突然采取紧急制动的前车等，都是事先无法预料的突显信息。这种信息常常由于驾驶员警惕性不高而不能及时感知，造成事故。感知迟缓的事故中，多数为这种信息所致。驾驶员对突显信息应该特别警惕。

(4)微弱信息。指刺激量小，难以被驾驶员接受的信息。驾驶员对这种信息往往辨别不清，容易产生犹豫、疏忽，甚至错觉。例如雾天或夜间行车时，许多不易辨认的信息都是微弱信息。再如道路的弯曲半径过小，车辆高速通过弯道时易发生侧滑翻车事故，但却常常可被驾驶员注意。这种信息对行车安全危害较大，需要驾驶员集中精力、仔细观察、注意瞻望、认真分析才能捕捉到。

(5)潜伏信息。具有一定隐蔽性,驾驶员用一般直观的方法不易察觉到的信息,称为潜伏信息。例如雨后被雨水泡软了的路肩,表面看来很硬实,实际上里面已经松软了,致使车轮压上路肩后造成掉沟、翻车等事故。再如路面上被积雪遮盖了的深坑,视线盲区中的情况等,都是潜伏信息。潜伏信息使驾驶员往往难以预料,对行车安全威胁很大,不可疏忽大意,需要特别认真对待。

3)分析判断阶段

信息被感知以后,驾驶员把感知到的情况与自己的知识经验进行对照、分析,然后判断出道路的宽窄、软硬,前后车的速度、意图,行人的年龄、动向,自己车子的技术状况,本人的健康状况及心理机能等,并决定采取相应的措施。这些项目中,任何一项判断不准,都容易导致行车事故。

在驾驶员的判断中,对速度的判断和对距离的判断非常重要。在驾驶过程中,经常进行超车、会车。会车时要判断两车侧向间隙的大小,超车时要判断前车的车速、本车与前车的距离。当对面有来车时,还要判断与对面来车的距离及来车的车速等。如果低估了车速和距离,都会给行车安全带来危险。

良好的距离判断能力,能使驾驶员正确估计道路宽度、超车距离、选择可插间隙等。这种能力很大程度上取决于驾驶员的经验。新驾驶员通过狭窄的通道或门,开始常怀疑自己的汽车能否通过。一些有经验的驾驶员,由驾驶小汽车换成驾驶公共汽车或大型货车时,开始也会遇到同样的情况。经过一段时间以后,具有新的经验,他们才能达到以前的距离判断能力。

有关研究表明,驾驶员在超车时,大多数都会低估超车所需的最小距离,一般要比实际超车距离低估20%~50%,而且车速越高,低估的比例也越大。对超车所需最小距离的低估,常常造成超车失败。有的驾驶员将错就错,强硬超越,结果发生与对面来车迎头相撞的事故。

对速度的判断也有类似的现象。有经验的驾驶员在汽车匀速行驶时,不看速度表,也能较准确地判断汽车的速度。但是,持续高速行车之后,对速度的适时降低会估计不足。在从城外干道驶入城市入口道路时,很多驾驶员不能及时根据变化了的交通条件,改变速度,因此,造成城市入口道路上的事故数量比市中心区交通量很大的街道上的事故数量大。

另一项研究证明了驾驶员对速度的低估倾向,主要表现在由高速减为低速时,对车速的低估。在这项研究中,要求驾驶员以113 km/h的车速行驶一段时间以后,不看速度表,然后把车速减到65 km/h,结果驾驶员减低后的车速,都比所估计的车速高得多,实际车速大多数为85 km/h。

值得注意的是，这种对距离和速度的低估现象，在夜间更为严重。夜间行车，由于光线暗淡，道路两侧以及远处的物体都模糊不清，空间观念变差，驾驶员难以正确地估计出行车速度、行车间距。尤其在流量较大的道路上行驶时，常常因此而发生行车事故。

驾驶员判断失误的原因常有以下几种：

(1)感知的材料不全面，不准确。对外界信息分辨不出真伪，思维混乱，以致造成判断错误。

(2)知识经验不丰富，对感知到的情况不知如何办才好，犹豫之下，造成判断失时，或者因经验不足，难以将事物联系起来分析。如经验不丰富的驾驶员，看到皮球滚到马路上，不一定能想到后面可能有小孩去拾，而当小孩突然窜上马路时，采取措施为时已晚。

(3)存在着侥幸心理，知己而不知彼，用自己的主观想象，去猜测来车将会怎样减速、行人将会怎样避让，以猜测为基础作出的判断，结果常常是事与愿违，造成事故。

总之，驾驶员在判断时，应迅速准确，当机立断。为此需要不断地总结和积累自己的知识经验，经常保持清醒的头脑。只有经验丰富，才能保证判断准确；只有头脑清晰，才能保证判断迅速。此外，健康的身体状况，良好的心理状态，对于驾驶员的判断都有很大的帮助。

4)操作反应阶段

驾驶员信息处理的最后阶段，是肢体的操作反应阶段，即手脚按大脑决策后的指令，进行具体操作，并发生效果。尽管由于操作错误造成的事故不多，但是常常是一些比较严重的事故，因此，也应值得注意。

发生操作失误主要是由于手、脚动作的错误或不恰当，或者手脚配合不好造成的。驾驶过程中，手主要用来控制行驶方向和喇叭音响，如果控制不当，如方向控制不及时、不准确，就不能避开险情。如使用喇叭响声过大，易使行人牲畜受惊。这些都容易造成事故。脚的作用主要是制动和油门的控制。正确的制动，对汽车的平稳运行、制动效能的发挥及延长机件的使用寿命，都有着重要的影响。合理掌握车速，则是确保安全行车的前提。驾驶员在手脚动作的运用方面，应该是方向掌握稳妥，车速控制合理，左右转弯角度准确，变速时油门、离合器配合适当，制动运用得当等等。

通常发生操作错误的是一些驾驶经历不长的驾驶员。这些新手主要是动作不够熟练。遇到紧急情况时惊慌失措。因此，初学驾驶者或新驾驶员，应该充分了解操作机构和仪表的布置、功能及其使用方法，重视基本操作的练习，如起步、换挡、转向、制动等，并能将这些操作有机地结合起来，贯穿于整个驾驶过程中，做到动作既熟练又准确。

以上介绍了驾驶员信息处理过程的各个阶段。在实际驾驶过程中，感知、判断、操作是有机地结合在一起的。感知为判断提供材料，是分析判断的源泉。分析判断又为操作反应提供指令。操作是感知、判断的结果，同时操作的结果，又反馈到感觉器官，对操作进行修正、调整。如果没有这一反馈，就不知道操作的结果，好比蒙上眼睛转动方向盘，不知道角度转了多少一样，难以保证动作的准确性。感知、判断、操作三位一体，构成驾驶员的信息处理过程，其中任何一部分的错误，都将导致整个信息处理过程的错误。

5)信息处理过程的速度——反应时间

整个信息处理过程，除了要求准确性外，还要强调这一过程的速度。由于车辆是一种快速行驶的交通工具，而且面临的交通环境经常是复杂多变的，在城市交通拥挤的条件下，平均每公里要作 40～50 个操作。由于这些操作都是信息处理过程的结果，所以对信息处理过程提出了应该快速的要求。只有对每个有用的信息处理得既快又准确，才能在有限的时间内处理更多的信息。否则，在交通情况复杂的时候，就会应接不暇，顾此失彼，不得不忽略掉一些来不及处理的信息，而当被忽略的信息比较重要时，就难免要发生事故了。

驾驶员信息处理过程的速度，可以用反应时间来衡量。所谓反应时间，就是整个信息处理过程所需要的全部时间，即包括信息感知时间、判断时间和操作反应时间三部分。

下面以驾驶员的制动反应时间为例，来说明信息处理过程的速度。测量驾驶员制动反应时间的过程是这样的：制动之前驾驶员的脚踩在加速踏板上，约定以几种信号中的某种信号作为危险信息，让驾驶员在危险信息出现后，立即采取紧急制动。记录下从危险信息出现，到脚踩着制动踏板这段时间。

制动反应时间的长短，对行车安全的影响是至关重要的。可以看出，从危险信息出现到车辆完全停止，汽车所走过的距离包括在反应时间内走过的距离(反应距离)和在制动时间内走过的距离(制动距离)。反应时间越长，反应距离就越长，制动非安全区也就越大，制动越不安全。驾驶员的反应时间因人而异，反应快的只有 0.2 s，反应慢的可达 2 s。如果车速为 50 km/h，汽车每秒走 14 m，反应时间每增加 0.1 s，汽车就多走 1.4 m，而多走这 1.4 m 在紧急情况下，常常会招致严重的后果。有关调查表明，事故多发驾驶员的反应时间普遍较长。因此，驾驶员对自己的反应时间应有所了解，反应慢者，车速就应放慢些，以弥补反应缺陷。

反应时间的长短，也就是信息处理过程的快慢，取决于信息感知、判断决策、操作反应各过程的快慢，它可以随着驾驶技术的不断熟练和驾驶经验的不断丰富而有所改善。正如有些初学驾驶者笨手笨脚，遇到情况反应很慢，而在多年驾驶实践以后，有些动作几乎熟练到“自动化”的程度，反应就很快。

另外，反应时间的长短，还与驾驶员的注意力、心理状态、生理状态、个性特点、疲劳程度、酒精作用等有着密切关系。

总之，为保证行车安全，要求驾驶员处理危险信息时，既要准确又要迅速。有经验的驾驶员把它总结为必须“眼到、心到、手到”六个字。所谓“眼到”，就是眼睛必须敏锐，能及时准确地发现危险情况；所谓“心到”，就是大脑必须清晰，对感知到的情况能认真思考，作出准确的判断；所谓“手到”，就是手脚要敏捷，动作要恰当。这些都是一个优秀驾驶员必不可少的素质。

5.3 驾驶员的注意与行车安全

在前面讨论驾驶员的信息处理过程时，一再提到注意对感知、判断、操作的影响。注意本身不是一个独立的心理过程，没有特殊的内容，而是表现在感知、判断、操作等过程中，是与这些过程不可分割的，对这些过程有着重要的影响。如果不注意看，就会视而不见；如果不注意听，就会听而不闻；如果不注意思考，就会判断不准；如果不注意操作，就会操作失当。有关交通事故的统计分析表明，如果驾驶员注意观察事故发生前的危险情况，可以防止40%的交通事故。因此，驾驶员应当掌握“注意”这种心理现象的规律，知道怎样集中注意，怎样转移注意、怎样分配注意，以及怎样扩大注意的范围。

5.3.1 注意及其种类

所谓注意，是心理活动对那些于自己有意义的事物的指向和集中。其特点就是指向性和集中性。例如：驾驶员所处的道路交通环境中的事物很多，有道路情况，有各种车辆和行人、有路边的景观等。驾驶员并不是同时感知所出现的一切事物，而是有选择地把心理活动指向那些与行车安全关系密切的事物，如车辆、行人、信号等，并集中在这些事物上，使得这些被注意的事物能够被感知得清晰、完整、准确，而未被注意的事物（如路旁的其他景观），则感知得比较模糊。

虽然注意本身不是一个独立的心理过程，但它是和心理过程不可分割的，在感知、判断、操作反应等过程中，起着一种积极的类似“催化”的作用。

注意可分为两种：无意注意和有意注意。无意注意是一种自然而然发生的，不需要任何主观上的努力的注意。如：一声巨响，一道强光，一种鲜艳的颜色，都会立即引起人们的注意。这时既无特别的目的，也不需要主观努力。驾驶员在行车过程中，车外的环境不断变化，各种新鲜事情、稀奇东西都容易引起无意注意。驾驶员如果不能控制自己，常常被路旁的热闹场面吸引，无意地东张西望、听这听那，是非常危险的。

有意注意是一种有预定目的的、需要一定的主观努力的注意。如驾驶员考试前注意阅读和记忆交通规则，行驶时留心观察行人动态等，都是有目的的、有意识的注意。这时，即使疲倦了，还要强迫自己去注意，所以要求一定的主观努力。

有意注意和无意注意可以互相转化。如果只把开车当成一项任务，就是有意注意，如果对开车怀有浓厚的兴趣，那么有意注意也会转化为无意注意。仅仅靠有意注意，驾驶员容易疲倦。两种注意的互相转化，可以使注意长时间地保持在一种活动上。在驾驶车辆时，就应使两种注意不断交替，从而把注意持久地集中在驾驶上。

5.3.2 怎样集中注意力

驾驶过程中，如果思想经常开小差，不大关心道路和交通情况，而牵挂别的事情，就是通常所说的不注意或注意力不集中。正如前面所说，不注意是导致感知迟缓、判断错误甚至出现事故的重要原因。因此，驾驶员应该根据驾驶的任务和安全行车的需要，把注意力集中在所从事的驾驶活动上，排除其他事物的干扰，全神贯注地开车。

这里所说的注意力集中，并非指长时间毫不动摇地把注意集中在单一的事物上，这也是不现实的。开车时，如果只注意观察前方，别的什么都不注意，坚持几分钟都是困难的。因此，注意力集中是指总的方向维持在一种活动上，也就是集中于和驾驶有关的活动上。至于行驶中，时而注意观察道路，时而注意看仪表，时而注意倾听声音，都是正常的。只有这样，注意才能长时间地保持在驾驶活动上。

为了集中注意力，要做到下列几个方面：

(1)要具有高度的社会责任感，明确安全行车的重要性。忽视安全，造成事故后，不仅给国家和人民造成严重的经济损失，而且会给受害者及其家属带来极大的痛苦。因此，驾驶员一定要在头脑中绷紧安全这根弦，树立安全第一的思想。只有这样，才能经常保持有意注意，不受无关事情所干扰。

(2)要热爱驾驶工作，培养对驾驶工作的浓厚兴趣。自己喜欢的工作和感兴趣的内容，最能引起注意，不需要特别努力就能集中注意力。驾驶工作需要长时间地集中注意力，如果没有浓厚的兴趣，就会感到枯燥无味，注意力也就难以维持了。

(3)要防止单调的环境使注意力分散。能引起注意的事物如果一再重复出现，就会习以为常，不再引起注意了。例如：长期行驶在一条道路上，沿途的一切似乎都已熟悉，没有新奇可言了，这对驾驶员就会感到刺激单调，注意就容易分散。所以，驾驶员应该善于从熟悉的单调的环境中，发现新内容、新变化，以增强自己的注意。实际上即使经常行驶的道路，也不是一成不变的，只要留心观察，就会不断发现新刺激，不断引起注意。

(4)要养成一进驾驶室就注意工作的好习惯。驾驶员上班前，要把私事处理完毕，把应向有关同志询问的事情问清楚，把要交代的事情向别人说明白，以免上车后还牵肠挂肚，东想西想，分散注意力。

驾驶工作是十分严肃的工作，千万不能当成儿戏。驾驶员在车下可以说笑打闹，但一进驾驶室，就必须集中全部精力，做到“马达一响，集中思想”。而且行车中要做到不吸烟、不饮食、不闲谈。只有这样，才能减少分散注意的因素，有利于注意力的集中。

(5)要防止因驾驶疲劳造成的注意力涣散。长时间连续驾驶，会形成驾驶疲劳，使得注意力明显下降，甚至疲劳到一定程度，还会打瞌睡，这时极易发生事故。在行车途中，每隔二三小时就应该休息一会儿，这样可以使注意力长时间集中在驾驶上。

此外，酒后驾车、带病行车等，都容易降低整个心理活动水平，使驾驶员的注意力难以集中。所以，驾驶员要保持健康的身体状况，绝不酒后开车，使精力充沛，头脑清醒，从而能持久地集中注意力开车。

5.3.3 怎样转移注意力

所谓转移注意力，是指有目的地、及时地把注意从一个对象转移到另一个对象上。开车前聚精会神地下象棋，开车时就立即把注意由下棋转移到开车上，不再考虑棋盘上的事，这就是注意力的转移。注意力的自觉转移和注意力分散是两回事，不能混为一谈。注意力分散是不自觉地将注意力转到与工作无关的对象上，也就是思想开小差，它是一种被动的、不自主的转移。

驾驶工作要求善于转移注意力，这可以从两方面去看。开始驾驶时，如果没有从思想上抛开原来的活动，老想着原来的事情，就容易发生因分心造成的事故。从驾驶过程来说，也需要不断转移注意力，如在窄路会车时，驾驶员的注意力要先集中在观察来车、周围的环境和会车地点；然后迅速转移到鸣号、减速、打方向盘；接着又要转移到观察本车靠右的程度和左边交会的距离等。在这 30 s 左右的时间里，注意力至少要转移六次。如果注意力不能顺利地转移，就容易发生事故。

为了转移注意力要做到下列几个方面：

(1)要正确地认识前后活动的不同意义。驾驶员要是真正认识到开车是一项严肃认真的工作，行车安全至关重要，而下棋、打牌等仅是娱乐休息，那么就容易放下娱乐活动，立即把注意力转移到驾驶上来。

(2)出车前注意力不要高度集中于其他事物。出车前最好不要做要求注意力高度集中的事情，或者过于有吸引力的活动。最好是轻松地休息一会儿，以利于注意力的迅速转移。

(3)要养成注意力灵活、机动的好习惯。

5.3.4　怎样分配注意力

所谓分配注意力，就是在同一时间内，把注意力分配到几种不同的活动(或者一种活动的若干动作)上。如驾驶员驾驶车辆时，手注意握方向盘的同时，脚在注意控制油门，眼睛又在注意观察路上来往的车辆、行人、交通标志等。

驾驶工作要求驾驶员有较强的分配注意力的能力，能够根据各种活动的重要程度来分配注意力。驾驶员的注意力主要分配在驾驶活动上，通常情况下，驾驶活动并不需要驾驶员的全部注意力，因而在行车中，多数时候感到不太紧张，只有在特殊情况下(如超车、会车、交通秩序混乱时)，才需要更多的注意力。如果驾驶员注意力分配能力差，常常在这个时候就会力不从心，顾此失彼，很容易发生事故。尤其是经验不够丰富、技术不够熟练的驾驶员，更应该培养自己的注意力分配能力。从心理学上说，注意力同时在几种活动上的分配能力，有赖于对这几种活动的熟练程度。

驾驶员提高注意力分配能力的主要途径，就是力求熟练。技术熟练的驾驶员，驾车时的每个操作都非常娴熟，并不需要特别注意，甚至达到了近于“自动化”的程度，因此，能够有很多剩余的注意力，可以分配到别的方面(如观察来往车辆、行人)上去，驾车也就比较轻松、灵活、安全了。所以，初学驾驶者或驾驶经历不长者，必须多学多练，提高驾驶的技术水平，使驾驶技术成为熟练的技巧，这时就可以大大提高注意力的分配能力了。

5.3.5　怎样扩大注意力的范围

注意的范围是指在同一时间内，能注意到的对象的数量。如行车时呈现在驾驶员视野中的事物很多，有汽车、自行车、行人、道路、交通标志、路旁的树木、街边的小摊等等，但是他能同时注意到的，只是其中的一小部分。只有在他注意范围内的这部分，感知得很清晰，在他注意范围之外的其他部分，便感知得模模糊糊。有关心理实验的结果证明，成年人能同时注意到的彼此没有联系的对象，只有3～6个(所以车辆号码一般都不超过6个数字)。如果注意的事物之间有联系，而且也了解其意义，那么注意的范围就会大些。

驾驶员注意的范围类似于喇叭形状。可见，注意的范围只是视野中的一部分，只有处于注意范围内的信息，才能感知清楚。注意的范围随驾驶员的观察方向而定。在此范围内，驾驶员既可把注意力集中在某一目标(或某一区域)上，又可把注意力分散到各个相关的目标上。其中最典型的是把注意力集中于前面的道路区域，同时在注意范围的边缘也分散一些注意力。这种喇叭形范围的准确形状，取决于驾驶员本人的素质，以及车速、转弯半径、驾驶员期望的停车距离，并随车辆的加速度和路面条件而变化，而且可以通过努力得到适当的扩大。

驾驶员应当有较大的注意范围，这样才能眼观六路、耳听八方，及时把与行车安全有关的重要信息，都反映到头脑中来。

注意的范围与自己的知识和经验有着密切的关系，掌握的知识越多，经验越丰富，注意的范围就越大。例如：有经验的驾驶员，不但能注意到近处的交通信号、行人、障碍等，而且能注意到远处来车、道路情况及两侧的动态。初学驾驶的人，注意的范围就比较窄了，常常是注意了近处的行人，就忽略了远处的来车，顾了车内，就顾不了车外，总感到难以做到远近一目了然。但在熟悉了交通规则、掌握了安全行车的基本要领和经验之后，他便能把与驾驶有关的许多孤立事物联系在一起，只要被注意的事物之间有了联系，注意的范围就会扩大些。这和我们刚识字时，只能一字一字地阅读，而在熟悉了许多词汇和句子以后，就可以一个词一个词、甚至一句连着一句阅读的道理一样。

从以上的分析可以看出，驾驶员的注意力对行车安全至关重要。无论是注意力不集中，还是注意力不善于转移，或者不善于分配，以及注意的范围太窄，都容易导致各种交通事故。因此，驾驶员应该分析自己注意力的特点，根据存在的问题，有针对性地进行自我锻炼，使自己逐渐具有稳定集中的、可以随意转移的、能够分配而又有较大范围的注意力。

5.4 驾驶员的视觉机能与行车安全

人对事物的感知依赖于感觉器官，各种感觉器官在感知中的作用有大小之分。主要是靠视觉和听觉来获取信息的，其中视觉收集的信息达 80%，而驾驶员在驾驶车辆时，靠视觉收集的信息要高达 90%以上。所以，驾驶员视觉机能的好坏，对行车安全起着非常重要的作用。本节着重介绍视觉机能中静视力、动视力、视野及明暗适应等内容。

5.4.1 静视力

我们通常所说的视力，就是指在一定距离内，眼睛能辨明物体形象的能力，也指体检时用视力表测得的视力。由于这种视力是在被检查者和视力表都处在静止状态下测定的，因此，又称静视力。

驾驶员的静视力与能够安全行驶的速度有着密切的关系，静视力越差，能安全行驶的速度就越低。当视力在 0.5 以下，驾驶时有显著危险感，以至无法驾驶；当视力在 0.75 时，车速 30 km/h 就会产生不安全感。因此，我国在报考机动车驾驶员的体检中，要求两眼视力必须各达 0.70 以上(包括矫正视力，矫正前必须达到

0.4以上)是有道理的。体检时,对视力严格把关也是完全必要的。

5.4.2　动视力与视野

驾驶员开车时,是和车辆以一定的速度运动着的,这时的视力和静止时的视力相比,要发生一定的变化,这种运动中的视力叫做动视力。

驾驶员在行车的时候,希望车速越快、视力越好,以便能更快更好地掌握道路交通情况。事实恰恰相反,车速越高,驾驶员的视力却变得越差。这是凭经验能感觉到的。车速对视觉机能的影响,主要体现在两个方面:一是车速越高,视认距离越短;二是车速越高,视野变得越窄。比如车辆以60 km/h的速度行驶,可以看清240 m远处的道路标志;当车速增加到80 km/h的时候,要在距离160 m时才能看清。即车速增加33%,视认距离减少了36%。

车速对驾驶员动视力的影响程度,随驾驶员的生理条件及年龄的不同而有所差异,年龄越大,影响越大。动视力越差,视认距离就越短,高速行驶时,对远处的物体就越难以辨认清楚,便不能及时准确地掌握道路交通情况,一旦危险情况出现,常常措手不及,造成事故。

所谓视野,是指眼睛注视一个目标时所能看到的空间范围。正常人的单眼视野范围为:太阳穴一侧是90°,鼻侧是60°,下侧是70°,上侧是55°,双眼视野左右可达160°(一侧100°,另一侧60°)。其中的有效视野为水平方向±45°,上下方向±30°,能确认色彩的范围则在35°以下。

当驾驶员驾车行驶的时候,视野是随车速的变化而变化的。车速越高,视野变得越窄,而且注视点越向远方移动。当车速为40 km/h时,视野范围左右可达90°~100°(其中能确认的范围在15°以下),注视点在其前方180 m左右;车速增加到60 km/h,视野范围降至75°左右,注视点增至330 m左右;车速增加到80 km/h,视野进一步缩小为60°左右,注视点增至420 m左右;当车速达到95 km/h时,视野只有40°,注视点在540 m左右。

视力与视野有密切的关系。在视野内,各处的视力是不一样的。注视点的视力最高,看东西最清楚;一离开注视点,视力就急剧下降;在离开注视点2°的范围以外,视力就要下降一半左右。而在视野的边缘,则只能看到模糊的影像。而且车速越高,能够确认的范围就越小。这就是所谓"隧道视"。也就是说,高速行驶时,驾驶员的视野狭窄得像隧道一样,只能看清一窄条的范围。这样驾驶员就难以全面掌握道路交通情况,容易造成感知错误,影响行车安全。特别是在交通情况复杂的道路上(如常有行人横穿的拐角,突然驶出车辆的胡同口),常常因此而发生事故。

人的动视力和静视力是密切相关的,动视力好则静视力一定好,而静视力好却不一定能保证动视力好,但良好的静视力是保证有良好的动视力的前提。

从以上的分析可知，行驶速度对动视力和视野的影响是非常大的，而视力和视野的变化，又会严重地影响行车安全。因此，驾驶员应严格遵守“道路交通管理条例”中有关行驶速度的规定，根据自己的视觉机能和道路交通情况，合理地控制车速，绝不可盲目地一味追求高速行驶。

5.4.3 明暗适应与夜间视力

除了速度对视力的影响外，光线对视力的影响也很大。当环境的明暗发生变化时，视力也会相应地发生一系列变化。了解这些影响对安全行车同样具有重要的意义。

当驾驶员驾驶车辆从明亮的道路驶入黑暗的隧道时，会感到眼前一片漆黑，什么也看不清，过一会儿又渐渐地变得能看清周围环境中的物体了。这种由亮处突然进入暗处，眼睛慢慢习惯、视力渐渐恢复的现象叫暗适应。与此相对应，如果从暗处突然进入亮处(如从隧道驶出)，开始也会看不清，然后视力渐渐恢复，这种现象叫明适应。

明暗适应时间的长短与明暗两处光线的强度差有关，差别越大适应的时间越长。明适应的时间很短，一般几秒钟视力即可基本恢复，一分钟以内视力就能完全恢复。暗适应比明适应则相对地要慢得多，突然到暗处，眼睛由看不清物体到初步看清轮廓和大概情况需 3～6 min 才能基本适应，10～30 min 才能完全适应。因此，驾驶员在车辆驶入光线较暗的隧道时，要特别注意先开灯照明，而且车速要慢，以免由于眼睛还没有适应黑暗的环境造成事故。

驾驶员夜间行车时，光线条件变差，道路视界不清，空间观念被破坏，给安全行车带来很大困难。

日本有关夜间道路交通事故的研究表明，夜间事故占事故总数的 33%，死亡人数则高达 48.6%。夜间与白天事故的致死率也相差很大，白天事故的致死率为 12.4%，而夜间事故的致死率则达 33.7%。此外，夜间单位行驶距离的事故率也较高。夜间事故率高的主要原因，就是驾驶员的视力变差的缘故。夜间事故约有 50%发生在没有照明设施的黑暗道路上。道路照明越差，发生事故的可能性越大。

通常情况下，夜间驾驶员的视力比白天降低一半左右。尤其是会车的时候，由于对面来车的强光照射，使驾驶员产生晃眼的感觉，视力急剧下降，甚至什么也看不见，这种现象叫做眩目(或称耀眼)。因眩目使驾驶员视力下降的多少，取决于光线的强度，以及光线与视线的夹角。以视线为中心，30°的范围内称为眩目区。在这个区域内，不能有亮度高的光源。刺激光线越强，光线与视线的夹角越小，视力下降越多，相应的视力恢复时间也就越长。一般视力基本恢复要 10～20 s，完全恢复则要 1～3 min。在此瞬间，很容易使驾驶员迷失方向，造成交通事故。因此，夜间会车时，在没有路灯或路灯照明不良的道路上，须距对面来车 150 m 以外互闭远光灯，改用近光灯；在窄桥、窄路与非机动车会车时，不要持续使用远光灯。如果发生了眩目，最好在路旁稍停片刻，待视力恢复后再继续行驶。在照明良好的道路上，应该只用近光灯照明，以防眩目。

除了夜间驾驶员的视觉机能变差以外，在白天与黑夜的交界时间——黄昏，对驾驶员的视觉影响也很大。经研究发现，在一天的 24 h 中，黄昏时的视觉最不灵敏。这是因为黄昏时刻，光线暗淡，路面及其他物体的明亮度急速降低(特别是秋天的黄昏)，而天空这时还较明亮，眼睛的暗适应比较困难，致使感知到的影像模模糊糊，而且这时汽车开头灯的亮度与周围环境的亮度相差不大，不能形成明显对比，使驾驶员不易看清道路上的车辆、行人以及标志等，再加上这时是驾驶员和行人都感到疲劳的时候，因此很容易发生事故。大多数驾驶员对此都有切身的体会。日本驾驶员特称黄昏为“恶魔时间”。所以，驾驶员在这个时刻驾驶车辆，要格外小心，车速要慢，注意力要集中，以防发生意外。

5.4.4 色觉

色觉是眼睛对颜色的感觉。色觉对驾驶员来说同样是很重要的。如交通指挥信号由红、黄、绿三种颜色组成，交通标志和道路标线也是由红、黄、蓝、绿等颜色组成，如果是色盲或色弱，就难以正确分辨颜色。所以，严重色弱和色盲的人，是不能从事汽车驾驶工作的。

大千世界，万紫千红，为什么道路交通系统中仅应用红、黄、蓝、绿几种颜色呢？这是由颜色的性质决定的。颜色具有进退性、易见性和对比性，以及对心理作用的强弱性等。

红色的易见性最好，远远地就能看见，刺激性强烈，能使人产生兴奋感，最能引人注意。交通信号灯采用红色作为停止信号，交通标志采用红色作为禁令标志，车辆的制动灯也采用红色，都是这个道理。

绿色和红色在一起的对比效果最好，绿色和红色对比，会使人感到红的更红、绿的更绿，色彩极其跳跃强烈，而且绿色能使人产生安全感，所以，交通信号灯采用绿色作为放行信号，交通标志采用绿色作为高速公路的指路标志。

黄色在各种颜色中的易见性，仅次于红色，给人的感觉明亮，易引起人们的警觉，因此，信号灯中采用黄色作为过渡信号，提醒人们注意。另外，由于黄色和黑色的对比效果最好(黄亮黑暗)，所以采用黄底黑边黑字作为警告标志。

蓝色有安静缓和之感，通常用作交通标志中的指路标志。

驾驶员在夜间对颜色感觉的特点值得注意。夜间由于光线条件较差，使各种颜色的可见性发生很大变化。

夜间最容易发现的是白色，最难发现的是黑色。一个穿黑衣服的行人，在离车前 18.8 m 时，才能被驾驶员看清，而其是横过马路，或顺马路行走，则要在汽车离其 9 m 左右，才能被驾驶员弄清楚。如果汽车以 40 km/h 的车速行驶，停车距离为 23 m，穿黑衣服的行人在车前，横穿马路是极其危险的（因为驾驶员发现时，已经离其只有 20 m 左右了）。因此，在夜间常有行人横穿的地方，车速一定要慢些，而且除会车、跟车外，要尽量使用远光灯。

5.5 酒后驾车与行车安全

饮酒容易造成感知迟缓、判断错误和操作反应不当，导致交通事故。根据日本 1979 年对酒后肇事的统计，酒后驾车事故有 11 709 起，占事故总数的 2.5%，其中酒后肇事中，死亡的事故为 835 起，却占全部死亡事故 10%以上。在我国虽然酒后驾车的事故不多（吉林省吉林地区 1979—1981 年的 100 例事故中，酒后驾车事故仅占 2%），但常常是一些车毁人亡的重大事故，甚至是造成多人伤亡的特大事故。这些都说明，酒后驾车事故的特点，是极其容易导致死亡的。

在我国尽管早就有“严禁酒后驾车”的明确规定，但有些驾驶员仍不以为然，不能正确认识酒精的不良影响，有的反而错误地认为，喝一定量的酒有提神作用，以致此类事故时有发生，屡禁不止。因此，有必要正确了解酒精对人的身体和心理机能，以及驾驶行为的不良影响。

5.5.1 饮酒对人心理机能的影响

酒的主要成分是酒精（乙醇）。酒的度数就是指其中的酒精含量而言的，一般白酒的酒精含量在 45%～65%，果酒中的酒精含量为 16%～48%，啤酒中的酒精含量为 3%～5%。人在饮酒以后，酒精进入胃肠道，被胃壁和肠壁吸收，然后渗入血液，随血液循环流遍全身，渗透到各个组织中。由于酒精和水的溶和性很好，所以，体内水分高的组织和器官，酒精含量也高。如脑、肝脏、肾脏因含水量较高，又是血液大量流经的地方，受酒精的影响就较大。胃肠吸收酒精的速度以空腹为最快，一般在饮酒后 5 min 便可在血液中发现酒精，约经过 2.5 h，酒精便被人体全部吸收。

酒精是一种对人体各种器官都有损害的麻醉剂，它作用于人的高级中枢神经，影响大脑的抑制功能，使中枢神经失去控制而过度兴奋，导致感情冲动、啼笑无常、好说爱动。少量饮酒时，使人感到有些轻松、动作轻率；而过量饮酒，则使大脑的抑制加深，出现反应迟钝，走路摇摇晃晃，有的跌倒后沉睡不起，严重者可导致死亡。

由此可见，酒精首先影响人的心理活动器官——大脑，所以，饮酒后，特别是大量饮酒后，心理会发生许多变化。主要变化有以下几个方面。

1)饮酒后思考判断能力下降

由于酒精使大脑中枢神经中毒,中枢神经的活动逐渐迟钝,致使思维不灵敏,判断易出差错。英国的科恩等作过一个实验,他们把优秀的驾驶员分为三组:第一组不饮酒;第二组饮相当于 23 mL 酒精的威士忌;第三组饮料中的酒精增至 68 mL。然后让各组驾驶员都驾驶宽度 244 cm 的客车,作穿过两桩的实验。没有饮酒的第一组,当他们驾车驶向桩距为 226 cm 的通道时,由于能正确判断车子宽度与两桩距离的关系,所以,没有一个人想强行穿过这个通道。第二组有三个人直向两桩之间开去,有一人甚至想穿过两桩间仅 35 cm 的一条窄通道,当然都以撞倒柱子而告失败。第三组有两人想分别穿过宽 35 cm 及 41 cm 的窄道,当然也无法实现。第二、三组驾驶员中,有的驾车直穿狭窄的通道,这说明他们已无法正确判断距离,不能正确处理车子与桩宽的关系了。美国劳尔认为,血液中酒精浓度达到0.094%时,判断力降低 2.5%。当然,具体下降多少,是因人而异的。

有的人饮酒以后,连对自己也不能正确判断,不但觉得自己没有什么变化,而且还错误地认为自己和平时一样,甚至比平时更好。

2)饮酒使感觉机能下降

首先,酒精使驾驶员的视觉机能下降。酒后驾车时,驾驶员的视野变窄。前面说过,驾驶员的视野随车速的提高而减少,饮酒以后使视野进一步缩小,视线仅仅集中在有限的目标上,对注视点以外的事物都不敏感。常常是危险情况出现了,却视而不见或根本看不见,从而酿成灾祸。

另外,饮酒使驾驶员对颜色的感觉能力也降低了,严重者不能正确区分红绿灯信号,分不清交通标志的颜色,极容易发生撞车事故。

饮酒还能使驾驶员的触觉、听觉不灵。比如,不能感觉方向盘灵不灵敏、制动好不好使、听不到车子的异常声音等,这些对行车安全都是很不利的。

3)饮酒后驾驶员的注意力受到很大影响

酒精进入人体后,注意力容易分散,而且偏向一方,注意力的分配能力也大大降低。这样,就会影响对千变万化的车内外环境的观察,以致忽略马路上的行人、来车、信号等,从而发生事故。

4)饮酒使驾驶员记忆力减退

有人曾作过实验,让一些人背诵相同的资料,从开始到记住为止。没饮酒的人平均读 7.25 次就记住了;少量饮酒者平均读 9.5 次才记住;中等程度的饮酒者,要读 18.15 次才能记住;醉酒后则不能进行记忆,即便是已经记住了的东西,也容易忘记而暂时回忆不起来。

5)醉酒会使人的情感、性格等方面发生暂时性改变

有的人酒后似乎胆量倍增、无所畏惧;有的人则忘乎所以、手舞足蹈、狂笑不止,也有的人痛哭流涕;有的人一改平时谨慎认真的态度,说话随便、行动轻率。如果以这样的心态来驾驶车辆,是极易造成各种行车事故的。

以上是从定性的角度来分析饮酒给人的身心机能带来的不利影响。酒精对人的影响是比较复杂的问题,目前正处于深入探讨过程中。究竟饮多少酒,对人产生多大影响,以什么限度作为酒醉的标准,尤其是驾驶员的饮酒量与行车事故是个怎样的比例关系,都有待于进一步作定量研究。

5.5.2 饮酒对驾驶行为的影响

饮酒对人的影响是因人而异的,通常所说的"能喝"和"不能喝",就是这种差异的一个体现。一般以血液中酒精的含量作为醉酒的标准。在一项研究中,对1 000人进行饮酒实验,有105人在血液中的酒精含量为0.05%时,就已处于中毒状态,而有的人血液中酒精含量到0.40%时还没醉,他们的差别达8倍之多。一般来讲,许多人在血液中酒精含量超过0.05%就已有显著影响,而超过0.10%就已经言语不清、动作失调,陷于麻痹状态。饮酒事故的80%以上,是在血液中酒精浓度超过0.05%时发生的。因而许多国家根据大量的研究结果,在法律上将血液中酒精含量为0.10%确定为酒醉的标准。有人提出可以根据体重和饮酒量来估计血液中酒精的含量。体重为65 kg的人,饮3两60°白酒就达到了醉的标准。

5.6 驾驶疲劳与行车事故

由于驾驶员疲劳而发生的交通事故,尽管为数不多(北京市1981—1985年事故总数中,因驾驶疲劳造成的事故占1.6%),但造成事故的后果也常常是比较严重的。根据法国国家警察总署的统计,在法国因驾驶员瞌睡而发生的车祸,占人身伤害事故的14.9%,占死亡事故的20.6%。在我国,疲劳开车也作为主要违章形式,受到了人们的注意。疲劳作为一种潜在的事故原因,直接导致驾驶员感知迟缓、判断失误和操作错误,是预防行车事故中所不可忽视的一个重要方面。

5.6.1 疲劳及其原因

疲劳是一种经过体力或脑力劳动后,全身机能下降的现象。驾驶疲劳则是因驾驶汽车所产生的疲劳现象。

驾驶汽车虽不是重体力劳动,不像担、抬、推、扛那样需要付出相当大的体力,但却要求驾驶员始终集中精力,来不断地处理各种与行车安全有关的信息。尤其是在交通情况复杂的时候,驾驶员的眼睛和神经处于持续高度紧张的状态(高速行驶时,眼球运动有时达每分钟150次以上),再加上坐在驾驶席上动作受到一定限

制，姿势单调，又不断有噪声等因素的影响，时间一长就会造成大脑缺氧，从而使中枢神经疲劳，注意力涣散、感知迟缓、判断能力降低、动作反应变慢。疲劳到一定程度还会打瞌睡，无法正常接受和处理外界的信息，从而发生行车事故。

疲劳一般可以分为两种：急性疲劳和慢性疲劳。急性疲劳是因长时间连续驾驶而发生的一时性疲劳，也叫暂时疲劳。对这种疲劳，驾驶员从主观上能感觉得到，所以容易引起驾驶员的注意，只要停车作短时间的休息，疲劳即可消除。慢性疲劳是因连日劳累，得不到很好的休息，逐渐累积形成的疲劳。慢性疲劳需要长时间的休息，才能得到恢复。在驾驶工作中，慢性疲劳的危害性最大。因为慢性疲劳是累积形成的，所以不易被驾驶员注意。比如，一位驾驶员因打扑克通宵未眠，第二天早上出车时凉风一吹，感到倦意全无（实际上早已疲惫不堪了），在热闹繁华的路段还能打起精神，勉强对付，可是一到刺激单调的公路上，就进入了瞌睡状态，身不由己而发生交通事故。

疲劳的症状具体表现在身体方面、精神方面及神经方面。身体在疲劳以后，主要是全身有倦意感、沉重感、手脚麻木、下车以后弯腰感到很困难及周身疼痛等。精神方面主要表现为思考欠周、思维迟缓、精神不集中、注意的范围变窄、情绪急躁、焦虑等，这些症状往往出现在长时间驾驶以后。神经方面主要表现是眼神经疲劳、动作失调、眼睑及其他肌肉颤动、手脚发抖等。

驾驶疲劳的主要原因可以分为三种：一是驾驶员生活方面的原因（睡眠、生活环境方面），二是驾驶员本身的心理和生理方面的原因（身体、性别、年龄、性格、经验等），三是驾驶中的原因（车内环境、车外环境、运行条件等）。

(1)睡眠不足的影响。成年人一昼夜以睡足 6～8 h 为宜。睡眠不足，很容易产生疲劳。据国外研究，一天驾车超过 10 h 以上时，若头一天的睡眠时间不到 5 h 以上，则肇事率很高。肇事驾驶员的睡眠时间，平均有 60%的人在 4 h 以内。造成睡眠不足的原因很多，如由于种种原因连续工作过量，参加文娱体育活动过度，家务劳动太多，课外学习时间太长，社会交际太广，睡眠环境不宁等。

(2)家庭情况的影响。家庭事务多、夫妻不和睦，不但使驾驶员休息不好，而且精神负担较重，容易导致疲劳。

(3)驾驶员身心条件的影响。青年容易感到疲劳，也容易消除疲劳。老年人的疲劳，自觉症状少，消除能力弱。年龄超过 40 岁，反应开始迟钝，体力恢复慢，容易出现疲劳。健康者比体弱者既不易疲劳，又容易消除。五官有缺陷者，因感受车内外情况的变化，需付出更大的努力，所以比五官正常者疲劳得快，女驾驶员比男驾驶员疲劳得快。技术差的驾驶员或新驾驶员，情况常常处理不好，精神比较紧张，所以，常弄得满头大汗，很快就疲惫不堪。性格急躁、好冲动的驾驶员，常常由于感情用事(如赌气超车)造成疲劳。

(4)车内环境的影响。车内环境主要指车内温度、湿度、噪声、振动、照明、灰尘、有毒物质、仪表设计、驾驶员坐席,以及驾驶员与车内乘客之间的关系等。温度、湿度如果不适宜(如夏天太热),驾驶员就会感到软绵绵的,工作难以持久。驾驶室内的温度在17℃以下、湿度50%以下为宜。噪声若在90 dB以上,人就会产生头晕、心痛、心情急躁;达到120 dB以上的强噪声,就会使人恶心、呕吐、恐惧、视觉模糊和暂时耳聋,极容易使人疲劳。驾驶坐席的高度、前后距离、靠背角度等未调整好,在行车中操作费力,也容易疲劳。此外,如在车内与乘客关系不正常,使驾驶员情绪烦躁,也会出现过早疲劳现象。

(5)车外环境的影响。车外环境主要指行车的时间(白天、傍晚、夜间、深夜、凌晨)、天气情况(晴、雨、雪、雾等)、道路条件(线型、坡度、路面情况等)、环境条件(市区街道、一般道路、山地、高速公路等)、交通条件(闲散、拥挤、阻塞等)、安全设施条件(信号、标志、防护栏等是否完备)。其中影响最大的是道路和交通条件。如果道路条件差,能见度低,没有交通标志,路上是混合交通,使驾驶员情绪紧张,并须付出较大的气力,容易产生疲劳。

(6)运行条件的影响。运行条件是指行驶的时间长短、距离的远近、行驶时间限制得紧不紧、车速的快慢等。长时间、长距离驾驶,身心机能都会降低。一天驾驶时间若超过9~12 h,会出现眼睑和肌肉颤动,眼睛和身体都会感到疲劳。腰部因长时间以固定姿势就坐,血流不畅,会有酸胀感觉。高速行驶时,驾驶员要高度集中注意力,反应需要特别灵敏,因而疲劳产生很快。

有人对疲劳的原因作了调查,并进行了综合比较,发现有10个方面的原因所占比例较大。即睡眠不足,身体状况欠佳,季节、气候不适,温度高、通风不良,车速快,道路交通条件差,任务负担重,饮食不适,行车时刻不利以及驾驶时间过长等。驾驶员的疲劳是由一种或几种原因综合造成的。

5.6.2 疲劳对行车安全的影响

驾驶员产生疲劳以后,由于感觉机能的敏锐度下降、眼睛漠视环境、听觉和触觉迟钝、注意力变差,使得对外界信息的感觉严重迟缓;而且由于思维和记忆力变差,使判断易出现错误;由于疲劳以后,动作协调能力下降、力不从心,使操作失误增加。具体影响有以下几个方面:

(1)疲劳后驾驶员的简单反应时间增加。简单反应时间是指对单一刺激的反应时间。国外有人研究了不同年龄的驾驶员在工作了一天以后,对红色信号的反应时间。车速50 km/h,则停车距离至少要增加1.4 m。

(2)疲劳后驾驶员的复杂反应时间显著增加。复杂反应时间是指对多种刺激中的特定信息有选择的反应时间(也称选择反应时间)。驾驶员在行车过程中所遇到的多数情况是复杂反应(既有车辆,又有行人、信号等),对复杂情况的反应比对单一信号的反应要困难得多。驾驶员疲劳以后,复杂反应时间有极明显的增加,有的甚至增加2倍以上。

(3)疲劳后驾驶员的感知能力明显下降。有人用驾驶员疲劳前后对交通标志的识别作试验,证明了驾驶员疲劳后感知能力下降的事实。在没疲劳时,几乎对全部标志都能识别的驾驶员,疲劳以后约漏看30%,识别距离(认出标志的距离)也仅仅为正常时的一半左右。

(4)疲劳后驾驶员的判断失误和驾驶错误增多。判断失误多为对道路的畅通情况、对潜在事故的可能性及应付办法考虑不周到,降雨时速度不当等。驾驶错误多为掌握方向盘制动、换挡不当,到了该转弯的地方却不能及时打方向盘;到了该制动的时候,却不能及时踩制动踏板,动作的幅度过大等。严重者进入半睡眠状态,把车开入河里、桥下或撞在建筑物上。

5.6.3 如何防止因疲劳造成的事故

(1)行车前要保证充分休息。解除和防止疲劳最有效的办法是休息和睡眠。一般情况下,驾驶员每日至少要保证7 h的睡眠。如果是白天睡眠,还要适当增加时间,因为白天睡眠效果不如夜间,白天8 h睡眠的效果,只是夜间睡眠效果的70%左右。避免因娱乐活动过晚,以及其他事务影响睡眠。

(2)行车中要劳逸结合,科学开车。据研究,驾驶员一天内的纯开车时间,不应超过10 h,深夜行驶不要超过两次以上,否则,第三天夜里应有足够的睡眠和休息,深夜驾驶10 h左右,应由两人轮换驾驶,每人驾驶时间以4~6 h为宜;大客车驾驶员连续驾驶时间,白天在4~6 h、夜间在3 h以内为宜。

除了极特殊的情况(如抗灾、抢险等)外,不要连续长时间驾驶。提倡劳逸结合,才能开好安全车。

(3)根据疲劳的程度,采取不同的措施。一般来说,疲劳在工作过程中是不可避免的,但疲劳的程度有轻有重,可以根据疲劳的程度,采取相应的解除办法。轻度疲劳时,动作不及时(或早或迟),可视为潜在事故期。这时驾驶员应停车休息片刻,走出驾驶室活动活动,呼吸些新鲜空气,喝些清凉饮料等。当感到有明显的倦意、身体不适、动作粗糙时,就已经到了即将出事故的时期,这时应坚决停车,作长时间休息。当感到过度疲劳,不时打瞌睡时,就已经到了出事故的时期,这时一定要立即停车,作较长时间的休息,待身心机能恢复后再继续驾驶。

(4)要创造良好的车内环境。驾驶室内要干净整洁,坐席要舒适、高度要合理、角度要适当,驾驶室应经常通通风,保持空气清洁。这样可使驾驶员心情舒畅,身体安适，防止疲劳过早出现。

5.7 拖拉机安全驾驶技术

5.7.1 拖拉机道路安全驾驶

1）驾驶员在驾驶机动车时，主要应注意的事项

行驶前松手制动；路口提前做准备；紧急情况下使用警示灯；勿高速时空挡滑行；超车、并线时打转向灯，多看后视镜；过弯时切忌高速；紧急情况下使用双闪警示灯；驻车时别忘拉起手制动。

2）驾车时后视镜的作用

驾车时每隔 8～10 s 就看一下后视镜，这样可以判断周围的车辆，尤其是在交通拥挤或在多条行车道上行驶时。后视镜的调整是为了消除视野盲点。后视镜不仅能够看到车辆后部和两侧的交通情况，还应适当看到自身的情况。这样可以更有利于倒车和停车。

3）驾车在乡村道路上安全行车

出车前，应加强对汽车的检查，保证车况良好，特别是转向系统、制动系统应有效、可靠。刹车时不得有跑偏和偏刹现象，最好选择具有山路行驶花纹轮胎（花纹偏大，胎面比较硬）。轮胎气压应取规定值，且左右轮胎气压要相同，以防止甩尾。

4）驾车上下渡船时应注意事项

在特殊情况下，汽车往往需要借助船舶渡过江河、湖海、车辆在上下渡船时，驾驶员必须熟悉并掌握上下船的操作要领和注意事项。

(1)上下渡船前，应着重察看车辆制动气压表的读数是否符合标准，保证车辆在上下渡船过程中制动绝对安全可靠。

(2)渡船停稳后，要认真查看水域地形。在确保跳板与渡船连接牢固可靠的情况下，在指挥员的帮助下进行驾驶。

(3)上下渡船时，非特殊情况，乘车人员应下车步行。驾驶车辆时，要使用一二挡缓慢行驶。严禁加油猛冲或使用紧急制动，且不可中途换挡、停车。一定要服从指挥。严格按照指挥路线行驶，细心操作，以保持船体平稳，防止意外事故的发生。

(4)车辆上船后，应按照指定位置停放，并拉紧驻车制动，挂上低速挡。停稳后还得用三角木将前、后轮阻塞好。

5）驾车通过涉水路段时应注意的事项

通过涉水路时，应停车查看水深、流速、流向和水底情况，不能冒险涉水。如果轮胎或制动毂发热应待其冷却后，再通过涉水路。车辆通过涉水路后，应检查车辆，清除水草等编织物，并将电气部分防水包扎解除后，再继续行驶。

6)驾车通过铁路道口时应注意事项

车辆和行人通过铁路道口,必须遵守铁路道口管理规定,听从道口管理人员的指挥:道口栏杆(栏门)关闭、音响报警、信号红灯或道口管理人员示意停止行进时,车辆和行人必须依次靠右停在停车线以外。没有停车线的,停在距外股钢轨5米以外。铁路道口的信号灯在两个红灯交替闪烁或红灯亮时,表示火车接近,禁止车辆、行人通行。当红灯熄灭、白灯亮时,表示道口开通,准许车辆、行人通行。通过无人看守的道口时,需停车和止步观望:确认两端均无列车开来时,方可通行。人行过道只准通过行人、自行车,不准畜力车及机动车辆通过。车辆在铁路道口停车等候通过时,要拉紧手闸制动,防止车辆溜滑。载运超大型设备、构件时,应在当地铁路部门指定的道口、时间内通过。

7)驾车怎样通过凸凹泥泞道路?

在平直的道路上使用方向盘,两手的动作应平衡,相互配合,避免不必要的晃动,如果方向盘受路面凸凹的影响,使前轮受到冲击震动而发生偏斜时,应紧握方向盘,以免方向盘受车辆的猛烈震动而回转,击伤手指或手腕,若车头向左(右)偏斜时,应向右(左)修正方向,否则,反之。

8)车辆在行进中遇有畜力车时,应注意的事项

尽量少鸣喇叭,观察路幅的宽窄,对方有无来车,是否有足够的间距,方可超车。如遇到畜力车转弯,应该提前减速,观察畜力的站位和方向,切不可抢行。

9)马达一响为何要集中思想

马达一响,集中思想;车轮一动,想到群众。

10)生理节律与安全行车的关系

疲劳驾驶还与生理节律失调有关。研究表明,人的昼夜生理节律对疲劳驾驶的产生有明显的影响,所谓昼夜生理节律是说人的觉醒水平以一昼夜为周期起伏变化。一般来说,上午9~11点为一天中觉醒水平最高的时刻,精力较旺盛。而在深夜至凌晨时,觉醒水平最低,易疲劳嗜睡,这种节律是人们在长期适应客观环境形成的一种固有特性,很难改变。在昼夜节律的影响下,夜间行车的驾驶员很容易出现疲劳驾驶,对夜间交通事故的调查表明,很多重大事故与机动车驾驶人的疲劳、行车打瞌睡有直接关系。

人的一切行为都受体力、情绪和智力节律周期性变化的影响。处于不同生物节律的人,心理、生理的表现和智慧发挥不同:处在高潮期的人,感到精力旺盛、体力充沛;处在低潮期的人,情绪低落、反应迟钝、易于疲劳;处于临界点的人,体内生理变化剧烈,机体各器官的协调功能下降,情绪波动大,极易出现差错。

11)驾车为何要自我控制饮酒

饮酒并不能有效减轻精神压力，同时，饮酒很易过量，醉酒会令人不适和失仪。长期大量饮酒，更会令你对酒精产生依赖，引发多种生理和心理健康问题，因而影响你的工作表现及摧毁你的正常生活。

12)酒后不能马上开车

据统计，有50%以上事故的发生与饮酒有关。在疲劳情况下，即便“海量”者少量饮酒也易导致车祸。由于酒精对大脑有麻痹作用，严重影响开车人全身的协调性，使其动作笨拙迟钝，视力模糊且视野缩小，大脑判断力、分析力降低，在遇到紧急情况时往往手足无措，失去对车辆的有效控制，从而导致悲剧的发生。

13)驾驶员引发事故的不良心态

好胜心理、表现心理、急躁心理、赌气心理、负重心理、过瘾心理、麻痹心理、效仿心理、寄托心理、自满心理、逃避心理、恐惧心理、谋利心理、捉弄心理。

14)“十次肇事九次快”

在不允许“快”的情况下，盲目开快车就容易肇事。

15)开车“八戒”、超车“四忌”

一戒酒后开车；二戒服药后开车；三戒开疲劳车；四戒开情绪车；五戒开威风车；六戒开故障车；七戒违章开车；八戒生手开车。

一忌强行超车；二忌右侧超车；三忌强行并线超车；四忌弯道超车。

16)安全行车“九不”

不开违章车；不开带病车；不开疲劳车；不开超载车；不开急躁车；不开賭气车；不开英雄车；不开盲目车；不开冒险车。

17)驾驶员“十忌”

一忌粗心大意，开车麻痹。二忌称王霸道，争先抢行。三忌不服指挥，乱闯红灯。四忌强行超车，只顾自己。五忌夜间会车，不闭大灯。六忌车况不好，害己害人。七忌乱停乱放，阻碍交通。八忌溅泥扬尘，侵害行人。九忌超装滥载，拼耗车力。十忌遇障不停，侥幸绕行。

18)车祸“八害”

一害：造成乘客、行人和驾驶员的伤亡；二害：造成公私财物的损失；三害：造成家庭的悲剧；四害：打乱正常生产和生活秩序；五害：引起交通阻塞；六害：给人带来不易消除的精神创伤和痛苦；七害：会牵制大量的人力去做事故善后工作；八害：造成社会不安定和不良政治影响。

19)安全行车“十二想”

出车之前想一想，检查车辆要周详；起步之前想一想，观察清楚再前往；行车上路想一想，中速行驶莫急躁；遇到障碍想一想，提前处理心不慌；转弯之前想一想，减速鸣号靠右行；长途行车想一想，劳逸结合要适当；会车之前想一想，礼让三先好风尚；超车之前想一想，没有把握不勉强；夜间行车想一想，注意仪表和灯光；通过城镇想一想，注意行人和车辆；雨雪路上想一想，路滑要把车速降；停车之前想一想，选择地点要妥当。

20)安全行车“十慢”

起步、停车要慢；交叉路口要慢；会车时要慢；上、下坡时要慢；道路岔口要慢；发现有其他车辆、行人横穿道路要慢；转弯要慢；超车时要慢；进入城镇要慢；风雨雪雾天气要慢。

21)拖拉机田间作业对操作人员的要求

(1)严禁无证驾驶操作农业机械。

(2)严禁酒后、睡眠不足、过度疲劳、患病未愈的人员驾驶操作拖拉机。

(3)年老体弱、未满16周岁以及有碍安全作业的病残缺陷人员不得参加拖拉机作业。

(4)作业人员应穿符合作业要求的服装，扣紧纽扣，扎紧衣袖，妇女要戴工作帽，发辫不得外露。

(5)严禁穿拖鞋驾驶、操作拖拉机。

(6)拖拉机投入作业前，必须进行检查、保养、紧固、调试，达到良好的技术状态，并在完备可靠的安全防护装置。

22)拖拉机在挂接农具时应注意的事项

拖拉机要用低速小心行驶，并注意观察控接农具人员的手势，随时做好刹车准备。挂接农具的人员应站在牵引拉杆一侧，要做好躲让的准备，千万不可两腿跨在牵引拉杆上。穿牵引销时，应在拖拉机停稳，并通知驾驶员后再插销，以防止伤手，挂接完了以后，再详细检查各连接部位，确实牢固再投入作业。

23)拖拉机进行整地时应注意的事项

犁耕

(1)牵引作业时除按拖拉机投入作业前，必须进行检查、保养、紧固、调试、达到良好的技术状态，并在完备可靠的安全防护装置。执行外，农具手必须坐在规定的座位上，其座位、踏板要牢固可靠，其他部位不准有人。

(2)犁的起落应缓慢、平稳，严禁用人体加重迫使犁铲入土。

(3)正常作业时，无耕深自动调节装置的，液压操纵手柄必须放在浮动位置，严禁在“压降”位置；带有耕深自动调节装置的液压装置，根据土壤比阻和地表起伏情况，正确选用位调节和力调节操纵手柄。

(4)犁未提升前,严禁转弯。

(5)严禁用脚蹬或用手板月牙铁的方法起落牵引犁。

(6)牵引犁机组不允许倒退行驶,如必须稍短距离倒退时徐徐后退。

(7)牵引犁上的安全销,不准随意改变尺寸或者用其他材料的插销代替。

(8)转移地块时应慢行,悬挂犁、半悬挂犁应升至最高位置加以锁定,并调紧限位链;牵引犁升起后应固定起落手柄,长距离转移要卸去犁铲和抓地板。

旋耕

(1)旋耕作业时,拖拉机上除当班驾驶员外,严禁其他人员乘坐在拖拉机上随机作业。

(2)旋耕作业必须先降低悬挂高度,再结合动力,使犁刀缓慢下降,不准猛放入土。

(3)犁刀入土后严禁倒退、急转弯。地头转弯未切断旋耕机的动力时,旋耕机不准提升过高。

(4)转移地块,越过田埂,沟渠时,必须切断旋耕机动力,提升旋耕机。

(5)手扶拖拉机旋耕作业和行驶中转急弯、过田埂和简易桥梁时,驾驶员不准坐在座位上。

耙地

(1)多台耙组合作业时,其挂接点必须可靠,并应设置保险链。复合作业时,不准用耙架拖带农具。

(2)配重箱内不准放置石块、铁器等硬物,牵引架,联结器以及把架上严禁乘坐人员。

(3)牵引耙作业时不准转急弯,不准倒退,悬挂耙作业需要转急弯或者倒退时耙必须将耙提起。

(4)发生严重壅土、拖堆等现象,不准强行作业和用手、脚直接清理。

(5)靠近地边作业,不准使耙片爬土田埂。

(6)转移地块,应将耙调整到运输状态,必要时要装上运输轮。长距离转移,必须装车运送。

24)拖拉机进行播种插秧时应注意的事项

播种

(1)多台播种机组合作业时,其挂接必须紧固可靠,并应设置保险链。

(2)作业中农具手不准跳上跳下和坐在播种机箱盖或者机架上,应站在脚踏板上或者坐在固定的座位上,其座位或踏板必须牢固可靠。其他人员不准停留在播种机上。

(3)作业中,禁止用手或金属件直接清理开沟器及排种、排肥装置或在排肥箱内扒平肥料。

(4)开沟器落地后不准转弯、倒退,不准转圈作业。

(5)播伴有农药的种子或者播种兼施化肥时,参加作业的人员应穿戴防护用品,作业结束后应洗漱干净。

(6)清理或保养播种机时,开沟器必须落地。

(7)地头转弯必须升起开沟器、划印器、并切断排种轴动力。

(8)转移地块时,应固定升降杆,将划印器、复土器放在运输位置。长距离转移,必须装车运送。

插秧

(1)发动机起动前,要确认插秧机各转动部位转动灵活无卡滞、碰撞等现象。起动后,结合定位离合手柄前必须发出呼应联系信号。

(2)遇有杂物卡住分离针或者需清理秧门口的剩秧时,应停机清理和排除。

(3)地头转弯、田间空行和转移地块时,应分离定位离合手柄、低速行驶。越过田埂要有人协助拉起秧船,长距离转移应安装运输轮和地轮。

25)拖拉机进行植保施肥时应注意的事项

植保作业

(1)参加作业的人员必须熟悉药剂性能、使用、保管中的防毒措施,以及中毒的现场救护方法。

(2)作业人员必须穿戴防护用品,作业区内应备有必要的急救药物和清水。

(3)伤口未愈、哺乳妇女、孕妇以及其他不宜参加植保作业的人员不准参加作业。

(4)伴药和药剂灌装地点,如有药粉、药液洒落地面,应彻底清除或用土掩埋。

(5)作业机械的药剂箱、管道以及管道接口不应渗漏。作业时工作压力不准超过规定值,在拆卸接头和喷头前应消除药液箱内的压力,夜间作业不准用明火照看药箱和药液。

(6)牵引式和悬挂式机动喷粉喷雾机要逆风运行作业,人力喷粉喷雾作业时人应站在上风,不准在高温下长时间作业。

(7)作业现场不准喝水、饮食、吸烟,人体裸露部分应避免与药剂直接接触。

(8)作业后,手、脚、脸、鼻、口都必须洗漱干净,鞋帽、手套、口罩、工作服等未经清洗不准带入住宅内。

(9)作业结束后,应选择适当地点清洗机械,严防污染水源。

(10)已盛装过农药的器具和包装物品,要妥善处理,不准乱扔,并严禁用于盛装农产品以及其他食品。

(11)剧毒药剂应指定地点专人保管。

26)拖拉机进行收割作业时应注意的事项

收割

(1)作业时严禁非作业人员停留在收割机上,联合收割机作业人员必须由梯子上下,梯子上不准有油污等打滑物。

(2)牵引式联合收割机作业时,必须设置联系信号,拖拉机驾驶员必须听从收割机操作人员的指挥。

(3)作业区内严禁烟火。

(4)参加作业的拖拉机不准漏油,漏气、漏电、排气管必须装有火星收集器,并定期清理积灰。

(5)夜间保养,加油及排除故障,不准用明火照明。

(6)拖拉机上必须有足够、完备的消防器材和急救药品。

27)拖拉机进行排灌作业时应注意的事项

(1)排灌机组应安装牢固、可靠;排灌船要系牢,水管支架应牢靠。

(2)水泵与动力机的配套要合理,机组安装要正确。

(3)大口径水泵以及水草杂质多的水域,应在进水管口周围设置防护栅栏。

(4)轴流泵起动前,有橡胶轴承的应向润滑水管内加注清水或者肥皂水,以润滑橡胶轴承。

(5)在起动装有闸阀的电动离心泵前,应关闭闸阀。起动后,机组转速稳定 3～5 min 应立即开启闸阀,关闭时间不得过长。轴流泵起动前应将闸阀全部打开。

28)拖拉机驾驶员作业时的不良行为

(1)短暂停车时脚踩离合,而不摘挡。

(2)拖拉机起步、转弯、停车时不回头。

(3)刹车时一脚踩死制动。

(4)排除故障不熄火。

(5)田间转移不切断农机具动力。

(6)双脚控制手扶架。

(7)驾驶拖拉机时吸烟。

(8)用酒解困。

(9)作业行驶时打电话、闲聊、吃零食。

6 联合收割机知识

6.1 联合收割机的一般构造及工作过程

6.1.1 概述

谷物联合收割机在田间一次完成切割、脱粒、分离和清粮等项作业，直接获得清洁的谷粒。因而能做到及时收获、生产效率高、损失少、机械化程度高。但联合收割机结构复杂，价格昂贵，作业成本较高，且要求作业田块较大，谷物达到成熟期且成熟度一致，才能充分发挥机器的作用。

按作物喂入方式可分为全喂入和半喂入两种。再按谷物通过滚筒的方向不同，又分为切流滚筒式和轴流滚筒式两种。

半喂入式，割下的谷物用夹持链夹住茎秆基部，仅使穗部进入脱粒装置，因此，能保持茎秆比较完整，它主要适合于收获水稻。

6.1.2 一般构造及工作过程

自走式联合收割机一般由收割台、脱粒机、发动机、底盘、传动系统、电气系统、液压系统、驾驶室和粮箱等部分组成。有些机型还配有集草箱、捡拾器、茎秆切碎器等附件。不带发动机的牵引式联合收获机由拖拉机牵引，并由动力输出轴驱动工作部件，该机型上省去了发动机和底盘，而需要增加牵引架和传动轴。全悬挂式联合收割机利用了拖拉机的发动机、底盘和驾驶室，但需要增加悬挂架和传动轴。

随着联合收割机生产率的不断提高，为了使机器经常保持在最佳工况下工作，单纯依靠驾驶员的经验是不够的，同时也增加了驾驶员的劳动强度。因此，联合收割机上逐步采用了自动控制和监视系统。

1)联合收割机的收割台

谷物联合收割机的割台，一般有卧式割台和立式割台。

(1)卧式割台。卧式割台由拨禾轮、切割器、分禾器和输送装置等组成，功用是切割作物，并将割下的作物输送给倾斜输送器(图 6-1)。

全喂入式联合收割机的收割台有平台式和螺旋推运器式两种。平台式收割台用帆布带输送作物，输送的均匀性、整齐性及对作物高矮的适应性都较好。缺点是帆布受潮后易变形，使用中需要经常调张紧度，输送辊易缠草，用后需拆下保管。螺旋推运器式收割台结构紧凑，使用可靠，调节方便。缺点是输送作物的均匀性和对作物高矮的适应性不如平台式。全喂入联合收割机并不要求对作物茎秆整齐输送，因此，全喂入联合收割机广泛采用螺旋推运器式收割台。

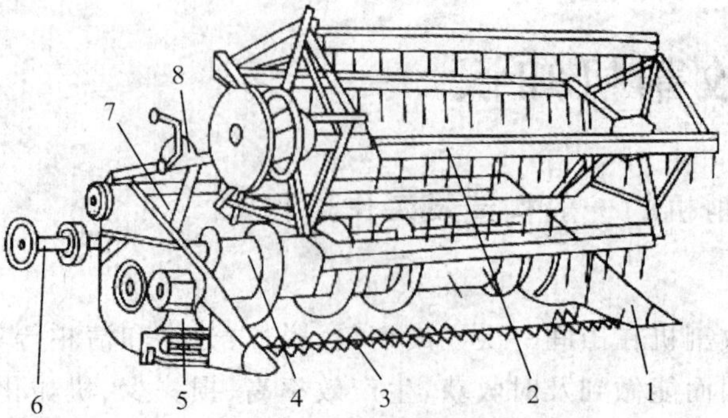

图 6-1 卧式割台

1. 分禾器 2. 拨禾器 2. 切割器 3. 割台搅龙 4. 割刀传动齿轮箱 5. 割刀传动齿轮轴 7. 割台体 8. 拨禾器支臂

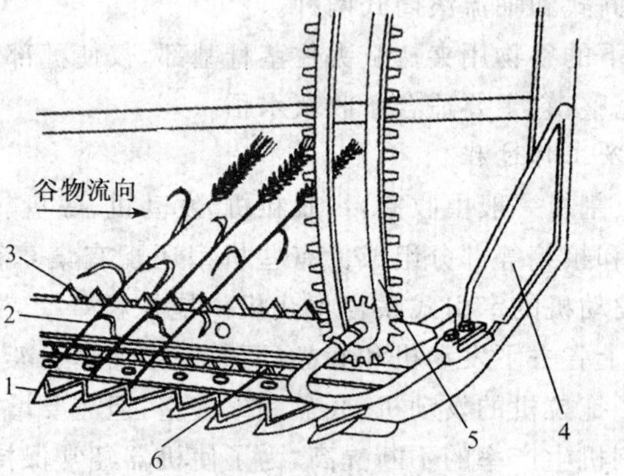

图 6-2 半喂入联合收割机割台输送装置

1. 割刀 2. 倒向割台的谷物 3. 后列链 4. 割台侧板 5. 夹持输送链 6. 前列链

谷物螺旋推运器，它由筒体、左右旋向螺旋叶片和偏心伸缩拨指等组成(图 6-2 和图 6-3)。工作时，旋转的螺旋叶片将割下的作物沿推运器轴向送到偏心伸缩拨指，拨指将作物流转过 90°送入倾斜输送器，由倾斜输送器的链耙将作物喂入脱粒装置。

螺旋推运器的主要参数有内径、外径、螺距和转速等。内径的大小应使其周长大于割下作物的长度，以免被作物缠绕，内径多采用 300 mm。为了不使收割台的结构过于庞大，又不使拨禾轮相对于切割装置的前伸量过大而降低推运器输送作物的均匀性，外径一般为 500～550 mm。目前，小麦收割台的螺距为 300～400 mm。为了避免输送时的掉粒损失和减小收割台振动，推运器的转速不宜过高，转速一般取 150～250 r/min。

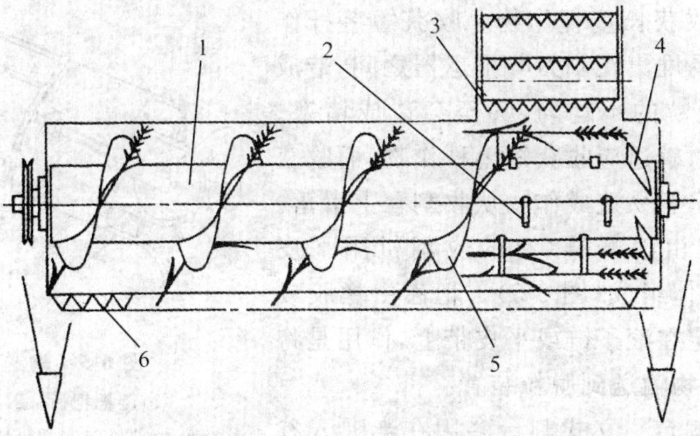

图 6-3 全喂入联合收割机割台输送装置

1.螺旋推运器 2.伸缩拨指 3.链耙 4.右旋叶片 5.左旋叶片 6.切割器

为了防止作物在倾斜输送器入口处产生堵塞，筒体上和螺旋叶片应伸至倾斜输送器侧壁内 100～150 mm。收获稀矮作物时，为改善输送条件，在拨指处可安装附加螺旋叶片。

伸缩拨指安装在筒体内(图 6-4)，一般由 12～16 个拨指(四个一组)并排铰接在拨指轴上，通过曲柄与固定半轴连接在一起。因此，拨指轴中心与筒体中心有一个偏心距。拨指的外端穿过球铰连接在筒体上。工作时筒体旋转，因固定半轴通过调节手柄与收割台体固定，拨指相对于筒面作伸缩运动。要求拨指转到前方时伸出，抓取作物向倾斜输送器拨送，而拨指转至后方时缩回，防止回带作物。

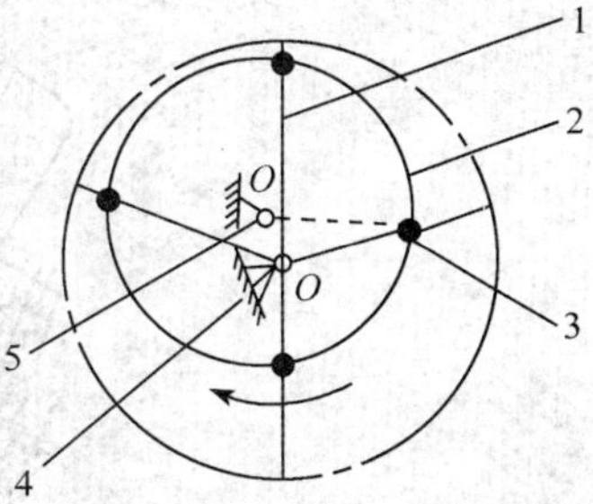

图 6-4 拨指工作原理图

1.拨指 2.推运器外壳 3.木轴承 4.拨指轴心 5.推运器壳体轴心

为了适应作物不同产量和改善收割台的喂入性能，推运器与收割台底板的间隙以及拨指的最大伸出长度位置是可以调整的。当产量高作物喂入层厚时，为防止推运器堵塞，推运器叶片与收割台底板的间隙应加大，反之，应减小。转动调节手柄位置可调整拨指最大伸出长度位置，此时拨指顶端与收割台底板的间隙也会发生变化。螺旋叶片外缘与收割台底板的间隙一般为 10～20 mm，此间隙可通过上下移动收割台两侧壁上的调节板进行调整。

合理配置螺旋推运器、割刀和拨禾轮的位置十分重要，尤其是螺推运器相对于割刀的距离，对收割台的工作性能影响较大。螺旋推运器中心到护刃器梁的距离大时，较适应收获长茎秆作物。收获短茎秆作物时，作物容易堆集在割刀与推运器之间，造成输送和喂入脱粒的不均匀，甚至会造成堵塞。距离值较小时，较适应收获短茎秆作物，而收获长茎秆作物时，容易造成作物从收割台上滑落。

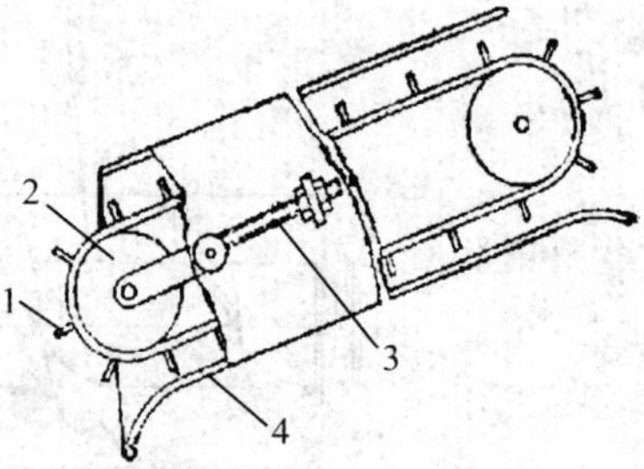

图 6-5 输送链耙

1.链耙耙齿 2.皮带轮
3.皮带松紧调节机构 4.槽体

输送链耙由滚子链（有的收割机用平皮带）、耙片和槽体组成（图 6-5）。耙齿由橡胶或铁板制成，固定在滚子链或平皮带上，作用是将拨指送来的谷物输送到脱粒装置。

(2)立式割台。立式割台多用在半喂入谷物联合收割机上，由拨禾机构和扶禾器（包括扶倒机构）（图 6-6）等组成。扶禾器的扶倒机构由上横向输送链、拨禾齿、外壳和传动轴等组成。整个机构安装在割台的前方，倾角可调，以适应收割各种倒伏程度不同的谷物。

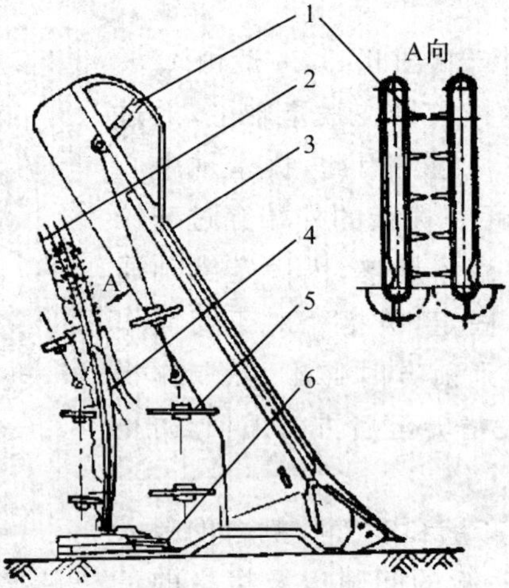

图 6-6 带扶倒机构的立式割台

1.拨指 2.挡板 3.外壳 4.上横向输送链 5.动力传动链 6.割刀

工作时，安装在输送链上的拨禾齿绕链轮作回转运动，扶禾器拨指从根部插入作物丛中，将倒伏谷物自下而上扶起或将作物理齐，而不是像拨禾轮那样从作物的顶部插入，因此，它具有较强的扶倒伏能力和茎秆梳理作用。在辅助拨禾装置的配合下，经切割器切断后，在拨禾齿的拨送下直立向后输送。这样能保持茎秆直立、禾层均匀不乱，较好地满足了半喂入联合收割机的要求。

这种扶禾器一般能扶起倒伏 70°～80°的谷物。扶禾齿的速度可在 0.6～1 m/s 范围内调节。过快易击落谷粒；过慢与收获机前进速度配合得不好，扶禾性能不良。

铰接在链条上的拨指，受链盒内导轨的控制，可以伸出和缩进。根据链条回转所在平面的不同，扶禾器可分倾斜面型和铅垂面型两种。其外形如图 6-7 所示。

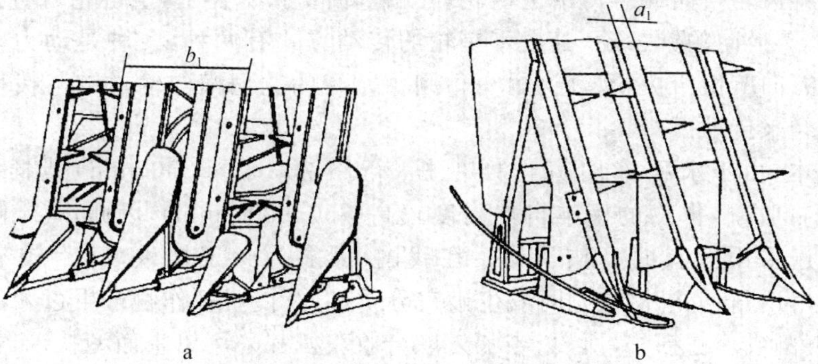

图 6-7 倾斜面型和铅垂面型扶禾器

a. 倾斜面型 b. 铅垂面型

倾斜面型扶禾器的链条在一个与水平面倾斜 70°～78°的平面内回转(图 6-7a)。这种扶禾器以链盒的正面宽度 b_1 进入作物丛。倾斜面型扶禾器的优点是：拨指和导轨的结构简单；拨指伸出时运动平衡。由于相邻两个链盒"无拨指工作区"的宽度 b_1 较大(一般在 400 mm 左右)，此处的作物需要由分禾器将其推斜到拨指的工作区内，才能被扶起，因而茎秆的歪斜较大，不利于收获窄行距和矮秆作物。另外，由于夹持输送链数量多，轴的布置和传动较复杂。在日本的半喂入联合收割机上，大多数采用倾斜扶禾器。

铅垂面型扶禾器的链条在一个铅垂面内回转(图 6-7b)。这种扶禾器以链盒的侧面宽度 a_1(一般 $a_1=48$ mm)进入作物丛。每根链条的左右两边都铰接着拨指。同倾斜面型拨指的运动相比，仅在伸指运动阶段有差异。可以看出，铅垂面型扶禾器的最大优点是进入作物丛的链盒宽度较窄，这样对作物的横向推斜较小。适于窄行和散播作物的收获。但是，拨指伸出时要从链条回转平面横向翻转 90°，而且是在极短的时间内(0.05 s 左右)完成的，拨指对链盒导轨和作物的撞击速度以及加速度都较大，其运转不如倾斜面型平稳；导轨进口处的安装要求精度高；左、右拨指不能互换。采用铅垂面型扶禾器的机器在链盒与割刀之间一般都安装上下二个拨禾星轮，起辅助扶禾作用。茎秆在拨禾星轮扶持下被切割后，立即由横向输送链沿直立挡板输送到割台的一端，向后转 90°弯过渡到中间输送链提升，再交接给脱粒喂入夹持链。这种 L 形输送装置，结构简单，但在转弯交接时，作物离开强制夹持状态，容易产生故障，影响作物的整齐度。

铅垂面型扶禾器的拨指所在平面的倾角 $\alpha=60°\sim65°$。倾斜面型拨指所在平面的倾角 $\alpha=70°\sim78°$。相对而言，前者使割台纵向尺寸加大。

扶禾器的动力一般用三角皮带首先传到天轴。在倾斜面型扶禾器上，动力经天轴上的锥齿轮换向后再传给上链轮；在铅垂面型扶禾器上，上链轮可直接装在天轴上，省去了换向的锥齿轮，其拨禾星轮的传动方式有两种：一种是动力由天轴经锥齿轮和万向节传给拨禾星轮；另一种则由割台的宽型横向输送链与拨禾星轮的轮齿相啮合来传动。

在日本，由于水稻多用宽行插秧机（行距为 300～350 mm）栽插，联合收割机是对行收割，作物的标准自然高度较高（750～900 mm），因此，其半喂入联合收获机普遍采用倾斜面型扶禾器。在我国，因多为人工插秧，行距较窄（130～200 mm），为了避免机器收割时发生破穴分禾，以及使矮秆作物产生过大的横向推斜，造成漏割或落穗损失，所以，半喂入联合收获机都采用铅垂面型扶禾器。

2)切割器

切割器是收获机的主要工作部件，其作用是切断谷物茎秆。分回转式和往复式两种类型。

(1)回转式切割器。又称圆盘式切割器，其割刀一般在水平面内作回转运动，因而便于平衡使运转平稳，振动较小，具有切割速度高，滑切作用好，切割能力强等优点，但结构（主要是传动结构）较复杂，割幅较小，不适合在宽幅收割机上使用。该切割器按有无定刀分为无支承切割式和有支承切割式两种。

(2)往复式切割器。往复式切割器的割刀作直线往复运动，在护刃器配合下进行有支承切割。割刀平均速度低，一般 1～2 m/s。切割性能好，结构简单，工作可靠，适应性强。目前在谷物收割机，牧草收割机，谷物联合收获机上应用相当广泛。它能适应一般或较高作业速度（6～10 km/h）的要求。缺点是工作时惯性力较大，机器振动较大。切割时，多数茎秆发生倾斜，且有重割现象，故割茎不够整齐。

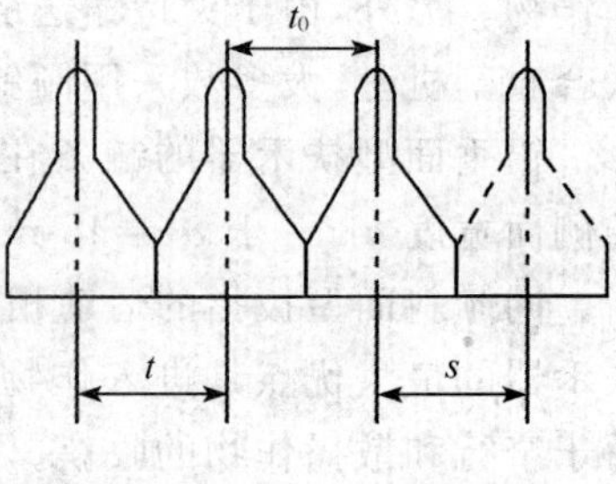

图 6-8 切割器的尺寸关系

往复式切割器根据割刀行程 s、动力片间距 t 和定刀片间距 t_0 三者的不同组合关系（图 6-8）。

这种切割器称为标准，也叫单刀距行程型。其特点是：割刀的切割速度较高，切割性能较好，对粗细茎秆的适应性较好。但切割茎秆时茎秆倾斜度大，割茬变化较大。这种切割器在国内外应用相当广泛。

在水稻及低穗作物收割机上采用比标准型尺寸小的切割器，其尺寸关系为：

$$S=t=t_0=50,60 \text{ 或 } 70\ \text{mm}$$

其特点是：动刀片较窄长，护刃器无护舌，用在立式割台的收获机上，对谷物横向输送较有利。其割茬较低，损失少。

在粗茎秆谷物收割机上，因切割茎秆较粗，其护刃齿间距较大，切割器的尺寸为：

$$S=t=t_0=90 \text{ 或 } 100\ \text{mm}$$

①往复式切割器的一般构造及工作过程：往复式切割器主要包括动刀片、定刀片、护刃器、压刃器和摩擦等部件（图 6-9）。工作时动刀作往复运动，护刃器尖将谷物分成小束并引向割刀，动刀在运动中将禾秆推向定刀片，在定刀片配合下进行切割。

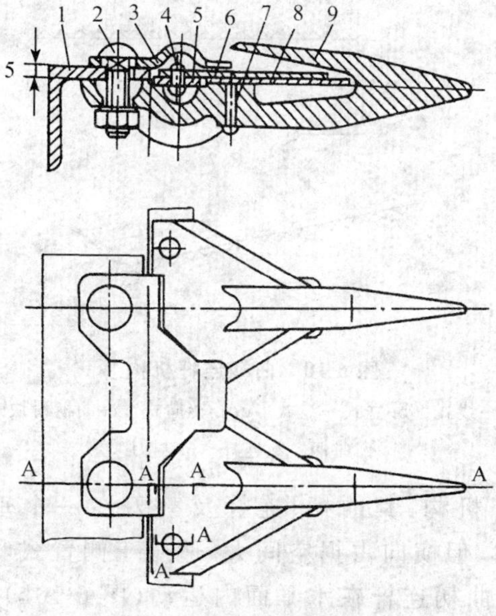

图 6-9　往复式切割器

1. 护刃梁　2. 切割器固定螺栓　3. 压刃板　4. 动刀片铆钉　5. 刀杆　6. 动刀片　7. 定刀片固定铆钉　8. 定刀片　9. 护刃器

②往复式切割器的驱动机构：传动机构的作用是把回转运动变为割刀的往复运动。由于各种机器的总体配置和传动路线不同，因此传动机构的种类较多。按结构原理不同，基本上可分为曲柄连杆机构、摆环机构和行星齿轮机构等三种。

A. 曲柄连杆机构：曲柄连杆（或滑块）机构由曲柄、连杆（或滑块与滑道）及导向器等组成。为适应不同配置的割台型式和传动路线，该机构又有如图 6-10 所示的几种传动形式。

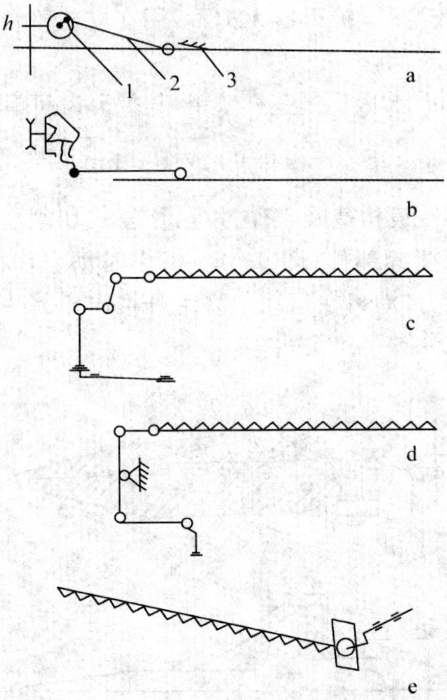

图 6-10 曲柄连杆机构

a. 一线式 b. 立式一线式 c，d. 转向式 e. 曲柄滑块式

1. 曲柄 2. 连杆 3. 割刀

一线式曲柄连杆机构：其曲柄、连杆及割刀在一个垂直平面内运动（图 6-10a），其机构虽简单，但横向占据空间大，适用于侧置式收割机和割草机。若将该机构旋转 90°，使曲柄连杆在水平面内运动（图 6-10b），机构可用在前置式收割机上。

转向式曲柄连杆机构：在前置式收割机上，常将曲柄连杆机构置于割刀的后方，并在侧方增设摆叉（或摇杆）及导杆（图 6-10c，d），通过导杆驱动割刀运动。这种机构在自走式联合收割机上采用较多。

曲柄滑块机构：由曲柄、滑块滑道和导向器等组成。曲柄回转时，套在曲柄上的滑块（或轴承）带动割刀作往复运动。其机构简单，占据空间较小，但滑道磨损较快，可用在中小割幅的前置式收割机上。

B.摆环机构:它是由一个斜装在主轴上的摆环,并通过摆轴把回转运动变为往复运动的一种机构。摆环机构由主轴、摆环、摆叉、摆轴和导杆等组成(图6-11)。摆环的销轴与摆叉上的销孔相连接,摆环摆动时通过摆叉、摆轴及摆杆带动导杆并驱动割刀运动。

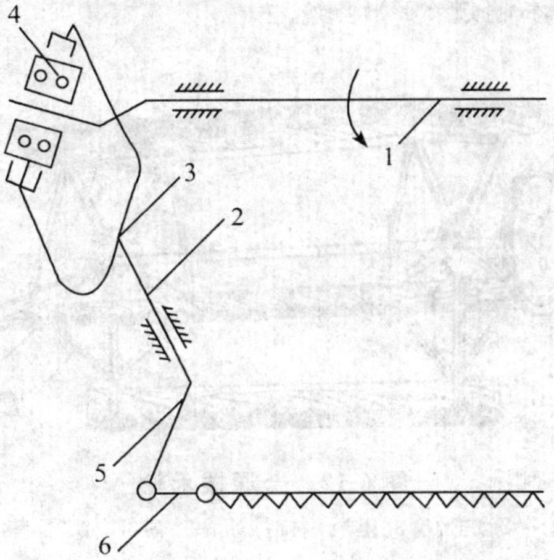

图6-11　摆环机构

1.主轴　2.摆轴　3.摆叉　4.摆环　5.摆杆　6.导杆

摆环机构的特点是:结构紧凑,铰链少,使用可靠,但造价较高。

C. 往复式切割器的调整

(a)对中调整:当割刀处在止点位置时,所有动刀片的中心线应与对应的护刃器中心线相重合,其偏差不得大于5 mm。

(b)整列调整:护刃器安装好后,各护刃器尖端的间距应相等,并在同一水平线上,间距偏差不得超过3 mm。定刀片的工作面应在同一水平线上,其偏差不大于0.5 mm。

(c)密接调整:密接是指动、定刀片的接合状态。如果密接不好,容易产生将谷物连根拔起和堵刀现象。当刀杆处在止点位置时,定、动刀片的前端应互相接触,一般只允许有0.5 mm的间隙;后端允许有0.3～1 mm的间隙(Ⅱ、Ⅲ型切割器,允许后端间隙不大于1.5 mm,但这种间隙的护刃器不应超过全部的1/3)。密接程度可用压刃器来调整(个别调整,在护刃器与护刃器梁之间增加垫片来解决)。压刃器与动刀片之间的间隙不得超过0.5 mm。调整好的切割器,割刀应能用手拉动自如。

3)拨禾装置

(1)拨禾装置的功用与类型。拨禾装置的功用是将谷物引向切割器并支持切割，同时将已割谷物推向割台的输送装置。在收割机上常用的拨禾装置有拨禾轮与扶禾器两类。

(2)拨禾轮。分为普通拨禾轮与偏心拨禾轮两种。

①普通拨禾轮：由压板、辐条、拉筋和轮轴等组成(图 6-12)。适于收割直立或倒伏不严重(倒伏角度不超过 30°)作物。

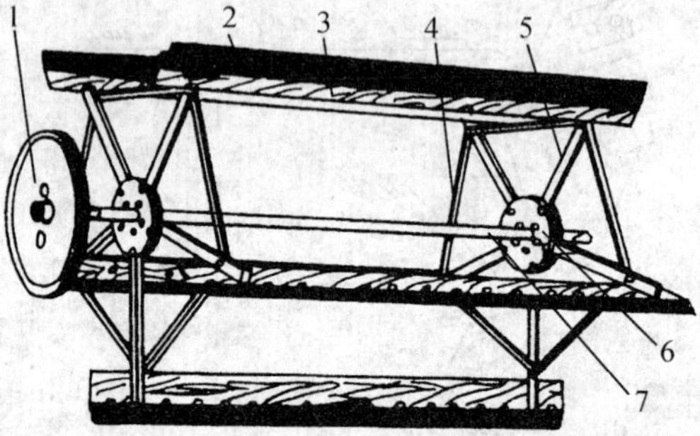

图 6-12 普通拨禾轮

1. 皮带轮 2. 皮带 3. 压板 4. 拉筋 5. 辐条 6. 辐盘 7. 轮轴

②偏心拨禾轮：由普通拨禾轮发展而来(图 6-13)。与普通拨禾轮相比，偏心拨禾轮多了一组辐条。在原来装压板的地方，改装了一根可以转动的钢管，并在此管上固定有一排钢丝耙齿的压板。两组辐条用曲柄铰接。安装压板的钢管与曲柄固定一块，一起运动。新增的一组辐条则与偏心环焊合，通过一对滚轮支承在拨禾轮支架上。由于偏心环的圆心与拨禾轮的轮轴不同心，滚轮的位置可以用调节板调节，因而改变滚轮的位置，偏心环的位置就随着改变，并通过辐条改变压板倾角(一般前、后均可偏 15°～30°)。

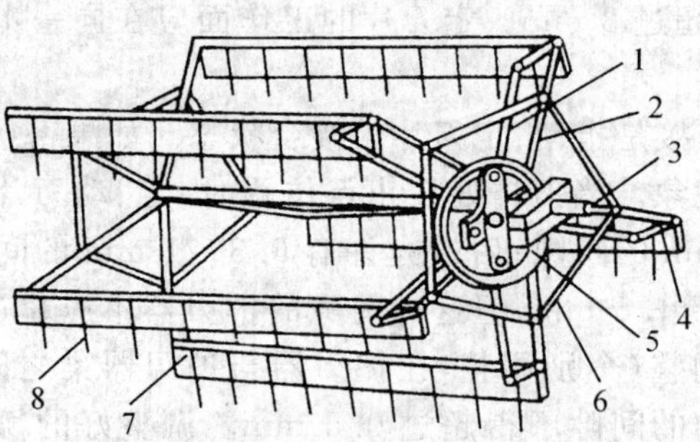

图 6-13 偏心拨禾轮

1. 偏心辐条 2. 主辐条 3. 轮轴 4. 曲柄 5. 偏心环 6. 加强筋 7. 压板 8. 弹齿

偏心拨禾轮的特点是压板始终与地面保持一定的角度(所调节的压板倾角),易于插入倒伏的谷物中并将其扶起。所以,它既适用于直立谷物的收割,尤其适合倒伏严重(倒伏角在45°以内)谷物的收割。收直立谷物时,压板调节成与地面垂直;收顺倒谷物时(倒向与机器前进方向相同),压板后倾,以利于扶起倒伏谷物;收逆倒谷物时,压板前倾,以利于将割后谷物推向收割台。

③拨禾轮的安装调节:拨禾轮的工作,必须适应各种收割不同高度和生长状态的作物的要求。因此,轮轴的垂直高度和水平位置都能在一定范围内调节。

a. 拨禾轮轴高低位置的确定:确定的原则是压板不打在谷穗上,以免造成落粒损失,不打在割下茎穗的重心处,以免将其抛掷到割舍后方;也不打在重心以下,以免割下的谷物向前倾倒。

对一般谷物讲,割后部分的重心约在从谷穗顶部往下全长的1/3处(图6-14),即谷裙顶部到重心的距离 $l=L/3$。因此,拨禾轮轴的安装高度(H)应根据作物的平均高度与割茬高度按下式进行调节。

$$H=\frac{2}{3}(L-h)+R$$

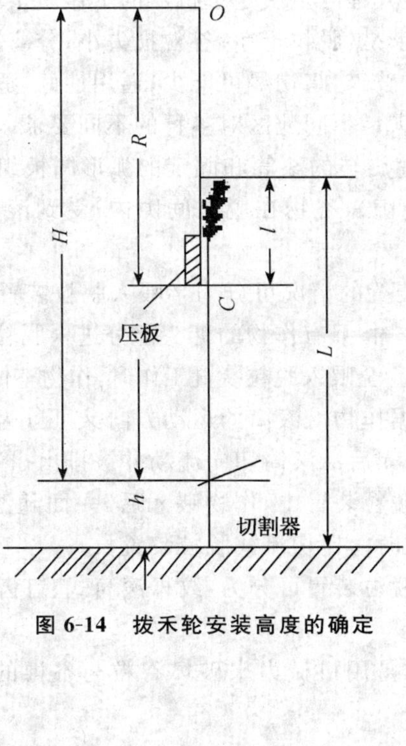

图6-14　拨禾轮安装高度的确定

式中：H——拨禾轮轴心至割刀的垂直距离(m)；

L——作物平均高度(m)；

h——割茬高度(m)；

R——拨禾轮半径(m)。

b.拨禾轮轴水平位置的确定：收割直立谷物时，拨禾轮轴的水平位置一般位于割刀的正上方。在此位置，压板扶持和铺放谷物的作用范围是相等的。将轮轴前移，则压板的扶持作用范围增加，铺放作用范围缩小；反之，将轮轴后移，则压板的扶持作用范围减小，铺放作用范围增加。收割时，可以根据谷物的高度和生长状况进行调节。一般收割矮秆谷物时，因其重心低，铺放性能差，轮轴可适当后移与降低，以改善铺放性能；收割高秆直立谷物时，因其重心高，铺放性能好，轮轴可适当前移并提高，以增加压板的扶持作用；收割顺倒伏谷物时，轮轴前移和放低量要大些，以利于扶起倒伏谷物。

4)脱粒装置

(1)脱粒装置的作用与分类。脱粒是收获过程中最重要的作业项目之一，脱粒装置的作用是将谷粒从谷穗上脱下，并且在脱粒的同时尽量多地从脱出物(由谷粒、碎茎秆、颖壳和杂物等组成的混合物)中将谷粒分离出来。它是脱粒机和联合收获机的核心部分，在很大程度上决定了机器的工作质量和生产率。

对脱粒机装置的要求是：脱粒干净；谷粒损失小；分离性能好，对轴流式脱粒装置要求分离损失小；谷粒破碎、暗伤尽可能少；通用性好，适应多种作物及工作条件的变化；功率耗用低；能满足不同地区对茎秆的不同要求。

脱粒装置是由一高速旋转的滚筒和固定的弧形凹板组成。在滚筒与凹板间形成脱粒间隙(又称凹板间隙)，谷物在脱粒间隙内，受到滚筒和凹板的机械作用而脱粒。

根据作物喂入脱粒装置的情况可分为半喂入脱粒装置和全喂入脱粒装置两大类。半喂入脱粒装置工作时，只有作物的穗头部分进入脱粒间隙。脱粒后茎秆保持完整，脱粒功率消耗较少。全喂入脱粒装置工作时，作物整体进入并通过脱粒间隙。

全喂入脱粒装置根据作物沿滚筒的运动方向又可分为切流式和轴流式。在切流式脱粒装置中，作物喂入后沿滚筒切向流动并被排出，谷物在通过凹板间隙的过程中被脱粒。在轴流式脱粒装置中，作物喂入后，一面随滚筒作旋转运动，一面又沿滚筒轴向运动，其脱粒时间比切流式脱粒装置长。

按脱粒元件的形式脱粒装置可分为：纹杆滚筒式、钉齿滚筒式、弓齿滚筒式、叶轮式和组合式。

(2)脱粒原理。脱粒是用机械力来破坏谷粒与谷穗的自然结合力，使谷粒脱下。这种外力可以是冲击力、摩擦力、拉力和压力，其脱粒原理如下：

①碾压脱粒：靠脱粒元件对谷穗施加压力而使谷粒脱粒，作用在谷粒上的力主要沿谷粒表面的法向，这个力使谷粒与穗轴之间形成剪切破坏。同时也存在沿谷粒表面的切向力，这个力也起脱粒作用。如将谷物铺在禾场上，用牲畜在上面踩踏，或用畜力（或拖拉机）拖拉一石辊不断绕圈行走。

②梳刷脱粒：将谷穗通过排列较密的脱粒元件的缝隙，靠脱粒元件对谷粒施加拉力将其脱粒。由于谷穗相对脱粒元件有一定的脱粒速度，所以，脱粒元件对谷粒也有一定的冲击作用，如弓齿滚筒脱粒。这种方法，不会损伤谷粒，消耗功率较小，适于脱水稻。

③冲击脱粒（打击脱粒）：利用脱粒元件以一定速度对谷物进行冲击使谷粒脱落。如钉齿滚筒脱粒、连枷脱粒等。脱粒过程中，冲击的速度越高，脱粒能力越强，冲击速度较小时，需要冲击多次，才能脱粒干净。冲击力过大，会增加谷粒的破碎与功率消耗。为适应脱不同的作物，脱粒元件的冲击速度应能在一定范围内调节。

④搓擦脱粒：利用脱粒元件与谷物之间的摩擦力而使谷物脱粒，搓擦脱粒时，脱粒元件对谷物压紧，在谷物表面滑动，相互间存在摩擦力，这个摩擦力使谷物层移，使谷粒受到沿谷粒表面切向方向的力，如用纹杆滚筒脱粒。

水稻的籽粒外面包有谷壳，籽粒通过小枝梗与穗轴连结。脱粒时，要求在籽粒与枝梗的连接处折断，水稻容易脱壳，所以，脱粒水稻可以应用梳刷脱粒原理。小麦的籽粒在未成熟时，被紧包在颖壳里，而成熟时颖壳张开，籽粒与颖壳的连接减弱，脱粒时要求籽粒从颖壳中脱出。由于小麦籽粒的强度比较大，不易破碎和脱皮，所以，采用冲击和搓擦脱粒原理的较多。

脱粒装置中谷物脱粒过程的物理现象是比较复杂的。工作时，并不是单纯按某一种原理进行脱粒，而是以某一原理为主其他原理为辅进行配合脱粒的。

(3)脱粒装置及其主要工作部件

①钉齿式滚筒脱粒装置：钉齿滚筒脱粒装置的滚筒由钉齿、齿杆、辐盘、中间支承等组成（图 6-15）。齿杆安装在辐盘缺口处，钉齿用螺纹固定在齿杆上，并在整个滚筒上按螺旋线均布排列。

常用的钉齿为楔形和刀形，为了减少茎秆在钉齿上缠绕，齿的端部沿旋转方向稍向后弯曲。

与钉齿滚筒配套使用的凹板是钉齿式凹板。由侧板、钉齿固定板、钉齿等组成。凹板上钉齿的形状与滚筒上的钉齿相间。

钉齿滚筒靠冲击脱粒，但对谷物也有一定的链揉、挤压和梳刷作用。抓取谷物的能力比纹杆式强，生产率较纹杆式高，对湿度较大的谷物脱粒效果较纹杆式好。但由于钉齿的冲击力大，易造成茎秆与谷粒破碎，增加分离和清选装置的负担，并影响谷粒质量;它的结构复杂,功率消耗大,使用调整不便。

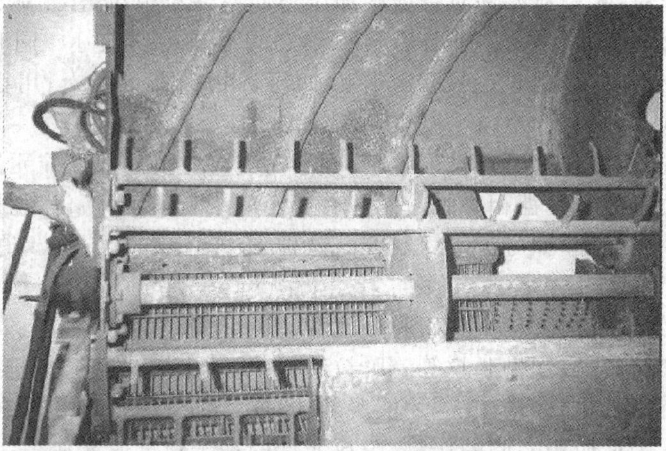

图 6-15　钉齿式脱粒滚筒

②弓齿式滚筒脱粒装置:弓齿式滚筒脱粒装置由滚筒体、滚筒轴和钢丝弓齿等组成(图 6-16)。弓齿两端有螺纹,用螺母固定在滚筒体上。

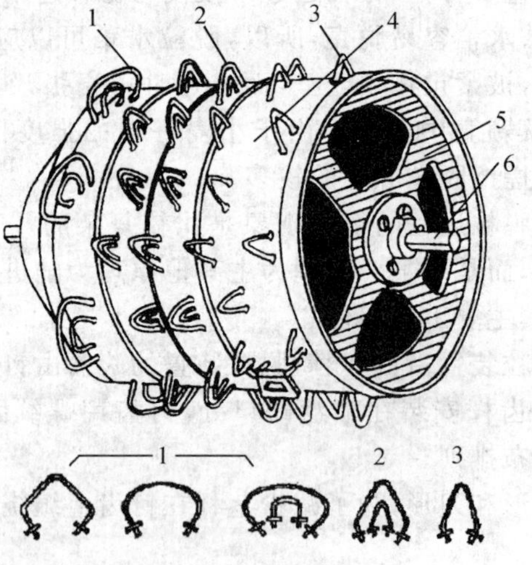

图 6-16　弓齿滚筒

1. 梳整形　2. 加强齿　3. 脱粒齿　4. 滚筒体　5. 辐盘　6. 滚筒轴

弓齿有梳整齿、脱粒齿和加强齿三种。梳整齿齿顶圆弧较大,安装在喂大口处,主要作用是梳整谷穗和导向;脱粒齿齿顶圆弧最小,脱粒作用强,安装在滚筒后端;加强齿齿顶圆弧介于上述两者之间,配置于滚筒体中段。

与弓齿滚筒配合使用的凹板筛多为编织筛网式。由铁丝编织的筛网和弧形加强板组成(图 6-17)。筛网的有效面积大,分离能力强,但易变形,多在半喂入脱粒机上使用。

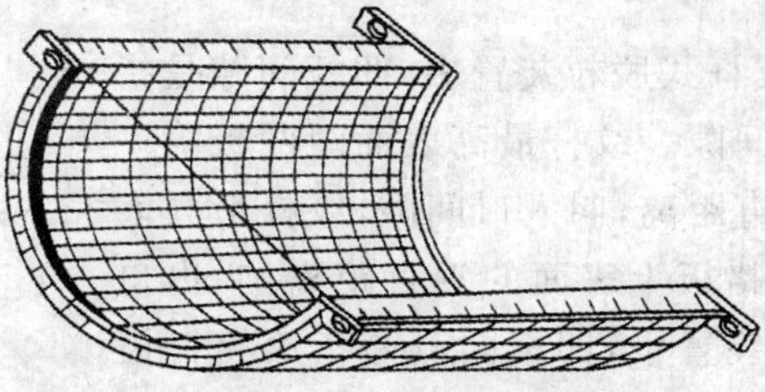

图 6-17　编织凹板筛

弓齿滚筒脱粒装置,主要靠弓齿的梳刷作用脱粒,对谷物也有一定的打击和搓揉作用,为水稻脱粒机所普遍采用。

(4)影响脱粒质量的因素。影响脱粒质量的因素很多,有脱粒装置结构方面的因素,如结构尺寸、滚筒转速、转动惯量和回转均匀性、凹板筛间隙等;也有使用方面的因素,如喂入均匀性、谷物品种、谷物干燥与潮湿程度等。下面着重分析在使用中经常遇到的滚筒转速、凹板间隙与脱粒质量的关系。

①滚筒转速:滚筒转速与圆周 πD 的乘积为滚筒的切线速度,用下式表示:

$$V=\frac{\pi D n}{60}\ (\mathrm{m/s})$$

式中:V——滚筒速度(指切线速度)(m/s);

D——滚筒直径(m);

n——滚筒转速(r/min)。

滚筒的切线速度是影响脱粒质量的重要因素。一个结构合理的滚筒,如果没有适当的线速度,就不可能有良好的脱粒性能。线速度的大小,决定了对谷物的冲击、搓揉和梳刷作用的强弱:线速度小时,冲击力减弱,使脱粒时间延长而生产率降低,甚至脱不干净;线速度越高,冲击力越大,搓揉与梳刷作用越强,脱净率越高,但线速度太高时,脱粒效果的提高并不显著,功率消耗反而增大,谷粒和茎秆的破碎率也提高,且使谷粒在滚筒上的跳动加剧,增加抛散损失。因此,线速度的大小,要以脱净又不破碎谷粒为原则。

不同的作物,不同的含水量,脱粒的难易不相同,即使同一作物,在不同的收获时间,其脱粒性能也不一样。因此,滚筒的线速度,应能在一定范围内调节,以满足不同谷物脱粒的要求。

对全喂入式轴流式滚筒，因其脱粒流程长，为减少碎秆，通常比切流型线速度低些，一般为 20～25 m/s。

对半喂入式滚筒，因茎秆不进入脱粒室，为了保持整秆，线速度也较低，一般为 13～16 m/s。

②凹板间隙：在纹杆式脱粒装置中，凹板间隙是指谷物入口和出口处的间隙。纹杆最高表面距凹板第一根横格板上表面的垂直距离，叫入口间隙，纹杆最高表面距凹板最后一根横格板上表面的垂直距离，叫出口间隙。在钉齿式脱粒装置中，凹板间侧是指滚筒钉齿与凹板钉齿侧面间的距离（图 6-18）。

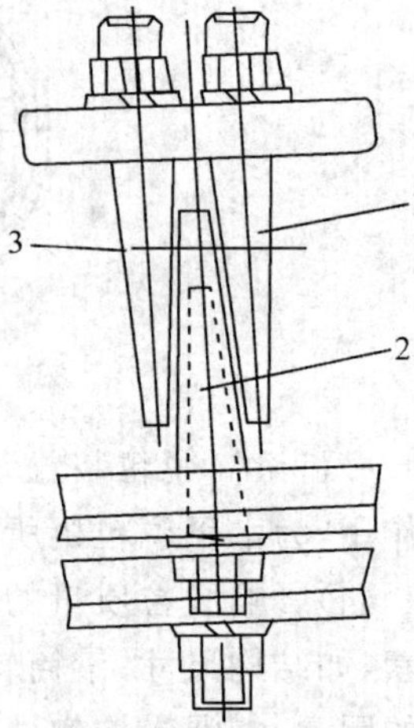

图 6-18　钉齿滚筒与凹板间隙

1. 滚筒　2. 凹板　3. 间隙

凹板间隙对脱粒质量影响很大，间隙小，可以提高脱净率，但将增加谷粒破碎率和茎秆的破碎程度，降低生产率和增加功率消耗；增大间隙时，其他指标可以改善，但容易产生脱粒不净，造成损失。凹板间隙应视脱粒工况随时停车调整。调整的原则是在满足脱净率要求的原则下，采用最大可能的间隙。这样既可保证质量，又能提高生产率，减少功率消耗。

对于水稻，纹杆式脱粒装置入口间隙一般为 20～25 mm，出口间隙为 2～5 mm；钉齿式脱粒装置间隙为 4～5 mm。对于小麦，纹杆式脱粒装置入口间隙一般为 15～25 mm，出口间隙为 2～5 mm；钉齿式脱粒装置间隙为 4～5 mm。

半喂入脱粒装置，因脱粒时谷物只作纯轴向移动，为了迅速脱下籽粒，必须使凹板筛迫使穗头尽量靠近滚筒弓齿，因此，凹板间隙不能太大，一般为 3～7 mm。

凹板筛的调整，主要通过改变凹板筛与滚筒的相对位置来达到。

5）分离清选装置

分离装置的作用是分离由脱粒装置排出的脱出物，将籽粒、短茎秆、颖壳及杂余送到清选装置，长茎秆逐出机外。在脱粒机和联合收割机上，广泛应用的分离装置是键式逐稿器，还有一部分中、小型脱粒机采用平台式逐稿器。

清选装置的功用是将从凹板筛和逐稿器分离出来的脱出物（包括籽粒、短茎秆、颖壳、杂余）中的籽粒清选出来，以获得干净的籽粒。

目前，在脱粒机和联合收割机上常见的清选装置有筛子-气流组合式和气流式（也叫无筛风选式）两种类型。

筛子清选与气流清选的工作原理是不同的。筛子清选的原理是利用各种脱出物不同的物理机械特性，亦即各组成物的尺寸不同而把谷粒从中分离出来的。因筛子的筛孔都是有一定的形状和尺寸的，而其形状和尺寸就是根据谷粒能通过，而混杂在谷粒中的杂物因尺寸比谷粒大（或比谷粒长或比谷粒宽）被阻留在筛面上。筛子在工作中不断地作往复振动，将谷粒振动到脱出物的下层而接近筛面，进而，由筛孔分离出来，杂物则因比较轻或体积比较大而处于上层。

气流清选的原理是利用各种脱出物不同的空气动力学特性而达到清粮的目的。各种混杂物因比谷粒的重量小且体积大，所以，遇到气流时则被吹得比较远或比较高，这样就可以把谷粒从混杂物中分离出来。

脱粒机和联合收割机上普遍采用筛子-气流相组合的清选装置。由风机、上筛、一个或多个下筛、滑板、谷粒搅龙、传动机构等组成（图 6-19）。

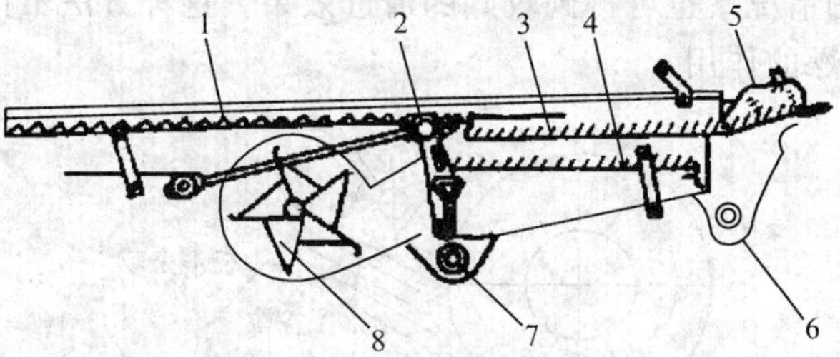

图 6-19 筛子和风机配合的清粮装置

1. 阶梯板 2. 传动机构 3. 上筛 4. 下筛 5. 尾筛 6. 杂余搅龙 7. 谷粒搅龙 8. 风扇

图 6-19 中上筛为分离筛，作用是将谷粒与夹杂物抖松，以降低风阻并使夹杂物在筛面停留一段时间，增加分离机会，同时可筛去部分短茎秆等轻夹杂物。分离筛筛孔要求精度不高，一般为编织筛或鱼鳞筛。

下筛也起分离作用，其筛面负荷较上筛小，一般用鱼鳞筛或冲孔筛。在气流与筛子共同作用下，筛上杂余部分从杂余搅龙经升运器运到复脱器复脱；筛下部分由谷粒搅龙经升运器送往第二清粮室继续清选。

上、下筛均装在筛箱上，筛箱用前后吊杆悬吊在机架上，由曲柄连杆机构驱动使之摆动。

（1）气流式清选。由于气流式清选机构具有构造简单、易制造、重量轻、工作可靠、机器振动小和效率高等一系列优点，所以，很早以前就被采用。如南方所用的风柜和北方所用的扬场机等都是。现在因为联合收割机和一些电动脱谷机上采用了半喂入式的脱谷机构，脱粒后杂物大为减少，因此，也广泛地采用了气流式清选机构，使收割机上的清粮机构大为简化。

上面已经说过，气流清选的原理是利用各种脱出物不同的空气动力学特性来达到清选的目的。在清选中，脱出物的空气动力学特性一般用临界速度，或漂浮系数来表示。所谓某一物体的临界速度,就是指该物体在垂直气流的作用下,气流对物体的作用力等于该物体的重量时,物体即能悬浮在空中不走,此时的气流速度即称为该物体的临界速度。显然,气流的速度高于临界速度时,物体将被吹走。

漂浮系数不同的物体,在和气流作相对运动时,所受到的气流作用力也不相同。根据这一原理,可将脱出物向空中抛掷(如扬场机),或利用风扇所产生的气流来吹扬脱出物(如风柜或收割机中的风扇),靠气流对脱出物各部分作用力的不同进行清选。

图 6-20 所示为带式扬场机的工作情况,机器上作回转运动的帆布带高速(15～18 m/s)将脱出物抛掷于空气中,迎风面积较大和比较轻的混杂物,抛扔的距离较近,而重量较大的谷粒,由于惯性大,抛得比较远。由于帆布带的抛扔速度很高,所以在无风的情况下也可得到较好的清选效果。这种方法不仅可以用于清选,而且有将谷粒干燥的作用。

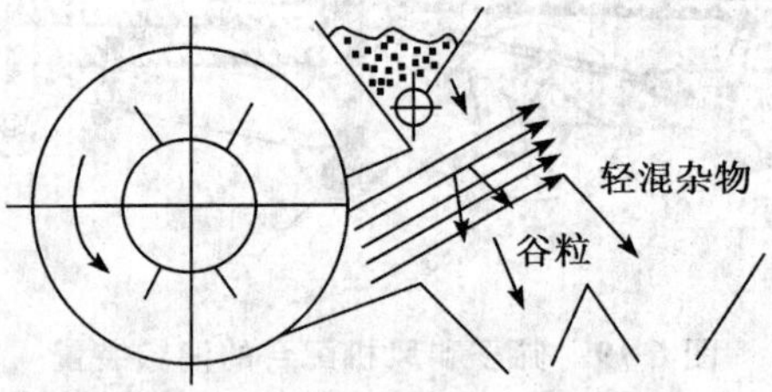

图 6-20　风扇气流清选示意图

图 6-21 是风扇清选示意图。风扇所产生的气流,对从上方垂直落下的脱出物进行吹扬,这时落下的脱出物除受本身重力作用外,还受到气流的作用力。漂浮系数较大的混杂物,受气流的作用力较大,被气流吹得较远,而飘浮系数较小的谷粒,则落得较近,这就达到了清选的目的。

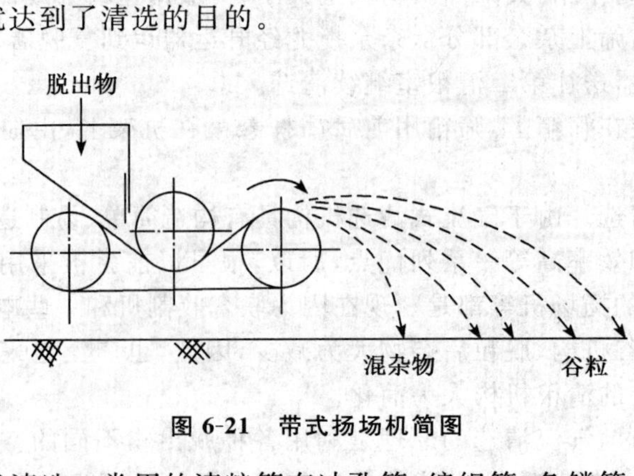

图 6-21　带式扬场机简图

(2)清粮筛式清选。常用的清粮筛有冲孔筛、编织筛、鱼鳞筛 3 种。

①冲孔筛(图 6-22):是在镀锌薄钢板上冲孔而成。孔的形状普遍采用圆孔和长方孔。

长孔筛(图 6-22a):筛孔有长、宽两种尺寸,但长度一般大于谷粒长度,限制谷粒通过筛孔的主要是筛孔的宽度。因此,筛分时,谷粒厚度小于筛孔宽度者,可通过筛孔下落,大于筛孔宽度者留在筛面。

圆孔筛(图 6-22b):筛孔只有直径一种尺寸,筛分时,谷粒宽度小于筛孔直径者,通过筛孔落下,大于筛孔直径者留在筛面。谷粒长度虽大于筛孔直径,但可以竖起来通过筛孔,所以,圆孔筛也不能按谷粒长度分离谷物。

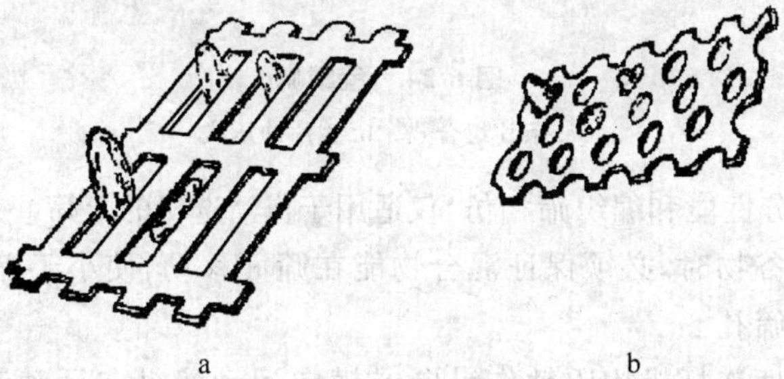

图 6-22　冲孔筛

a. 长孔筛　b. 圆孔筛

运用冲孔筛分离谷物,比较精确,原因是筛孔在工作中不易变形。但有效部分面积小,生产率较低,不宜用于负荷大的分离工作,用于下筛则比较合适。

②编织筛(图 6-23):用镀锌铁丝编织而成。结构简单,生产率高,但筛孔容易变形,且谷粒可从筛孔边缘或对角线通过,所以,筛分不很精确。常作为上筛配合风扇进行粗选,主要用于清除脱出物中大的夹杂物。

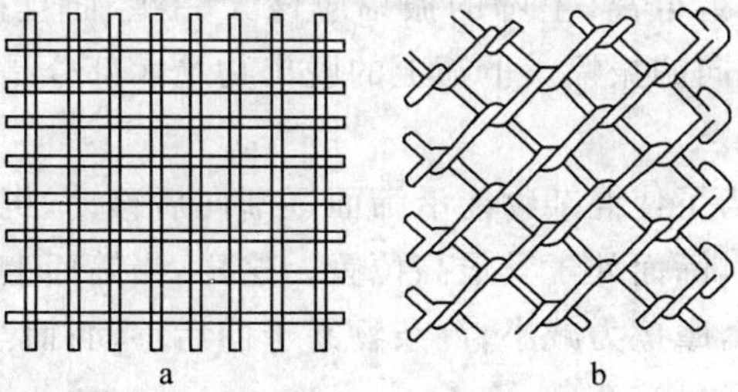

图 6-23　编织筛

a. 织筛　b. 编筛

③鱼鳞筛(图 6-24):有两种形式。一种是由冲压的鱼鳞形条片组合而成。筛孔尺寸可调,使用时不必更换筛子。调整筛孔,就能满足不同谷物清选的需要。另一种是在薄铁板上冲出鱼鳞孔,筛孔尺寸不能调节。

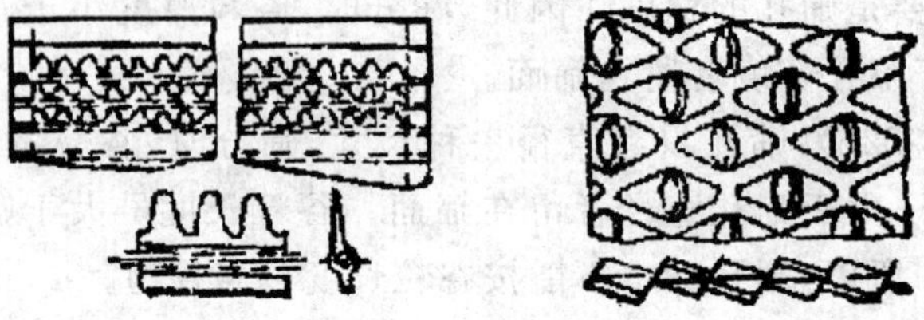

a　　　　b

图 6-24　鱼鳞筛

a. 条片组合式　b. 整片冲压式

鱼鳞筛的筛分性能和编织筛相仿,仅适用于作清选机的上筛,一般配合风扇使用。

用筛子清选谷物时,必须保证混合物能在筛面移动,使小于筛孔尺寸的谷粒有足够的机会通过筛孔。

筛子常用曲柄连杆机构驱动作纵向或横向运动。纵向运动者,混合物在筛面上作往复运动,在筛面停留的时间短,生产率高,但分离效果较差;横向运动的筛子,混合物在筛面作“之”字形运动,因此,经过筛面的时间较长,谷粒接触筛孔的机会较多,分离效果较好,但生产率不如前者。所以,在清选机中,筛子的纵向与横向运动,必须合理结合。一般用于负荷大,夹杂物多的粗选筛子,宜采用纵向运动;已经粗选了的谷物再次筛分(精选),宜采用横向运动。

(3)清粮筛架的结构与运动要求。筛子的传动机构,应使筛子具有较高的生产率和良好的分离性能。因此,根据筛子负荷的不同,要求筛子具有一定的水平振幅和垂直振幅。上筛负荷比下筛大,而且含有较多的短茎秆和混杂物,为了能够将脱出物抖松而有效地进行分离,上筛的振幅应该大一些,而且振动方向角也要大一些,以便增加,垂直方向的振幅。下筛上的脱出物绝大部分是谷粒,所以,振幅和振动方向角可以小一些。

在清粮过程中,为了使混杂物能沿筛面逐渐向后移动,机构的配置应保证当筛子的向后行程终了时,筛面处于其最高位置。这样,当筛面上脱出物的惯性力向后时有垂直向上的分量,摩擦力减小,混杂物易于向后移动;而当惯性力向前时,垂直分量向下,谷粒易于通过筛孔。

清粮装置可以采用两个筛架作相对振动,有利于惯性的平衡,而且两个筛架的振幅可以不同,以适应上、下筛的工作特点。采用一个筛架时,结构比较简单。现有机器上采用双筛架的比较多。

现有的筛架大多是一种平面运动6杆机构(图6-25)。在布置上,可以采取筛子在下的下吊式和筛子在上的支撑式,或两种形式的组合。

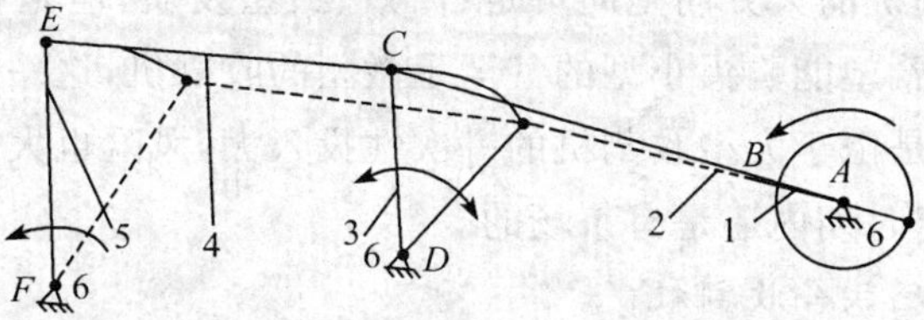

图6-25 清粮筛运动机构简图

1.曲柄 2.第一连杆 3.前摇杆 4.第二连杆 5.后摇杆 6.机架

为了与风扇配合,充分发挥气流清选的效果,除了要有一定的下落距离外,还要求筛子前端能反复把被筛物抛起;而到了筛子的中、后部,为了使混杂物中的谷粒有更多的机会通过筛孔,则要求被筛物不要抛离筛面。对于以上机构,可以通过使前摇杆短、后摇杆长来实现。为了使被筛物能沿着前面的绝对运动向后,可以通过改变圆心的位置,使其具有急回作用。

微型收割机

农友-90

图6-26 几种微型收割机

6.2 典型机型

6.2.1 微型收割机

虽然联合收割机的大方向是向自走、高效、大型发展，但是在一些边远落后的地区，许多农民仍希望能购买小型的甚至是微型的收割机，这一方面是由于地块小的缘故，另一方面是由于大型收割机的一次性投入大，风险也大，因此，小型甚至是微型收割机在一定时期内还是有市场的。

6.2.2 全喂入水稻联合收割机

图 6-27 是一种采用卧式割台的自走式全喂入联合收割机，主要由收割台、中间输送装置、履带行走装置、脱粒和清选装置以及发动机等组成。

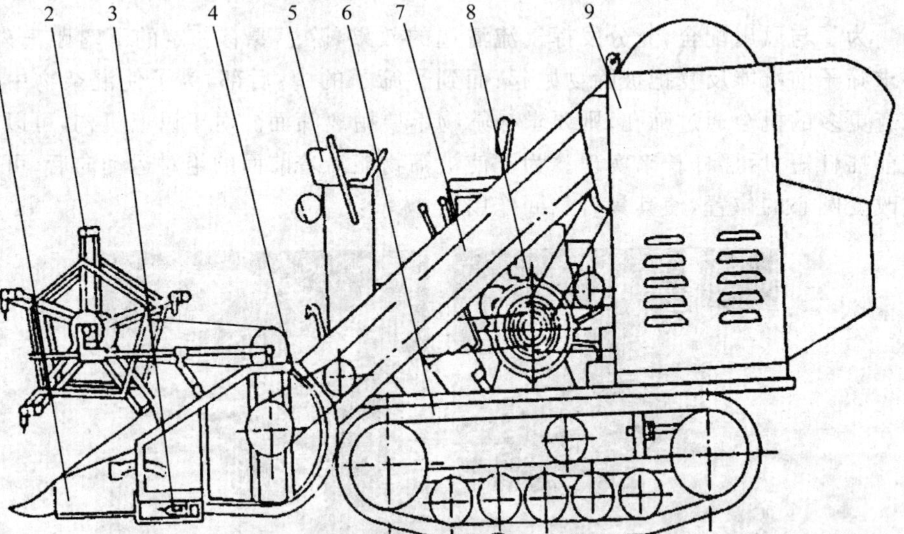

图 6-27 全喂入水稻联合收割机

1. 分禾器 2. 拨禾器 3. 切割器 4. 割台 5. 操纵系统 6. 行走装置 7. 中间输送装置 8. 柴油机 9. 脱粒和清选装置

收割台包括分禾器、拨禾轮、切割器和割台搅龙。联合收割机工作时，分禾器把待割和不收割的水稻分开，拨禾轮将待割水稻导向切割器，并把已割断的水稻铺放在收割台上，割台搅龙将水稻推送到割台中部。由中间输送装置上的可伸缩扒指将水稻拨向喂入输送器，喂入输送器将水稻向上运送到脱粒装置进行脱粒，然后再送至清选装置清选，清选后的谷粒由集谷搅龙和升运搅龙送至粮箱，茎秆则被排出机外。

水稻联合收割机的脱粒装置主要有钉齿式和弓齿滚筒式两种，钉齿式脱粒装置由钉齿滚筒和钉齿凹板组成，钉齿滚筒有圆柱形和锥形两种，其上的钉齿有楔形、刀形、方形、板齿、指状等多种。凹板有闭式钉齿、冲孔筛式和栅格式凹板等。弓齿滚筒式脱粒装置由弓齿滚筒、编织筛式凹板和脱粒夹持链等组成。弓齿有梳整齿、加强齿和脱粒齿等，用钢丝制成，固定在滚筒的圆筒上。弓齿滚筒式脱粒装置在水稻联合收割机上应用较广泛。

水稻联合收割机的清选装置大都采用筛-气组合式清选机构，振动清选筛是一定形状的鱼鳞式翘片结构，经过筛选的物料仍然混有不少轻小的杂余，由风扇产生的高速气流进行二次清选。

图 6-28 是两种主要形式：背负式和自走式。图 6-29 是一种采用立式割台的自走式半喂入联合收割机，主要由割台、中间夹持链、脱粒装置、清选装置、行走机构和发动组成。

收割机工作时，扶禾拨指将倒伏作物梳整扶直推向割台，星轮辅助拨禾，并支承切割。稻秆切断后，割台横向输送链将作物向割台一侧输送，传给中间输送装置，中间输送夹持链通过上下链钯把垂直状态的禾秆逐渐改变成平铺状态，送进脱粒滚筒脱粒，穗部经主滚筒脱净后，长茎秆从机后排出，或成条铺放在田间，或用切刀切断还田。谷粒穿过编织筛网经抖动板，由风扇吹净落入集谷搅龙，再由升运搅龙送至粮箱。半喂入联合收割机的脱粒装置和清选装置与全喂入联合收割机的基本相同，行走装置大都采用橡胶全履带。

背负式

自走式

图 6-28 全喂入联合收割机两种主要形式

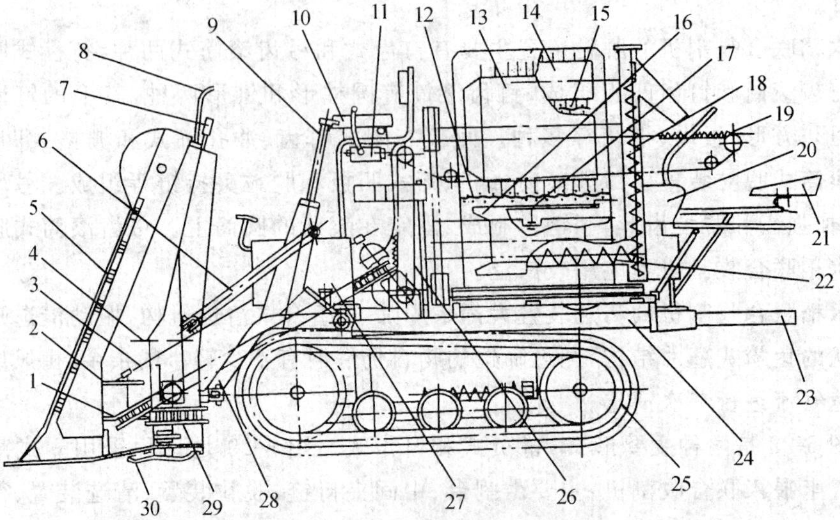

图 6-29　半喂入式水稻联合收割机

1.中间输送下链　2.拨禾星轮　3.中间输送上链　4.上横输送链　5.扶禾器　6.提升上连杆　7.割台离合手柄　8.扶手器　9.主变速杆　10.驾驶座　11.液压升降装置　12.凹板筛　13.脱粒滚筒　14.副滚筒　15.副滚筒凹板筛　16.风扇　17.抖动板　18.垂直谷粒升运器　19.脱粒夹持链　20.动力机　21.卸粮座位　22.水平谷粒推运器　23.粮台板　24.机架　25.履带　26.二级夹持链　27.脚踏架　28.下提升杆　29.下横输送链架　30.切割器

6.2.3　半喂入联合收割机

半喂入联合收割机由于只将穗部送入脱粒装置脱粒。因此,减少了脱粒和清选工作量,降低了整机功耗,且既能保持整秆,又能碎秆。所以,成为联合收割机发展的主要方向之一。

半喂入式水稻联合收割机适用于水稻收割作业,也可用于收割麦类作物。由于半喂入脱粒的特殊性,这种联合收割机相对于中大型传统联合收割机而言,机型较小,结构较复杂,作业效率较低,因此,适宜于中小田块的水稻收割。

半喂入式水稻联合收割机的结构和工作特点是:割台切割下来的作物要保持整齐;采用较长的夹持输送链夹持作物茎秆完成中间输送并交付脱粒夹持链;作物在脱粒夹持链夹持下穗部进入脱粒滚筒脱粒;由于茎秆在夹持状态下喂入穗部脱粒,因而滚筒上脱粒元件梳脱穗头的功耗低,籽粒损伤少;茎秆可完整输出;省去了分离装置。为了能将作物夹持牢固和保持整齐及为了保证较高的脱净率,夹持链运动速度不能太高,夹持厚度不能太厚,因而限制了这种机器的生产率。故半喂入式水稻联合收割机是一种小型联收机。

图 6-30 为龙江 120 半喂入式水稻联合收割机。该机割台采用了带扶禾器的立式割台。夹持输送采用三段：从割台送来的作物，先由中间输送链倾斜向上输送，再由二级夹持链继续向上输送，最后在脱粒夹持链夹持下穗部进入弓齿滚筒脱粒。采用橡胶履带行走装置。

图 6-30　龙江 120 半喂入联合收割机

近几年来，我国大量引进日本、韩国等国的半喂入联合收割机，其产品质量稳定、性能可靠，赢得了广大用户的好评，但是其整机和零配件价格昂贵，远非广大用户所能负担得起，政府补贴虽然能解决眼前机收问题，从长远来看，适合我国国情的半喂入联合收割机还是很有市场的。图 6-31 是两种主要的日本机型。

洋马　　久保田588

图 6-31 两种主要的日本机型

水稻田块的大小是影响农业生产机械化发展的重要因素之一。只有不断扩大田块面积，才能提高收割机械化程度，从而减少劳力投入，获得良好的效益。在我国，水稻产区也是人口稠密区，常见的稻田面积只有2～3亩。由于自然地理、村落分布等限制，水稻田块面积的扩大将是一个既艰难又缓慢的过程。所以，我国水稻联合收割机在近期还只能以中小型为主。此外，由于水稻生产的多样化，决定了其收割机械的多样性，即不可能用一种机型满足所有水稻收获的需求。

联合收割机由于结构复杂，造价高；作业时间紧迫，必须达到一定的生产率和工作可靠性；可进行多季多种作物的收割，经济上才合算。半喂入联合收割机收割水稻的工作性能较好，但其构造复杂，生产率难以进一步提高。

6.3 联合收割机安全驾驶技术

6.3.1 联合收割机的作业要点

(1)正确选择作业速度在正常情况下，若地块平坦、谷物成熟一致并处在黄熟期，田间杂草又较少时，可以适当提高收割机的前进速度。谷物在乳熟后期或黄熟初期时，其湿度较大，在收割时，前进速度要选择低些，谷物在黄熟期或黄熟后期时，湿度较小并且成熟均匀，前进速度可以适当选择高一些。雨后或早晚露水大，谷物秸秆湿度大，在收割时前进速度要选择低一些。晴天的中午前后，谷物秸秆干燥，前进速度选择快一些。对于密度大、植株高、丰产架势好的谷物，在收割时前进速度要选择慢一点，密度小又稀矮的谷物前进速度可选择快一些。收割机刚开始投入作业时，各部件技术状态处在使用观察阶段，作业负荷要小一些，前进速度要慢些。观察使用一段时间后，技术状态确实稳定可靠且谷物又成熟干燥，前进速度可快些，以便充分发挥机具作业效率。

(2)收割幅宽大小要适当在收割机技术状态完好的情况下，尽可能进行满负荷作业，割幅掌握在割台宽度的90%为好，但喂入量不能超过规定的许可值，在作业时不能有漏割现象。

(3)正确掌握留茬高度。在保证正常收割的情况下，割茬尽量低些，但最低不得小于6 cm，否则会引起割刀吃泥，这样会加速刀口磨损和损坏。留茬高度一般不超过15 cm为好。

(4)作业行走方法的正确选择。收割机作业时的行走方法有3种：a.顺时针向心回转法。b.反时针向心回转法。c.梭形收割法。在具体作业时，操作手应根据地块实际情况灵活选用。总的原则是：一要卸粮方便、快捷。二要尽量减少机车空行。

(5)作业时应保持直线行驶。收割机作业时应保持直线行驶，允许微量纠正方向。在转弯时一定要停止收割，采用倒车法转弯或兜圈法直角转弯，不可图快边割边转弯，否则，收割机分禾器会将未割的麦子压倒，造成漏割损失。

(6)合理使用收割机。谷物在乳熟期也就是在没有断浆时，严禁收割；对倒伏过于严重的谷物不宜用机械收割；刚下过雨，秸秆湿度大，也不宜强行用机械收割。操作手在具体作业时，要根据实际情况，能够使用机械收割的尽量满足用户要求，对个别特殊情况确实不能机收的就不要用机械收割，尽量向用户做解释工作，以免产生负面效应。

6.3.2　联合收割机运转途中驾驶注意事项

(1)操作人员必须携带农机监理部门核发的联合收割机号牌、行驶证、驾驶证，方可驾驶联合收割机。严禁无证驾机或驾驶证与准驾机型不符的情况发生。

(2)随机所带的联合收割机跨区作业证应放在醒目的位置。以便执法人员的道路检查和作为免交费用的依据。

(3)多台联合收割机之间或与其他车辆之间要相互拉开间隔距离，切勿跟随太紧，以免与前车发生追尾事故。

(4)运转途中要中速行驶、礼让三先，严禁高速行驶、急刹车、急转弯。

(5)如遇执法人员检查，要主动放慢速度，靠路边停下，自觉接受检查，决不可在检查人员面前逞强，开英雄车。

(6)联合收割机上除留2名操作人员轮流驾驶外，其余人员最好乘坐火车或汽车前往割麦地点。切不可为了省钱而坐在倾斜输送器上或睡在卸粮台和机箱盖上。

(7)自行组合外出或随农机部门组团作业的机手，相互间要保持通信联络，需要等待掉队车辆时，应选择行驶车辆少、宽阔的路段靠边停下，并用三角木或砖头垫住轮胎。夜间等候还要打开示宽小灯，以显机位。千万不要将机器停在大桥上或高压电线之下。

(8)要经常停车检查轮胎气压，各处螺栓的紧固情况，并用手摸轮毂有无烫手之处。

(9)夏季气温高，驾驶员一定要注意休息好，禁止疲劳开车。

6.3.3　联合收割机安全作业的技术措施

(1)每个作业机组应备齐必要的维修工具和易损备件，并放在专用箱里，由专人负责管理。

(2)每个机组应备有足够有效的灭火器具，如沙袋、灭火器、灭火钩等，并放在易于取放的位置。联合收割机、拖拉机、运输拖拉机等的排气管要清除积炭，并装上防火帽，定时检查清除积沉物，排气管短的要加长。

(3)联合收割机的传动链和传动皮带等防护罩、盖应完整可靠；操纵台的扶梯护栏、扶手、踏板等应安装牢固，操纵台栏杆下应设有挡板。

(4)若夜间作业，应有充足的照明设备，以便随时发现故障。夜间作业应选择地势平坦、无障碍物、植株不倒伏、湿度小且杂草少的地块。

(5)若两台机组同时作业,应选择不同的作业区作业,以免出现碰撞事故。

(6)临时派往机组工作的人员,不要经常更换,工作前必须进行技术培训,熟练掌握技术,否则不能参加作业。

(7)夜间作业的人员必须双班轮换作业,确保机组人员有充足的睡眠和休息时间。

(8)作业地段绝对禁止人员躺卧休息。

(9)规定机组作业中联络信号。备有信号笛、喇叭、信号旗等,所有工作人员应熟记信号内容。

(10)在田间作业前应再次检查机器各部件的技术状态是否正常,确定良好后方可作业。

(11)牵引式联合收割机,在联接时,人员不可从收割台一侧进入,应从左侧进行牵引器的联接。

(12)收割机启动前,应先用手摇动各传动机件,确定无障碍后方可启动,同时,将离合器放到分离位置,自走式的变速杆放空挡位置,发动机减速器放分离位置。摇动启动手柄时,只能由下往上摇动曲柄半周,不能摇一圈,以防打伤人。

6.3.4 联合收割机作业中应注意的问题

1)作业前的准备

(1)每个作业机组都应备有镰刀、铁锹、木锨等工具,以便随时排除各种故障,用后放回原处。

(2)每个作业机组都应备有足够、有效的灭火器具,并放在易于取放的位置。联合收割机的排气管要清除积炭并安装火星收集器,定期检查清除沉积物,排气管过短的要加长。

(3)联合收割机的传动链和传输皮带等的防护罩、盖应完整可靠,操纵台的扶梯护栏、扶手、踏板等应安装牢固,操纵台栏杆下应设有挡板。

(4)机组应有充足的照明设备,以便夜间作业时能及时发现并排除故障。

(5)机组工作人员应进行技术培训,否则不应参加作业。

2)作业中应注意事项

(1)作业时驾驶员应集中精力,仔细观察收割机的输送情况,倾听脱粒、分离、清选等部件的声音,发现异常应立即停车排除。

(2)作业中禁止清理割台、输送带、行走系统;禁止用手或脚往输送带推送禾物;转弯时不要卸粮。

(3)运输过程中最好不用紧急制动和急转弯,上下坡时应低速行驶,会车时要留有足够的间距。

拖拉机安全掉头技巧:所谓拖拉机掉头,是指拖拉机方向作 180°改变。怎样才能使拖拉机做到安全掉头呢?下面从拖拉机掉头地点的选择和掉头的基本操作方法两个方面加以介绍。

①地点的选择:拖拉机掉头,必须严格遵守道路交通管理条例的规定:机动车在铁路道口、人行横道、弯路、窄路、桥梁、陡坡、斜道或容易发生危险的路段,不准掉头。因此,必须选择交通量小的交叉路口,平坦、宽阔、路肩坚实的安全地段;根据路面宽度和交通情况,拖拉机掉头可分一次顺车掉头或顺车与倒车相结合掉头。如无上述条件也可选择利用路旁的空地进行掉头。

②掉头的基本操作:a. 一次顺车掉头:在较宽阔的道路上,应尽量地应用大迂回一次顺车掉头,此法迅速、方便、经济、安全。如在有交通指挥人员的地方,事先发出掉头信号,得到指挥人员的许可并示意后,降低车速用低速挡,鸣喇叭慢车行驶掉头。b. 顺车与倒车相结合的掉头:如道路狭窄不能一次顺车掉头,可运用前进或后退相结合的掉头方法进行。

掉头时,首先要选择合适的地段,发出向左转弯的信号,将车缓慢地驶向道路的一侧,方向盘向左转足,当前轮快要接近路边或车辆前沿接近障碍物时踏下离合器,轻踏制动踏板,在车辆还未完全停止时并将方向盘迅速向右转足,将前轮转至后退所需的新方向,立即将车停稳。后退时,应首先观察清楚车后情况,然后慢慢起步,并向右转足方向盘,待车倒退至后轮将接近路边或拖拉机后沿接近障碍物时,立即踏下离合器踏板,轻踏制动踏板停车,并利用停车前这一时机,迅速向左回转方向盘。使前轮转至前进所需的新方向。此时如仍转不过来时,可作再次后退或前进,反复几次至掉转完成即可。

掉头时,如遇特殊情况(路面倾斜或狭窄),无论前进、后退、停车时,除使用脚制动,还须使用手制动,待车停稳后,再挂挡前进或后退。在操作时,应一手握稳方向盘,一手握紧手制动杆,一脚缓慢地放松离合器踏板,同时,一脚踏动节气门踏板适当加油,当离合器大部分已结合时,放松手制动杆,使拖拉机徐徐而平稳地前进或后退。

在掉头的过程中,向前要进足,后退要留余地。由于各车轮接近路边的距离各不相等,在判断车位时,应以先接近路边的车轮为准。路旁如有障碍物限制,前进时,应以保险杠为准,后退时,可以后车厢板或后保险杠为准,切勿与障碍物触碰。

在较危险的地段掉头时,车尾应朝安全一侧,车头朝险方。宁可多进行几次进、退,切勿过分驶向路边,以保证安全掉头。

6.3.5 联合收割机的调整与使用

1)作业前的准备工作

联合收割机作业前的准备工作,是为了保持收割机有良好的技术状态,保证在作业期间故障少、工作效率高、收割质量好。因此,不管是新购买的收割机、大修后的收割机,或者是原有的旧收割机,在每年收割前都要做好联合收割机的技术检查与调整、磨合试运转等多项技术准备工作。

(1)联合收割机的技术检查与调整。主要内容如下:

①检查机器各部件安装位置的正确性。

②检查各焊接件之间的焊接处是否有裂缝。

③检查燃油、机油、液压油、齿轮油和冷却水。

④检查易松动的紧固件的紧固情况。

⑤各处链条和传动胶带紧度的检查。

⑥转动部件的技术检查。

⑦收割台的检查与调整(拨禾轮、切割器、割台搅龙、输送器等)。

⑧脱粒装置的检查(滚筒和凹版)。

⑨分离装置的检查与调整。

⑩清选装置的检查与调整。

⑪粮箱的检查与调整。

⑫发动机技术状态的检查。

⑬离合器技术状态的检查(行走离合器和工作离合器)。

⑭制动器性能的检查。

⑮操纵装置的检查(变速箱、离合器、刹车、油门、转向和液压操纵杆件等)。

⑯液压系统的检查(液压升降系统和液压转向系统)。

⑰电器系统的检查(电源、起动部分、信号部分、仪表和照明等)。

(2)联合收割机的磨合试运转

新购的联合收割机,或者大修后的联合收割机,在正式作业前都要进行磨合试运转试验。

①发动机空载磨合:时间为 15～20 min,柴油机起动后 5 min 之内以低转速(600～800 r/min)空转,然后逐渐增加到最高转速。

②发动机带机组磨合:时间约 20 h,当发动机转速达到 600～800 r/min 时,接合工作离合器,并逐渐加大至额定转速。在额定转速下,每隔 20 min 停车一次,并检查。

③收割机行车空载磨合:时间约 25 h,起步后,收割机应从低挡逐渐加快,直

至最高挡，其间，定时升降割台和拨禾轮。

④收割机小负荷试车：即试割，时间约 15 h，开始先用低挡大油门，然后逐渐换挡加速，直至适宜的作业速度，缓慢增加收割机的负荷。收割机试割后要进行技术保养。

2)作业条件的检查

联合收割机在下田作业前，驾驶人员应当充分了解田间地块的作业条件，从而大大提高联合收割机的作业效率，减少事故。田间准备主要包括以下几个方面：

(1)确定合理的作业路线。

(2)选择适宜的道路。

(3)提前清除障碍物。

(4)确定合适的加油地点。

3)作业中的注意事项

(1)要适时收割。

(2)出入地头的注意事项

①入地头作业前，首先将工作离合器平稳接合，使各工作部件慢慢转动起来，直至进入正常运转状态，然后扳动液压操纵手柄缓慢地将割台、拨禾轮降至工作位置，并视作物长势情况选好挡位，以适当低速对正作物，再把油门加至最大入田作业。

②出地头时，减慢行驶速度，扳动液压手柄升起割台进行转弯，然后对正作物入田作业。

③注意：无论出地头、入地头，或者正常作业中遇到障碍物，严禁用减小油门的方法降低车速。在正常作业中降低车速，只能用变换挡位和操纵行走无级变速器的方法来实现。

(3)作业中的随时检查

①观察割台上作物的喂送是否均匀，割台下掉穗、掉粒现象是否严重。

②检查粮箱内籽粒的破碎程度及清洁度，必要时调整脱粒装置和分离装置。

③检查排出的秸草中谷穗的脱净情况、夹带籽粒情况和茎秆的粉碎情况，排出的秸秆是否连续、均匀等。

④观察清粮筛，注意气流能否将脱下的糠草、杂质吹出机外，有无籽粒吹出，筛面上有无混杂堆积物等。然后，根据情况调节风扇转速和风向。

⑤观察传动系统和液压系统的工作情况。注意检查传动系统是否平稳、有无异常声响和异味、液压升降是否正常。

(4)选择适宜的行驶速度。一般情况下，作物稀、干时，可选用较高的挡位；作物密、湿时，选择较低的挡位。

(5)及时调整机器。在一天的作业中，驾驶员应根据作物在早上、中午、晚上、夜间湿度的变化，对收割机进行及时的调整。当作物湿度大时，要适当放慢前进速度，减小割幅，提高风机转速，等大滚筒转速和脱粒间隙，以减少损失，保证作业质量；反之，应做相反的调整。

(6)作业时使发动机保持额定转速。收割机作业时，切割器、脱粒滚筒、清选装置等工作部件的转速应保持恒定。转速下降，会引起堵塞、脱不净、分离不彻底和清选损失增多等。因此，要求发动机始终在最大油门额定转速下工作。

(7)卸粮时的注意事项

①对于有粮仓的收割机，卸粮后一定要关闭仓门。

②对于用麻袋接粮的收割机，要求配备专职接粮人员。

③对于运输车接粮的联合收割机，运输车与收割机应该同步。

(8)注意转向和制动系工作的可靠性

①作业中当转向系有颤动时，应及时排气。

②制动系要求制动灵活、可靠。

4)安全规则

①不允许非驾驶人员操作驾驶联合收割机。

②驾驶人员，包括其他机组人员必须穿戴紧身工作服、工作帽才能上机操作。

③联合收割机必须通过技术检查与调整，确保技术状态稳定可靠才能投入正常作业。

④清点收割机上必要的随车工具和备件，以备随时进行技术保养、排除故障和换件，每台收割机上还需配备一台状态良好的灭火器。

⑤按规定起动发动机。起动前先检查变速杆挡位，使其处于空挡位置，并使工作离合器、卸粮离合器处于脱离状态。其他人员远离收割机。

⑥联合收割机在作业中，机组人员要严格按照操作规程进行操作。

⑦收割机运转时，不允许用手或脚触摸机器的工作部件，各种调整和保养只能在收割机停止运转后才能进行。

⑧收割机工作时，地面允许最大坡度不超过 15°。

⑨联合收割机转移地块时，应该选好道路，了解所经过的道路和桥梁的通过性，不能强行通过。

⑩经常检查刹车机构和转向机构的工作可靠性，发现问题，及时解决。

⑪卸粮时，禁止用其他物件推送粮仓中的粮食，更不允许用手和脚推送粮食。

⑫当收割机发生堵塞时，要立即切断行走离合器和工作离合器，并置变速杆于

空挡位置,停车后方能排除故障。

⑬在作业地块内严禁吸烟和睡觉。

⑭及时清理残留在发动机和散热器护罩上的茎秆碎物。

⑮经常检查蓄电池安装的牢固性、电线的连接和绝缘情况。

⑯及时检查和排除发动机燃油系统、液压系统的漏油现象。

⑰联合收割机停车后,应将变速杆置于空挡位置,切断工作离合器。

6.4　联合收割机跨区作业知识

6.4.1　跨区作业常识

1)跨区作业准备工作

跨区作业,为强化措施、完善服务,应努力做好以下各项跨区作业准备工作。

(1)认真搞好中介人和农机手培训。

(2)搞好农机检修和农机具供应。对联合收割机全面进行检修,各农机公司和农机供应点积极组织货源,确保各类机具及农机配件的供应。

(3)认真做好跨区作业市场考察。

(4)认真搞好跨区作业证的发放。

(5)认真组织跨区作业队,为切实搞好跨区作业服务,成立跨区作业队并实时掌握作业信息。

(6)加强安全教育,加大对"黑车非驾"、酒后驾驶、违章载人等违章行为的查处力度,消除事故隐患,确保三夏农机跨区作业安全生产。

6.4.2　跨区作业注意事项

搞好跨区作业,要做到"六注意"。

(1)要注意加强引进机械的计划性。农机部门在麦收前一定要根据本地麦收面积和机械保有量,合理引进机械。

(2)要注意提前对外作业的地区进行实地考察,看一看对方的地块、小麦长势等是否符合自己的机械作业。考察时,要深入实施,掌握第一手材料,不能只听介绍,走马观花。

(3)要注意作业的机械不宜太集中。一个县(市)数量太多的机械集中在一个作业地点,除行动不便、组织协调困难等原因之外,一个很重要的问题就是遇到天气不好,或收获条件不具备时,就会"全军覆没"。为此,由县(市)农机部门牵头,将机械分成各个作业队,一个作业队少则20～30台,多则40～50台。这样队伍小、好调度、易管理,机械也能有足够的作业量,遇到特殊情况,车辆转移也方便。

(4)要注意提高机手的操作水平。各地要以农机校为依托,麦收前选派优秀教师，对机手进行强化培训，直到合格后才准许驾车作业。

(5)要注意搞好维修服务和配件供应。当地农机部门要搞好维修和配件供应等方面的服务，要成立维修供应小分队，安排“三包”车辆巡回田间地头搞服务。同时，建立“三夏”服务热线电话，随叫随到，确保机械故障的及时排除。

(6)要注意维护好跨区作业秩序。麦收前，农机部门要对跨区作业的机械进行牌证检查，对无牌无证的车辆进行查处，以防扰乱跨区秩序。同时，公安、交通部门也要上路维持秩序，保证车辆畅通，下决心制止沿路乱截车辆和殴打机手现象发生，确保跨区作业的顺利进行。

6.5 收割机械的构造、认识及调整实验实习

(1)了解稻麦收割机、全喂入脱粒机、久保田 PRO-481 半喂入联合收割机的总体构造、主要部件的功用及整机的工作流程。

(2)了解割刀驱动机构的几种形式和特点，掌握往复式切割器的构造，各组成部分的功用以及切割器的型号、安装、调整方法及其技术要求。

(3)掌握轴流式脱粒机构的构造和各主要组成部分的功用，了解滚筒钉齿距、齿迹距及钉齿排列方式。

(4)注意观察滚筒盖板导向螺旋的旋向、设置特点和滚筒脱粒间隙。

(5)比较轴流式脱粒机构与切流式脱粒机构造上的异同及工作过程的异同。

(6)了解清粮风扇的构造、叶片形状及安装特点，风扇外壳的形状特点，风扇与筛子的相互配合关系。

(7)了解半喂入式联合收割机的主要工作部分(包括割台、夹禾输送机构、脱粒清粮机构及集谷装粮机构)。

(8)熟识扶禾器的构造(包括上、下链轮带扶指的链条、链盒、上导轨、导轨接头及分禾器)和其工作过程。

(9)了解夹禾机构的形式和喂入深度调节机构的构造及其工作原理。

(10)了解气流式清粮机构的构造及观察其设置的位置。

注意事项：

机械空运转时，应鸣号提醒注意，严禁用手、脚触及往复和回转部件，待人员离开机身 1 m 后才能运转。运转过程时，如发现异常现象，应停机后方能进行检查。

试验报告：

(1)绘制联合收割机的工艺流程图。

(2)简要说明全喂入式联合收割机脱粒滚筒钉齿排列展开图。

(3)比较轴流型脱粒机构与切流型脱粒机构造上有何异同。

7 农机具知识

7.1 耕整地机械

7.1.1 概述

耕整地是农业生产中一项重要技术措施。由于农作物生长和日晒雨淋等因素的影响，耕作层上部土壤的团粒结构遭到破坏。这部分土壤肥力降低，水田脱水容易板结，不利于作物的生长。因此，播插之前需要耕地，并经过进一步耕整土地，从而创造出适合作物生长的良好条件。

7.1.2 耕整地机械的功用与分类

1)耕整地机械的功用

通过翻转土层，把失去结构的表层土壤翻埋下去，而使耕层下部未遭破坏的土壤翻上来，改善土壤结构，促使腐殖质分解，以恢复土壤肥力；能将地面的杂草、残根、农药(包括除草剂)、肥料(厩肥、绿肥等)或土壤改良剂和病菌虫卵等翻入下层，以消灭杂草，减少病虫害，增加土壤的有机质，恢复和提高土壤的肥力，以利于作物生长；松碎土壤，增加孔隙度，改善透气性，有利于作物根系的生长发育。

2)耕整地机械的分类

耕整地机械按工作部件的工作原理不同，可分为铧式犁、圆盘犁和旋耕机等，国内外均以铧式犁的应用最普遍。旋耕机实质上是耕整地兼用机械。

铧式犁是主要耕地机械。我国已形成南方水田犁系列和北方旱作铧式犁系列，基本上满足了14.7～58.8 kW国产轮式拖拉机的配套需要和耕地的农业技术要求。

铧式犁的种类很多，常作如下分类：

(1)按用途分。可分为旱地犁、水田犁、山地犁、耕耙犁和特种用途犁(果园犁、沼泽犁、开荒犁、开沟犁、深耕改土犁)等。

(2)按挂接方式分

①直接挂接犁：借牵引器用提环插销直接挂接在手扶拖拉机的挂接框内。

②牵引犁：通过牵引装置与拖拉机单点挂接。主要由犁体、圆犁刀、小前犁等工作部件与牵引装置、行走装置、犁架、起落机构和调节机构等辅助部件两大部分组成。犁的升降由起落机构控制，空行时，犁的重量全由犁轮支承(图7-1)。

③悬挂犁：由拖拉机的液压悬挂机构将犁和拖拉机连接。运输时犁的重量全部由拖拉机承担，工作时由液压悬挂机构控制犁的起落和耕深，可省去起落调节机构和行走轮等部件。因此，悬挂犁的结构简单，重量轻，较相同耕幅的牵引犁轻

30％～50％；金属消耗量少，成本低；工作时空行少，地头小，生产率比牵引犁约高10％；对拖拉机驱动轮的增重较大，有利于拖拉机功率的充分发挥；转弯半径小，机动性好，操作方便，机组能倒退，可用于小块地耕作；不需农具手，节省劳动力。近年来国内外悬挂犁的应用日益广泛。我国自行设计的南方水田系列犁均为悬挂犁(图 7-2)。犁体分四类五种，即通 20(通用型犁体，工作幅为 20 cm)、通 25、窜 20(窜垡型)、翻 20(翻垡型)、碎 20(碎土型)，组成了 11 个基本型号，基本上能满足南方水田地区水旱耕作的要求。

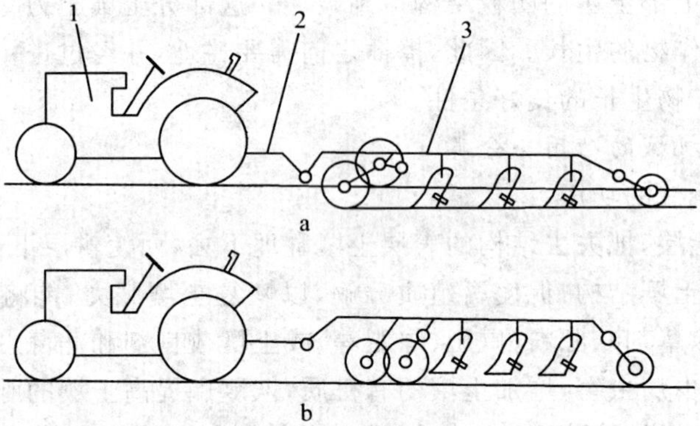

图 7-1　牵引犁

a. 工作状态　b. 运输状态

1. 拖拉机　2. 牵引装置　3. 犁

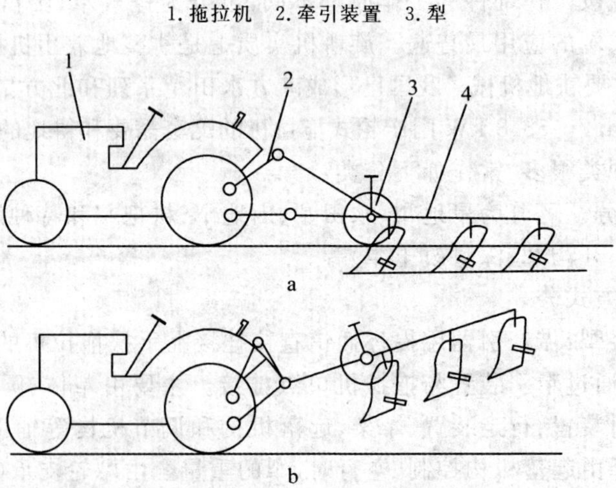

图 7-2　悬挂犁

a. 工作状态　b. 运输状态

1. 拖拉机　2. 悬挂机构　3. 限深轮　4. 悬挂犁

④半悬挂犁：适于与大马力拖拉机配套，是介于悬挂犁和牵引犁之间的一种宽幅多铧犁，前端与拖拉机的液压悬挂机构连接，后端有尾轮和尾轮液压起落机构。工作时犁的升降和耕深，均由拖拉机的液压悬挂机构和尾轮液压起落机构控制；运输时犁的重量由拖拉机和犁的尾轮共同支承（图 7-3）。

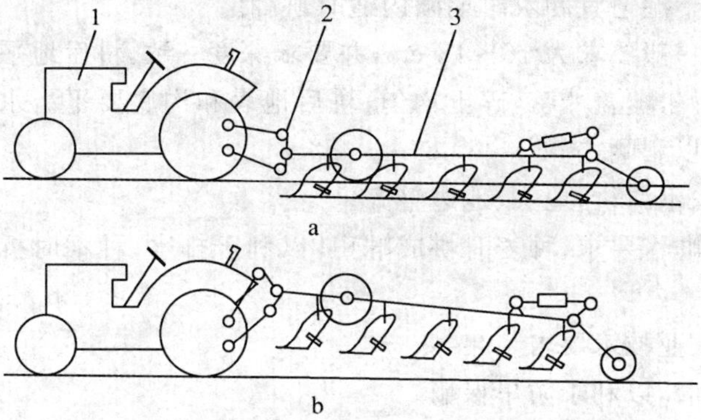

图 7-3　半悬挂犁

a. 工作状态　b. 运输状态

1. 拖拉机　2. 悬挂机构　3. 半悬挂犁

半悬挂犁兼有牵引犁和悬挂犁的一些优点，比牵引犁结构简单，重量减轻约30％，机动性好。因尾轮承受犁的部分重量，比悬挂犁纵向稳定性好，耕深较稳定，运输时可减轻拖拉机的翘头倾向，并可使犁铧数、犁身长度和工作幅宽不受机组纵向稳定性的限制。我国的半悬挂犁已列为北方铧式犁系列产品。

(3)按铧数分类。犁可分为单铧、双铧和多铧等不同铧数的犁，以满足不同功率拖拉机的配套要求。

7.1.3　整地机械的种类

犁耕以后，土块较大，平整度差，不能达到播种和插秧的要求，因此，还要使用整地机械整地，以达到土壤松碎、地面平整的农艺要求。水田耙主要用于春、夏耕后整地作业，为水稻生长创造松、碎、软、平的土壤条件。在稻草回田的田块，要求水田耙除碎土起浆外，还能起压草作用。在早稻绿肥田中，要求整地以后土壤松碎、起浆好，并能覆盖绿肥。

按工作部件的结构型式，耙可分为星形耙、圆盘耙、缺口耙和轧滚耙等，机力水田耙多采用不同的工作部件组合而成。

我国南方水田系列耙均为悬挂式，它是与五种功率级别（20、50、40、50、80 马力）的拖拉机配套的。水田系列耙的结构紧凑；工作可靠，维修方便，且作业质量好，工效高，基本能满足各地的农业技术要求，能适应砂土、黏土等各种土质使用，一般适用于绿肥田、晒白田等水稻栽培地区犁耕后的耙田作业。

7.1.4　耕整地的农业技术要求

1)耕地的农业技术要求

(1)在土壤干湿适宜和农时期限内适时耕翻。

(2)耕深。一般要求为16～18 cm，并要求深度一致，耕后地平、垄沟小。

(3)翻垡良好，覆盖严密，碎土均匀，耕后地表和沟底要平。水田旱耕时，应使垡片相互架空，以利晒垡。

(4)无重耕、不漏耕，地头、地边整齐。

(5)能满足畦作要求，种麦时耕成畦田，以利于排水；种稻时拆畦填沟，以利于平整。

2)整地的农业技术要求

(1)整地及时，以利于防旱保墒。

(2)作业深度符合农艺要求，均匀一致。

(3)表层土壤细碎疏松，下层土壤密实。

(4)地面平整，无垄沟起伏，不漏耙，少重耙。

(5)水田整地还要求碎土起浆好，能覆盖绿肥和杂草，搅混土壤和肥料。

7.2　南方水田犁

7.2.1　犁的构造

1)悬挂组合犁

悬挂式组合犁是配有座位的工农-12K型手扶拖拉机的配套水田犁。配备有一个圆盘犁体和两个栅条体。后犁体固定在水平犁架上，前犁体则根据耕作要求配换网盘犁体或栅条犁体。旱耕时，采用双栅条犁组，翻垡覆盖整齐；水耕时，采用圆盘-栅条犁，见图7-4。将前面栅条犁体拆下，松开U形螺丝，把八孔法兰盘换转45°至另一组孔，然后插上U形螺丝，拧紧螺母后装上圆盘犁体。后犁体改装大犁踵，以平衡圆盘犁体工作时产生较大的侧压力。与手扶拖拉机挂接时，用牵引插销将犁挂接在拖拉机牵引装置的销孔内，装上弹簧销，再将犁架上的吊耳与犁耕操纵杆组件的起落拉杆连接。驾驶员可以坐在座位上操纵组合犁工作。

栅条犁体的犁铲为三角形，犁壁为栅条铰链式，有栅条调节机构，可以改变犁壁工作曲面；犁体属窜垡型，后犁固定在犁架上，前犁体可以在犁架上前后移位；犁柱的高低位置可以调节，并设有犁耕深浅调节机构。在春、夏季水耕时，圆盘犁具有切割绿肥和杂草的作用，不易缠草受阻，有较好的通过性。

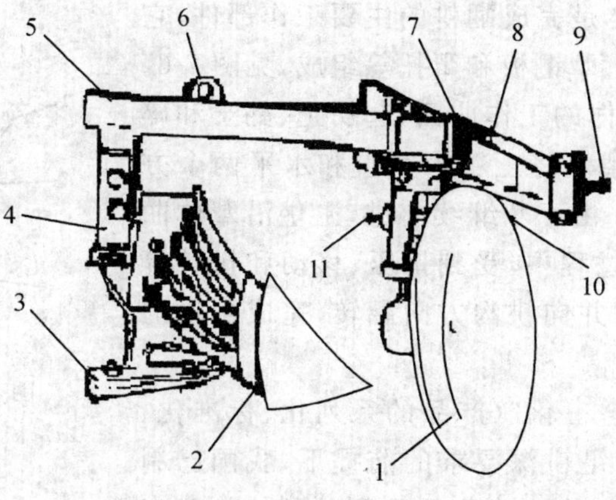

图 7-4　悬挂组合犁

1. 圆盘犁体　2. 栅条犁体　3. 犁踵　4. 犁柱　5. 犁架　6. 吊耳　7. U形螺丝　8. 耕深调整螺杆　9. 左右调整螺丝　10. 八孔法兰盘　11. 限位螺丝

2)悬挂四铧犁

南方水田系列犁均为悬挂犁,通过拖拉机的液压悬挂机构与拖拉机联结,工作时由液压悬挂机构操纵犁的起落及耕深,运输时悬挂在拖拉机上。悬挂四铧犁由犁体、犁架、悬挂架和悬挂轴等部分组成,见图 7-5。

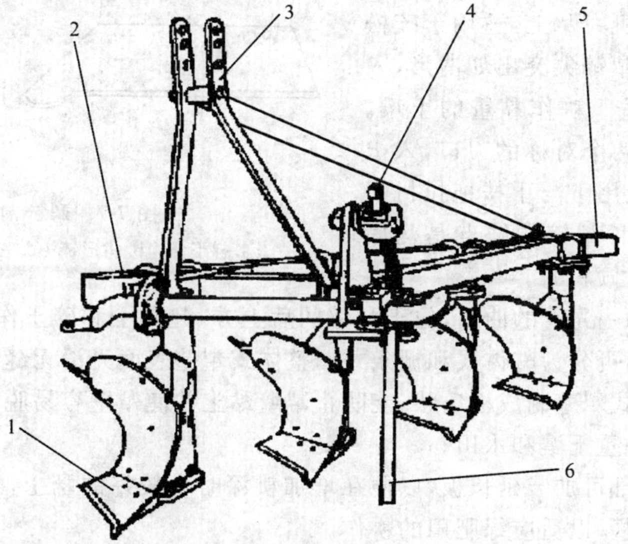

图 7-5　悬挂组合犁

1. 犁体　2. 曲拐轴　3. 悬挂架　4. 调节手柄　5. 犁架　6. 撑杆

(1)犁体。犁体是完成翻耕的主要工作部件，它由犁铲、犁壁、犁柱、犁铡板和犁托等组成，见图 7-6。犁铲和犁壁构成犁体的工作曲面，起切土、翻土和碎土作用。耕作时，犁体将土壤沿垂直和水平两个方向切开，形成土垡。由于犁继续前进，土垡沿犁体曲面升起；在升起的过程中，受到挤压、移动和扭转等作用，土垡便松碎，并向耕沟方向翻转，完成犁耕的全部过程。

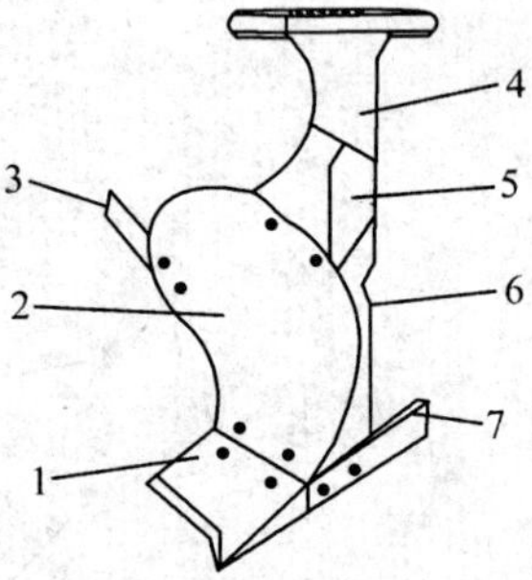

图 7-6　犁体结构

1. 犁铲　2. 犁壁　3. 延长板　4. 犁柱　5. 滑草板　6. 犁托　7. 犁侧板

为了提高犁的“三化”(产品的系列化、标准化、通用化)程度，在满足耕深要求的前提下，我国已制定了犁体幅宽系列。南方水田系列犁的犁体幅宽有 20 cm 和 25 cm 两种。

①犁铲：又称犁铧，它起入土、切土和升土作用。工作时铲尖首先入土，然后由铲刃水平切土，犁烃刃(犁铲和犁壁左缘所形成的切刃)垂直切土，在耕层中切出沟底和沟壁，并将土垡升起导向犁壁。犁铲是犁体上磨损最快的零件。

犁铲的形式常有梯形、凿形和三角形三种，见图 7-7。

梯形犁铲一般用于畜力犁或幅宽较小的单铧机力犁上，适用于疏松的熟地。凿形犁铲尖突出如凿形，入土性能较好，适于耕作黏重的土壤。三角形犁铲有两个对称的刃口，入土性能较好，一般用于与手扶拖拉机配套的犁上。这种犁铲的缺点是沟底不平，沟壁也是倾斜的。

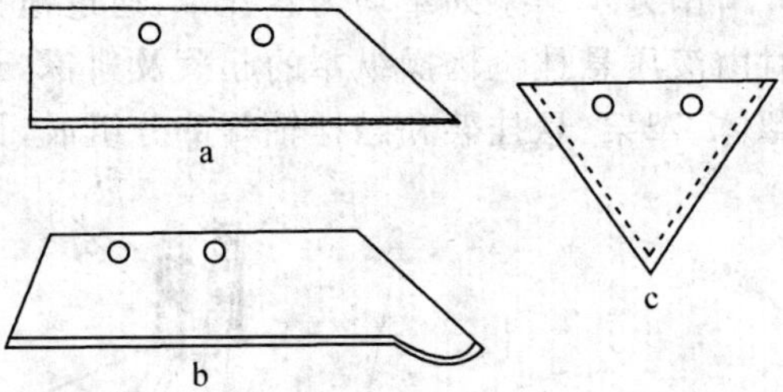

图 7-7　犁铲

a. 梯形铲　b. 凿形铲　c. 三角形铲

②犁壁：为一光滑的曲面，位于犁铲的后上方，起翻土和碎土作用。犁壁按结构的型式不同，可分为整体式和栅条式。整体式犁壁表面光滑无缝，是最常用的一种犁壁。栅条式犁壁制成板条状，能防止犁壁黏土并使犁壁容易脱土，以减轻犁的阻力，适于耕黏重土壤和水田。

犁壁的后部可加装延长板，以便在增加耕深时有较好的翻土性能。犁壁的上方可加装滑草板，以适应绿肥田的耕作。

③犁侧板：又称犁床，安装在犁体左侧后方，工作时沿沟壁滑动。在犁耕过程中，土垡对犁体产生侧压力，易使犁体扭转。犁侧板的作用是支持犁体，平衡侧压

力，使犁体能稳定地工作，并可防止沟壁倒塌。

犁侧板的尾部与沟底接触处叫犁踵。工作时犁踵很容易磨损，磨损后应进行调节或更换。

④犁柱：是将犁铲、犁壁和犁侧板连接在一起的支柱，也是犁体与型架的连接件。南方水田系列犁的犁柱采用圆形空心断面，这样可减轻犁柱重量，提高其刚性和强度。

(2)犁架。犁架用来安装犁体、悬挂架等部件。犁架必须有足够的强度和刚度，否则，工作时容易变形，影响耕地质量。

南方水田系列犁都使用梯形或三角形犁架，它用矩形薄壁管钢材焊接而成，结构简单，重量轻，强度高，可以换装不同幅宽的犁体。

(3)悬挂架与悬挂轴。悬挂架和悬挂轴都是悬挂犁与拖拉机悬挂机构的连接装置。国产轮式拖拉机均采用三点悬挂机构，所以，犁的悬挂架也都有三个悬挂点。上悬挂点与拖拉机的上拉杆联接，悬挂轴（或曲拐轴）的两端做成互成180°的曲柄销，为两个下悬挂点，分别与拖拉机的左、右下拉杆联接，通过调节螺杆可以调节悬挂轴的高度。当犁由于偏牵引发生重耕或漏耕时，可通过悬挂轴调节。

7.2.2 犁的检查、调整

1)犁的检查

为保证犁耕质量和减少犁耕阻力，应该检查犁体装配后的技术状态。

犁铲和犁壁的连接处应密合平接，两者之间的缝隙不应超过 1 mm。犁体曲面应光滑平整，不允许犁壁高出犁铲，埋头螺钉不得凸出，否则，犁体曲面易黏土，使犁耕阻力增大。

犁体装好以后，其犁侧板末端（犁踵）与沟底和沟壁构成一定的间隙，即所谓垂直间隙和水平间隙，见图 7-8。垂直间隙就是犁侧板前端下边缘与沟底水平面的距离，梯形铲为 10～12 mm，凿形铲为 16～19 mm。此间隙使犁体容易入土，并能保持一定的耕深。水平间隙指犁股刃线上犁壁尖与沟壁平面的距离，梯形铲为5～10 mm，凿形铲为 8～15 mm，此间隙使犁体工作稳定和保持一定的耕宽。铲尖和犁侧板磨损后，间隙会变小。当垂直间隙小于 3 mm，水平间隙小于 1.5 mm 时，应换修犁铧或犁侧板。

耕地质量的好坏，不仅与犁体的装配技术有关，而且与犁的总装技术也有很大关系。为保证耕作质量，前后犁体必须正确地安装在犁架上。安装检查须将犁支起，并保持犁架成水平状态。

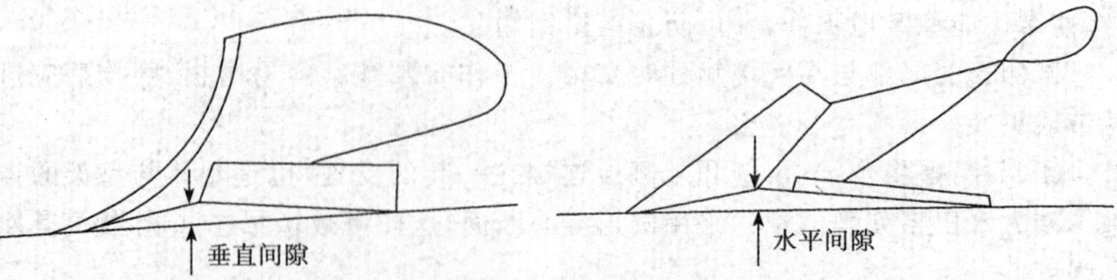

图 7-8 犁体间隙

安装的技术要求及检查方法如下：

①犁体在垂直面上，要求各犁铲铲刃与犁架底面的垂直距离都相等，见图7-9，新犁的高度差不得超过 5 mm，旧型的高度差不得超过 15 mm。检查时，可取中间一铧的数据为基准，与测得的前后铧数据相比较，即得知犁体安装的高度差。高度差越大，则耕深越不一致。犁使用后，因犁铲腐损或犁柱变形，都会引起高度差的变化，应定时检查修复。

②犁体在水平面内，要求各犁铲的铲尖在同一直线上，新犁的允许偏差为±5 mm，旧犁的偏差不应超过±10 mm。可用拉线法检查，从第一铧的铲尖到最后一铧的铲尖拉一直线(图 7-9)，其他各铧的铲尖也应在这一条直线上，若偏差超过规定要求，应进行检修。

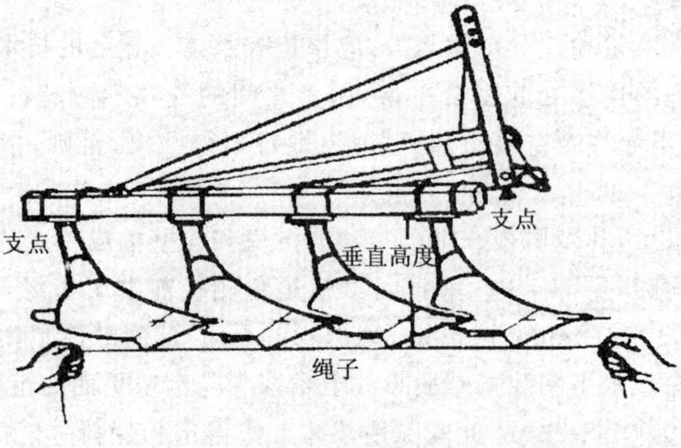

图 7-9 犁体高度差的测定及拉线检查

水田系列犁的安装技术，要求相邻两犁体铲尖的横间距离为 200 mm(或 250 mm)。铲尖纵向距离为 400 mm(或 500 mm)，视犁体幅宽而定，见图 7-10。犁在水平面上的安装位置如不正确，会造成重耕或漏耕，影响耕地质量。

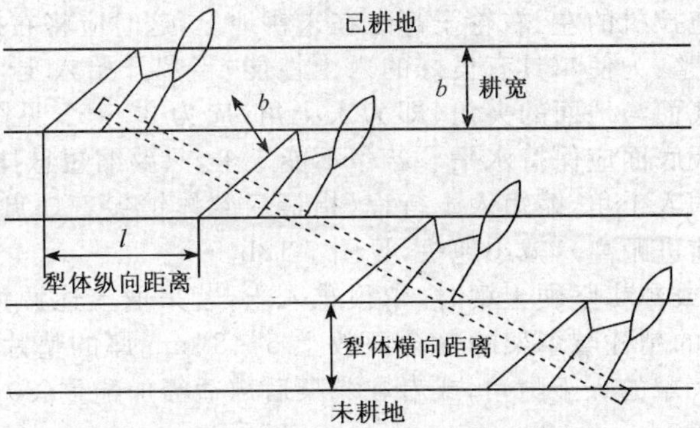

图 7-10　犁在水面上的安装要求

2)悬挂四铧犁的调整

当犁的安装检查合格后,就可以作田间试耕调整。通过调整,使犁的耕深满足农业技术要求,各犁体的耕深一致,耕幅稳定,以保证耕作质量。

①耕深调整:悬挂犁的耕深与拖拉机的液压悬挂机构有关。在拖拉机上,只要操纵液压机构的耕深调节手柄,就可以调节耕深:手柄向下,耕深增加;反之,则耕深减小。调好后将手柄固定,见图 7-11。

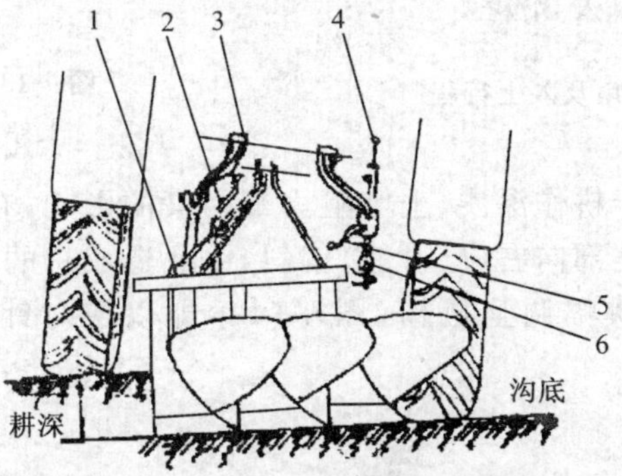

图 7-11　耕深调整及犁架水平调整

1.限深轮　2.限深轮调节手柄　3.提升臂　4.耕深、升降调节手柄　5.左右水平调节手柄　6.右提升杆

②犁架水平调整:为保证耕深一致,犁在耕作时,必须使犁架保持水平。犁架的水平要通过前后和左右两方面来调节。犁架的前后水平是通过伸长或缩短拖拉机液压悬挂机构上拉杆的长度来调节的,若前后犁体耕深不一致,后犁耕得较浅时,将上拉杆放长;反之,将上拉杆缩短。犁架的左右水平,可通过调节手柄改变右提升杆的长度来调节。轮式拖拉机在耕地时,左右是倾斜的,右轮走在耕沟里,左轮走在未耕地上。为使犁架左右保持水平,就必须转动手柄,将右提升杆缩短,见图 7-11。

在耕第一犁时，拖拉机的左、右轮子都走在未耕地上，这时应将右提升杆放长。

③入土角调整：为使犁具有良好的入土性能，当犁开始入土，即第一犁体铲尖着地时，犁侧板底面与地面的夹角(即为入土角)应为3°～5°，见图7-12a。达到规定耕深时，犁侧板底面应保持水平。若犁不能入土，只要缩短悬挂机构上拉杆的长度，即可增大犁的入土角，缩短入土行程(指最后犁体铲尖着地点至该犁体达到规定耕深时，犁的前进距离)，减小地头，见图7-12b。

当犁铲磨钝或犁耕坚硬土壤时，犁很难入土，若采取上述调整仍不能改变，则可在后两个犁体的犁柱与犁架的接合面放上5～8 mm厚的垫片，然后加以紧固，见图7-13，以增大犁的入土隙角，或者在犁架后部适当加配重(30～50 kg)。

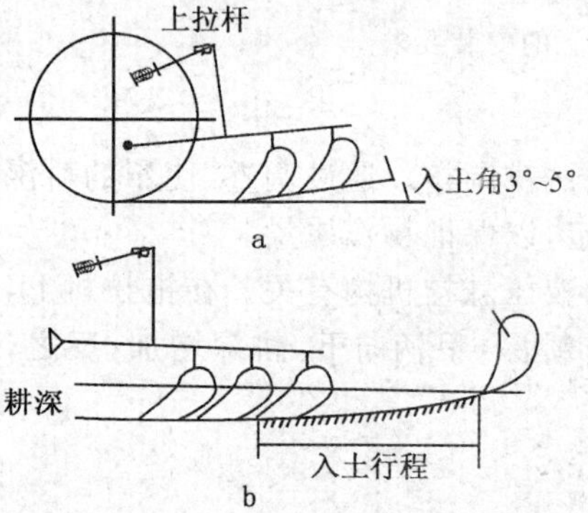

图7-12 犁的入土角及入土行程

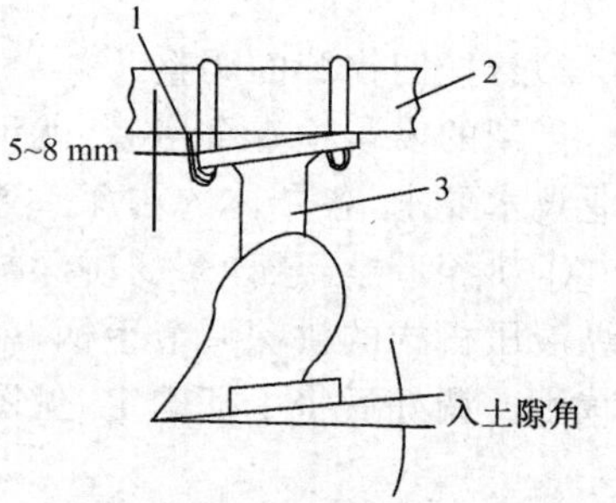

图7-13 犁的入土隙角调整

1. 垫片 2. 犁架 3. 犁柱

④耕幅调整：由于耕作深浅、土壤阻力等因素的影响，有时拖拉机头部会向左(未耕地)偏斜，犁架尾部向右(已耕地)偏斜，由此造成总的耕幅变小，产生重耕现象。这时，可以调节耕幅调整机构(图7-14)，即以逆时针方向转动调节丝杆手

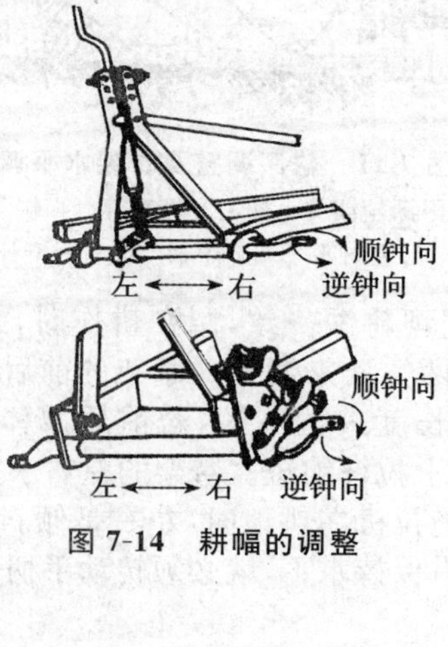

图7-14 耕幅的调整

柄，能伸长丝杆，使悬挂轴作顺时针方向旋转，驱使犁架尾部向未耕地移动，便可克服重耕现象，增大耕幅，使机组稳定直线行驶。若拖拉机头部偏向右侧，则与上述情况完全相反，将造成总的耕幅变大，产生漏耕现象。这时，可反向转动调节手柄，使悬挂轴逆时针旋转，即可避免漏耕，机组就能稳定行驶。

3)手拖悬挂式组合犁的调整

犁耕前必须将工农-12K型手扶拖拉机与犁安装组合成机组，并对犁作相应的调整，然后才能进行作业。

①机组的调整：拖拉机的轮距、挂结点位置，应根据犁的耕幅和耕作条件适当调整。机组重量状态的调控：为了操作轻便，提高耕作质量，可以根据不同机组增减前支架和犁梁上的平衡块来调节机组的重心。

②犁耕行驶稳定性调节：犁耕时，由于土壤阻力的影响，拖拉机会向左或向右偏行，不能直线行驶，造成操作困难，影响耕作质量，必须及时调整。如果拖拉机向右偏行，应把挂结板上的两根调整螺丝的锁紧螺母松开，调短左边调整螺丝，调长右边螺丝(图7-15)，目的是使犁接向机组的左边，然后把锁紧螺母拧紧。如向左偏行，则作相反调整。当右驱动轮稍微偏向未耕地时，即为调整适合，能保证机组行驶稳定。

③耕深调整：先松开深浅调节丝杆锁紧螺母，然后用扳手转动丝杆(图7-16)，当丝杆调长时则浅耕；调短时则深耕。另外，在操作上，机手还可利用悬挂犁的升降手柄，在降犁时选择深或浅两个位置之一予以定位。这样，也可以调节犁之耕深。

④水平调整：当前后犁铧深浅不一致时，如前铧比后铧耕得深，可将前铧犁柱上两个紧固螺母松开，使前犁体升高(图7-17)，然后再锁紧螺母。必须进行田间试耕，一直调到前后犁铧耕深一致为止。

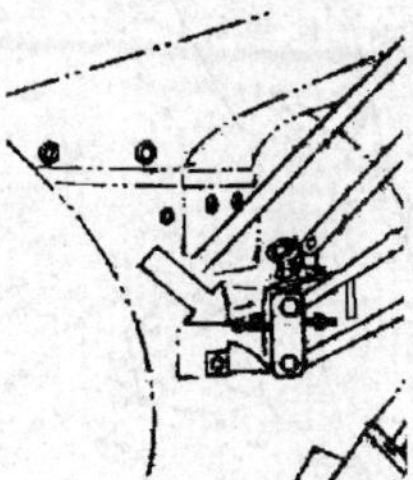

图7-15 稳定性调整

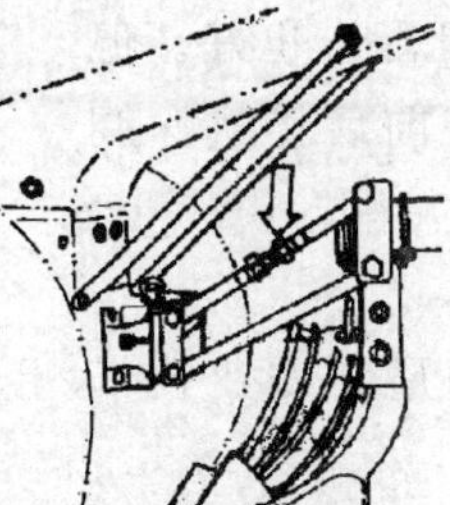

图7-16 耕深调整

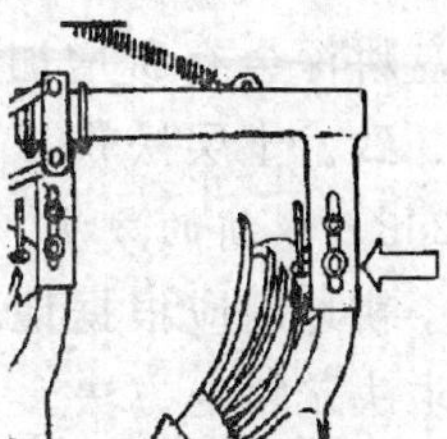

图7-17 水平调整

⑤耕宽调整：由于前身在犁梁上之位置可以水平移动，而犁梁又是水平斜装，

前铧前移总耕幅变大，后移则总耕幅变小，见图7-18。调整可以根据土壤状况进行，但注意不要使前、后铧之间漏耕或重耕过多。当移动前铧时，只要松开前身犁柱上的两根U形螺丝，把前铧移到合适位置后，再拧紧螺母即可。在耕层较硬的水田中作业，为了防止前后铧间漏耕，可将前铧适当后移。

⑥翻土性能的调整：犁耕时发现翻起的垡块覆盖不好，可将犁柱左下方的两个紧固螺丝拧松，把犁体向右摆转或松开犁柱上方的固定螺丝，调整"7"字形铁块(图7-19)，改变栅条犁壁曲面，再拧紧螺丝，这样翻土覆盖性能就能获得改善。

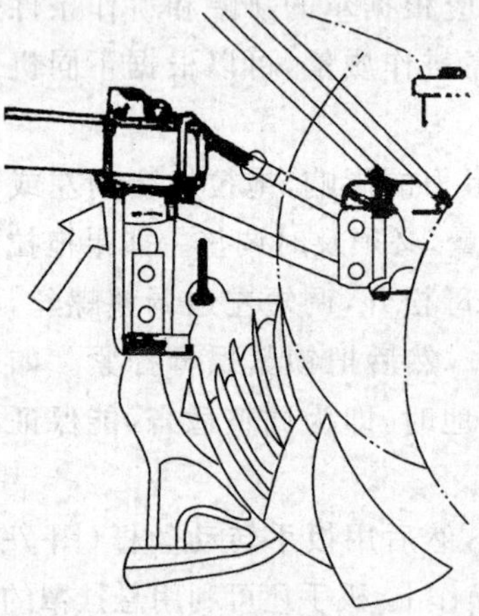
图7-18　耕宽调整图

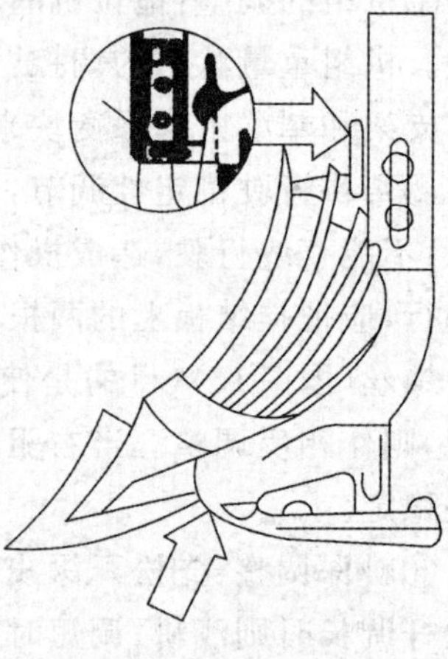
图7-19　栅条犁曲面调整

⑦圆盘倾角的调整：圆盘的倾角可以通过圆盘固定在犁柱上的限位螺丝(图7-4)调整。

当土层较硬，圆盘入土难时，可把圆盘倾角调小(图7-20)，使之容易入土，且翻土也好。但圆盘耕深会有所增加，应注意将前后铧耕深调整一致。土层松软，圆盘倾角宜大些。

7.2.3　犁耕的方法

耕地前应根据地块大小、地形和农业技术要求决定耕地方法。

1)内翻法

内翻法又称合垄法，见图7-21a。当地块小、耕区中间较低时，可采用内翻法。机组先从耕区中心线的左边开始落第一犁，到地头时，起

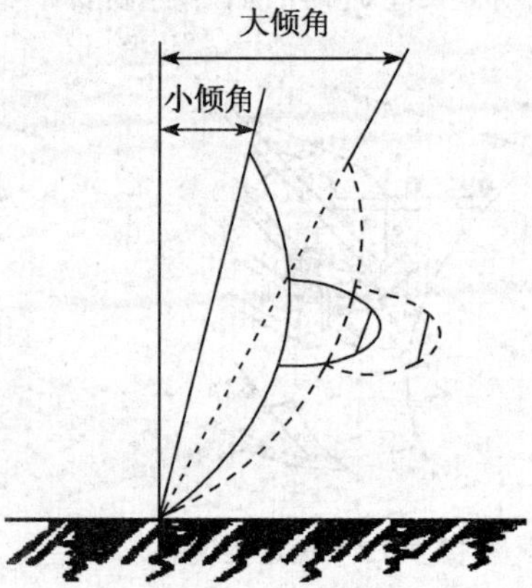

图7-20　圆盘倾角

犁向右作环形转弯，由中心线的右侧回行。因铧式犁一般都是向右翻土，所以，机组是绕中心线按顺时针方向朝内翻垡的。这样，由内向外依次耕完，最后在耕区中间形成一条垄，两边留有耕沟。

2)外翻法

又称分垄法，见图 7-21b。当耕区中间较高，两边较低时，可用外翻法。机组先从耕区右侧落第一犁，到地头时起犁向左回转，从耕区左侧回行，机组是按逆时针方向朝外翻垡的。这样依次耕作，由外向内逐次耕完，最后在耕区的中间形成一条耕沟。

3)套翻法

在面积大而平坦的地块耕作时，宜采用套翻法，即把田块分成九个小区进行套耕，见图 7-21c。图中为无环节套翻法，将田块分成两个小区，机组由第一区右侧进入，用外翻法先耕第一区。当小区中央剩余的地带须进行有环节转弯时，使向右转入第二小区右外侧落犁，仍以外翻法耕作，同样犁到要环节转驾时；再将两个小区剩下的未犁部分联合套耕完毕。这种犁法的特点是地头无环节。耕出来的地，既可减少沟垄，又可避免转小弯，减少地头，以保证耕作质量，提高耕地效率。

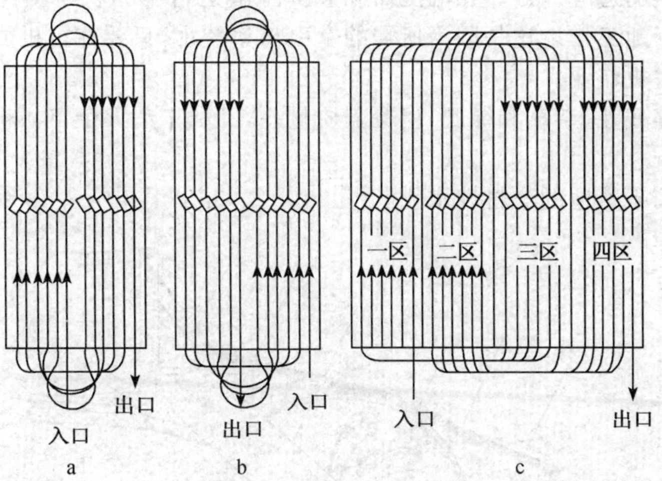

图 7-21 耕地方法

a. 内翻法 b. 外翻法 c. 套翻法

耕地时，为了便于机组工作，在耕区两头应留下机组回转地带(俗称地头)。犁耕前在地块两头先耕出地头线，以便驾驶员起犁和落犁，这样能使地头整齐，也可提高耕地质量。地头的宽度根据机组长度确定。使用悬挂犁时，地头宽度为拖拉机长度的 1.5～2 倍。耕地头可采用倒退移行耕法，即采用倒车分别将两边地头耕完。

7.3 旋耕机

7.3.1 旋耕机的特点与工作过程

旋耕机是一种用动力驱动旋转刀片，以切削和翻动土壤的耕作机械。它具有如下特点：

①碎土能力强，旱耕后土层疏松细碎，水耕后泥烂起浆。地面平整，土肥掺和好。

②纵向结构尺寸及入土行程较短，地头小。

③能一次完成耕、耙和平地作业，满足播种或插秧前的整地要求，可减少作业次数，节省动力，降低费用，有利于在抢收抢种中争取农时。

④旋耕机的工作部件由拖拉机动力输出轴驱动旋转，工作时产生向前的驱动力，以改善拖拉机的牵引性能，可减少拖拉机轮子在潮湿地上的下陷和打滑，因此，通过性能也较好。

⑤消耗功率大，是犁耕功率消耗的 2～2.5 倍。这是由于破碎和抛掷土壤消耗的功率较大所致。但所需的牵引功率较小。

⑥对土壤的适应性好。在潮湿而黏重的土壤上，例如，秋耕稻茬田种麦时，旋耕机能够很好地工作。这是因为所需的牵引功率较小，只要拖拉机能在田里运行，便能带动旋耕机作业。

⑦能切碎残茬、杂草和绿肥，但覆盖质量差，不利于消灭杂草。耕深较浅，一般为 12～18 cm。

一般适用于熟地的旱耕和水耕。

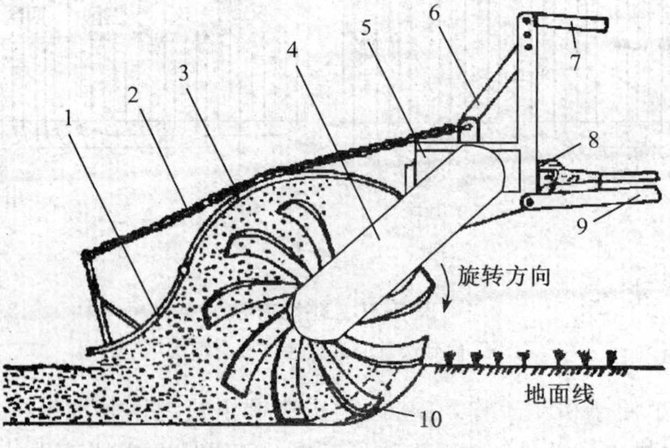

图 7-22 旋耕机工作过程

1. 平土拖板 2. 链条 3. 挡泥罩 4. 传动箱 5. 齿轮箱 6. 悬挂架 7. 上拉杆 8. 万向节 9. 下拉杆 10. 刀片

旋耕机工作时(图 7-22),刀片具有自身的回转运动和随拖拉机前进的直线运动(一般刀片端点的圆周速度约为机组前进速度的 6 倍以上)。旋耕时,刀片首先切削土壤,并将切下的土块向后抛掷与挡泥罩相撞击,使土块进一步破碎,因而碎土充分,地面平坦,一次就完成了耕耙作业。

旋耕机的碎土性能与机组前进速度和刀轴转速有关,刀轴转速一定时,机组前进速度越慢,碎土性能越好;反之,则碎土性能不好。目前国产系列旋耕机的前进速度旱耕时通常采用 0.55～0.825 m/s(即 2～3 m/h),作耕地使用时可增大到 1.4 m/h(即 5 km/h),水耕时采用 0.825～1.4 m/s(即 3～5 km/h);刀轴转速常用 190～280 r/min。

7.3.2 旋耕机的类型与一般构造

1)旋耕机的类型

旋耕机的种类很多,有与手扶拖拉机配套的,有悬挂在轮式或履带式拖拉机上的。按刀轴位置不同,可分为卧式和立式两种,卧式构造简单,耕后地面平整,国产旋耕机都采用卧式。

目前系列旋耕机按耕幅不同,分 1.00 m、1.25 m、1.50 m、1.75 m、2.00 m 和 2.25 m 六级,共 14 种型号,分别与 14.7～58.8 kW 的拖拉机配套。它们与拖拉机的连接方式有三点悬挂和直接连接两种,绝大部分机型都采用三点悬挂。直接连接式旋耕机一般用于 14.7 kW 的轮式拖拉机和手扶拖拉机上。

旋耕机一般由工作部件、传动部件和辅助部件三部分组成(图 7-23)。工作部件由刀管轴、刀片、刀座和轴头等组成(图 7-24)。传动部件由万向节、齿轮箱和传动箱(齿轮或链轮)等组成。辅助部件由悬挂架、左右主梁、侧板、挡泥板和平土拖板等组成。

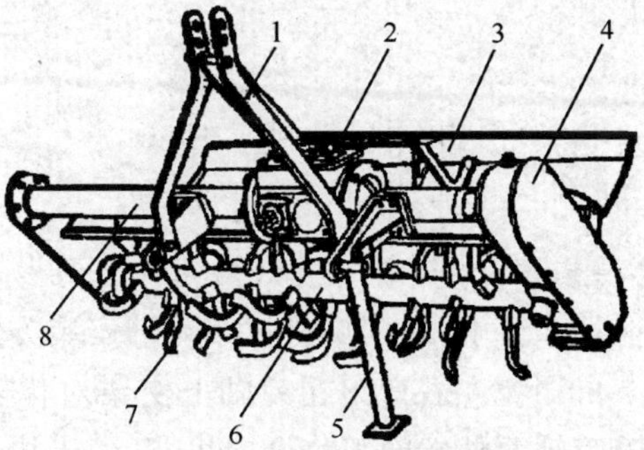

图 7-23 系列旋耕机

1.悬挂架 2.齿轮箱 3.平土拖板 4.传动箱 5.撑杆 6.刀管轴 7.刀片 8.主梁

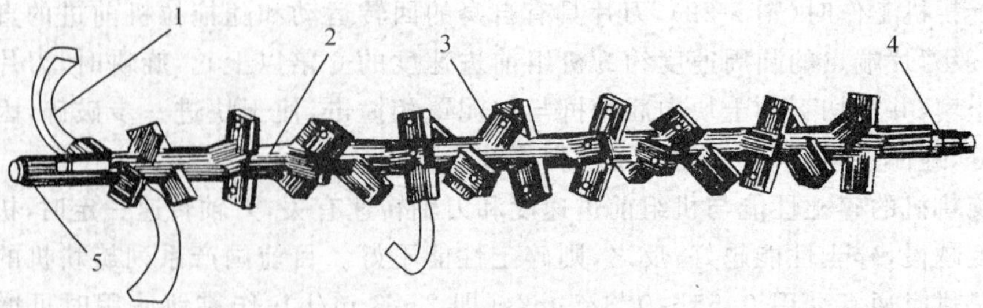

图 7-24 旋耕机工作部件

1.旋耕刀片 2.刀管轴 3.刀座 4.接头轴 5.花键轴

2)旋耕机工作部件的结构特点

刀片是旋耕机的主要工作部件,也是易损件,用螺栓固定在刀座上,刀座按螺旋线排列,焊接在刀管轴上,随它一起旋转,起切土、碎土和翻土作用。旋耕机系列形成后,刀片已定为通用零件,各机型都采用尺寸统一的刀片和统一的安装固定方式。

旋耕机的刀片可分为凿形刀片和弯刀两种(图 7-25),在系列旋耕机上都采用弯刀。为了适应耕作的需要,它分左弯刀和右弯刀两种。弯刀的刀口较长,呈弧形,有较好的碎土和翻土性能,不易缠草,但消耗功率较大。

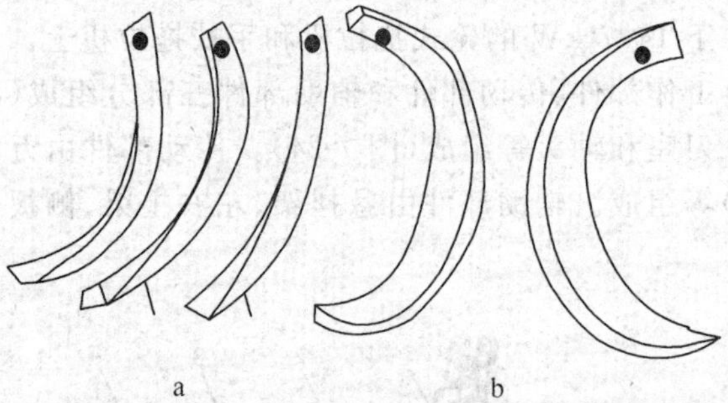

图 7-25 旋耕机刀片

a.凿形刀片 b.弯刀

7.3.3 旋耕机刀片的安装

为适应不同的农业技术要求,系列旋耕机刀片的安装方法有以下三种:

(1)交错安装(图 7-26a)。左右弯刀在刀轴上交错对称安装,即在同一截面上各装一把左、右弯刀,刀管轴两外端的刀片全向里弯,使土块不抛向两侧,以利于下趟耕作。这种装法耕后地面平整,适于耕后耙地,或以旋代耕,是常用的一种安装方法。

(2)向外安装(图 7-26b)。刀轴两外端的一把刀片都向里弯,中间的刀片都向外弯。耕后地面因中间部分的土块被抛向两侧,形成一条浅沟,适用于拆畦耕作或旋耕开沟联合作业。

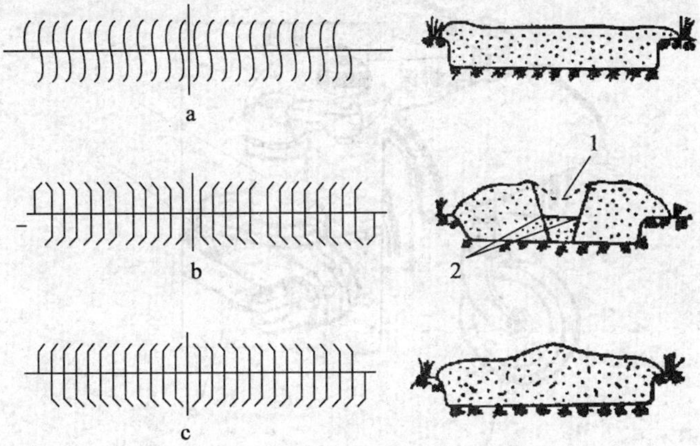

图 7-26　刀片的安装与旋耕的效果

a. 交错安装　b. 向外安装　c. 向内安装

1. 单独旋耕后的地面　2. 开沟后的形状

(3)向内安装(图 7-26c)。刀片都向刀轴中间弯,耕后中间起垄,适于作畦前的耕作,也可使机组在畦田上跨沟耕作,起填沟作用。

安装刀片应按螺旋排列的规则顺序进行,并应注意使刀片刃口与刀轴的转向一致,装好后还应全面检查。

7.3.4　旋耕机的调整

旋耕机与拖拉机挂接好以后,应进行试耕,进一步检查其安装的技术状态,并进行必要的调整,使耕深、碎土和平土等均能符合农技要求。

(1)耕深调整。手扶拖拉机旋耕机的耕深调整是改变尾轮位置的高低。松开尾轮度的夹紧手柄,上下移动尾轮的外套管(图 7-27),可在较大范围内调节耕深。在一般情况下,转动手柄,即可在小范围内调节耕深。

与轮式拖拉机配套的旋耕机,耕深由液压系统控制。

(2)水平调整。水平调整的目的是保证左右耕深一致和万向节平稳传动。三点悬挂旋耕机的水平调整与悬挂犁相同。

(3)提升高度调整。用万向节传动的旋耕机,因受万向节的倾角不能超过 30°的限制,使旋耕机不能提升过高,否则万向节本身消耗的功率会迅速增多,也容易损坏。地头转弯时,如先切断旋耕机的动力再提升,会影响工效。因此,需要在传动中提升旋耕机，但应限制提升高度，一般只要使刀尖离开地面 15～20 cm 即可转弯空行，所以，在开始耕作前，应将液压操纵手柄的最高提升位置加以限制，这样既可提高工效，又能保证安全。

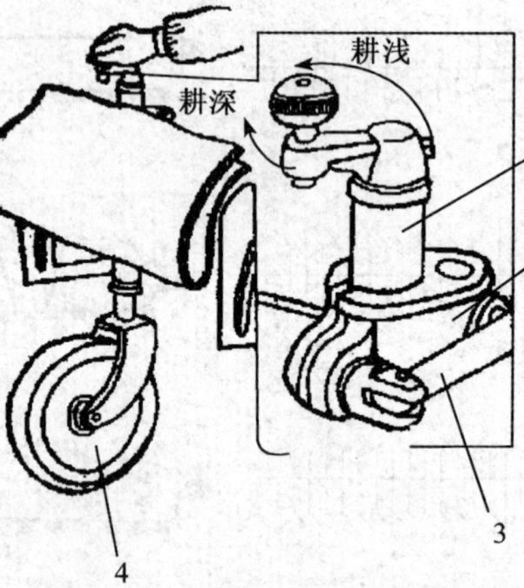

图 7-27 手扶拖拉机旋耕机调整

1.尾轮外套管 2.尾轮座架 3.夹紧手柄 4.尾轮

7.3.5 使用注意事项

(1)工作前应仔细检查各连接部分是否牢靠，特别注意刀轴和刀片是否变形，刀片是否紧固齐全，刀片有裂纹应及时更换，以免刀片飞出伤人。

(2)旋耕时应先接合动力输出轴，再挂上工作挡，应柔和松放离合器踏板，同时操纵液压升降手柄，使旋耕机刀片逐步入土，随之加大油门，直到正常耕深为止。禁止在机组起步前将旋耕机先入土或猛放入土，以免拖拉机熄火和旋耕部件损坏。

(3)地头转弯和倒车时，必须提起旋耕机，否则会使刀片变形、断裂，甚至使旋耕机损坏。

(4)旋耕时，万向节的倾角不大于±15°，地头转弯不切断动力提升时，不大于30°，并应减小油门降低刀轴转速。

(5)工作中如发现有异常响声或金属敲击声，应停车查明原因，排除故障后才能继续工作。

(6)每工作 3～4 h 应停车检查刀片是否松动或变形，紧固件有无松动。检查或排除故障时，必须停车熄火，以免发生事故。

(7)工作时，旋耕机后面和机上禁止站人。

(8)田间转移或过田埂时，应切断动力输出轴的动力，并将旋耕机升到最高位置。转移距离较远时，必须用锁紧装置将旋耕机固定住。远距离运输或转移时，应卸下万向节，并禁止在旋耕机上坐人或放置重物。

(9)停车时，应使旋耕机着地。

7.4 水田耙

7.4.1 水田耙的功用

水田耙是一种水田整地机具，它能起破碎土块、清除杂草、搅拌泥水和平整地面的作用，用于水田春、夏季的耕后耙地，以及有些双季稻地区在种植晚稻前，以耙代耕，来满足育秧和插秧的整地要求。

7.4.2 水田耙的一般构造

南方系列水田耙一般由工作部件(2～3 列耙组)、耙架、悬挂架和调节装置等组成(图 7-28)。

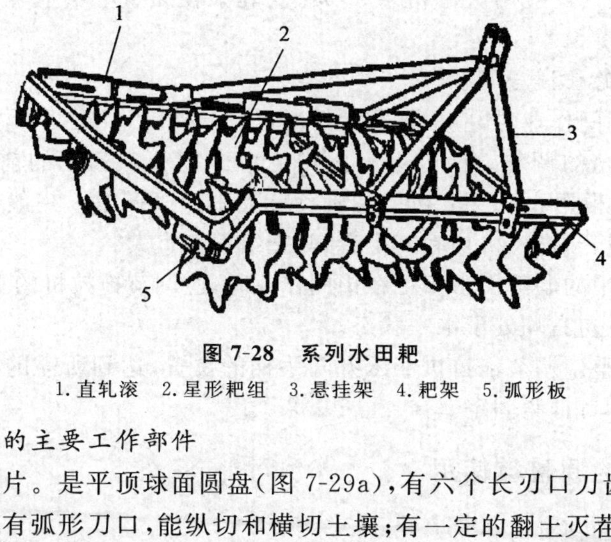

图 7-28 系列水田耙

1. 直轧滚 2. 星形耙组 3. 悬挂架 4. 耙架 5. 弧形板

7.4.3 水田耙的主要工作部件

(1)星形耙片。是平顶球面圆盘(图 7-29a)，有六个长刃口刀齿，滑切作用强，阻力小，一边磨有弧形刀口，能纵切和横切土壤；有一定的翻土灭茬作用，能使表层土壤松软，下层保持团粒结构，有利于秧苗生长发育。所以，它是水田整地部件中碎土能力较好的一种耙片。

(2)缺口圆盘耙片(图 7-29b)。有较好的翻土和切土作用，对硬地块和脱水的稻茬田适应性较强，具有一定的浅耕灭茬作用；但碎土和起浆作用不如星形耙片，阻力也较大，适于黏重土壤。

(3)轧滚。轧滚具有较强的灭茬和起浆性能，并兼有碎土、平整田面、混合土肥等作用。轧滚可分为实心直轧滚、空心直轧滚和百叶浆轧滚，其中以实心直轧滚用得较多。

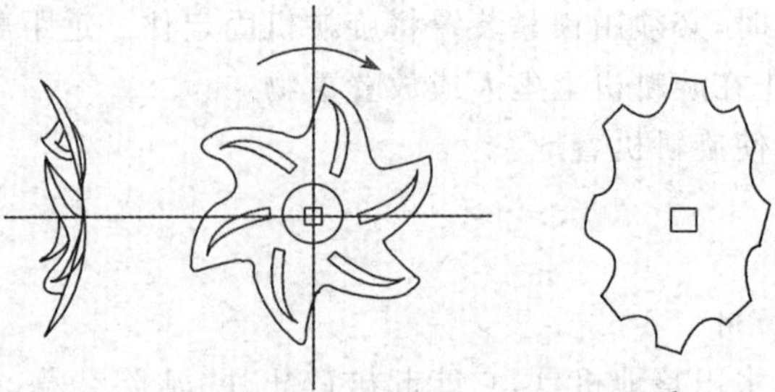

图 7-29 耙片形状

a. 星形耙片 b. 缺口圆盘耙片

实心直轧滚是将具有出水孔的直叶片分段交错焊在滚筒上，以利于泥水通过，减少黏泥和阻力，工作较平稳，且具有较强的灭茬、起浆和平整土地的性能，所以，南方系列水田耙广泛应用这种轧滚。实心直轧滚在黏重土壤上容易积泥，适用于一般土壤。

7.4.4 水田耙的挂接与调整

水田耙在田间作业时，应根据实际情况进行调整。

(1)耙组偏角的调整。南方系列水田耙中二列和三列耙的前列耙组有 5°和 10°两种偏角，可根据农技要求和拖拉机负荷大小加以调整。一般土壤较黏重，覆盖和碎土要求较严，拖拉机功率充足者，则耙组偏角宜大。

(2)耙架水平的调整。水田耙在田间作业时，应调节拖拉机的上拉杆及右提升杆，使耙架前后、左右均处于水平状态。

(3)耙深调整。调节拖拉机液压升降手柄的位置，达到所需的耙深后，再将限制手柄位置的螺钉拧紧固定。

7.5 农机具的调整与使用

7.5.1 铧式犁的调整与使用

1)牵引犁的调整

①正确调整和安装牵引装置：犁在水平面内，保证拖拉机的动力中心、犁的牵引点和阻力中心成一直线，且该直线与前进方向平行，以保证正牵引的连接状态。

②偏牵引调整：犁在作业时发现偏牵引现象，可以用平移纵拉杆改变牵引点的横向位置来调整。

③耕深调整：犁耕时，如发现地轮轮辙过深，应将牵引装置在犁架上往下移动，增大牵引线倾角，使牵引线通过阻力中心。

④耕宽调整：如犁的后部左偏，第一铧耕幅变小，整个犁耕幅加大，犁体间产生

漏耕，翻土碎土不好，犁侧板磨损加剧，则应将横拉杆上的纵拉杆向右移动，使牵引线通过阻力中心。

2)悬挂犁的调整

①轮式拖拉机轮距的调整：作业中拖拉机的轮距与犁的耕幅相适应。

②犁的入土角和入土行程的调整：当犁铧磨钝或土壤干硬不易入土时，为使犁能及时入土，可缩短悬挂机构上拉杆的长度，增大犁的入土角（一般情况下为3°～5°），缩短入土行程，而增强犁的入土性能，使犁容易入土。

③水平调整：犁架前后纵向水平是靠改变上拉杆的长度来调整，而犁架左右横向水平是靠左右提升杆的长度来调整。

④耕深调整：包括位置调整、高度调整和力调整。

⑤耕宽调整：即减少重耕和漏耕，利用曲拐轴来调整。

⑥正位调整：犁耕时，犁的纵梁平行于前进方向，第一铧耕宽不漏耕、不重耕时为正位。

⑦偏牵引调整：当机组右偏转时，将耕宽调节器右移；机组左偏转时，向左移。

3)犁的使用

①机具准备（调整）。

②耕地准备。

③耕地机组的行走方法：内翻法、外翻法、套翻法。

7.5.2　旋耕机的调整和使用

1)旋耕机的调整

①耕深调整：与手扶拖拉机配套的旋耕机的耕深调整是改变尾轮位置的高低；与轮式拖拉机配套的旋耕机的耕深调整是由拖拉机悬挂机构的液压系统控制。

②水平调整：目的是保证左右耕深一致和万向节平稳传动。三点悬挂悬耕机的水平调整与悬挂犁相同。

③提升高度调整：用万向节传动的旋耕机，万向节的倾角不能超过30°，因此，在传动中提升旋耕机时应限制提升高度，一般只要使刀尖离开地面15～20 cm即可转弯空行。

④碎土性能的调整：一般情况下，耕地头时，拖拉机可选用低挡，旋耕第二遍时可选用高挡；通常刀轴用慢挡，当要求旋耕后土壤特别细碎时，刀轴可选用快挡。

⑤罩盖的调整：一般在较潮湿的土地上作业时，可将罩盖调高些；在水田、黏土地和干燥沙灰较多的土地上作业时，可将罩盖调到最低位置。

2)旋耕机的使用

(1)正确选择和安装刀片。

①刀片类型：分为凿形刀和弯形刀，弯形刀又分为Ⅰ型刀和Ⅱ型刀。

②刀片安装方法：交错安装、向外安装、向内安装。

(2)旋耕机工作时的注意事项

①旋耕时，应先接合动力输出轴，再挂上工作挡，在柔和松放离合器踏板的同时，使旋耕机刀片慢慢入土，然后加大油门。

②禁止在拖拉机起步前先将旋耕机入土或猛放入土，以免造成发动机熄火和损坏零件。

③进入地块工作时，应使拖拉机的轮子走在未耕地上，以免压实已耕地。

(3)旋耕方法

①梭形耕法：一般用在手扶拖拉机旋耕机。

②套耕法：间隔套耕法、多区套耕法。

③回耕法：一般用于旋耕水田时用。

7.5.3 水田耙的调整与使用

水田土壤一般较黏重，耕后土垡成条，并且整地作业是在有水的情况下进行，故水田耙的调整要注意如下几点：

(1)耙片的选择。在泥脚深、烂泥多的地区，应安装只带有四个扇形小孔的耙片，该片可避免带泥、减少阻力和提高碎土能力。在泥脚浅、土黏重的地区，安装通过能力强的六角星形耙片，牵引阻力大，但碎土性能好。

(2)耙架水平调整。与悬挂犁相似。

(3)耙深调整。由拖拉机液压悬挂系统控制。

(4)机组的行驶速度。耙第一遍时应根据负荷来选择合适的行走速度，耙第二遍时可以相应提高一个挡位。

(5)耙的日常维护保养。

①作业开始前要检查各个部件，拧紧紧固螺栓，清理水田中的石块。

②作业后要及时清洗泥土，发现有损坏零件时要及时更换。

③橡胶轴承套工作 2 500～3 500 亩后需要更换新品。

7.6 农机具认识实验实习

7.6.1 悬挂犁的总体构造

(1)观察不同类型的耕地机械，了解其结构特点及工作性能、适用范围。

(2)观察悬挂犁的构造及各种型式的工作部件。

①悬挂犁由悬挂架、犁架、犁体、调整机构、限深轮等部件组成。仔细观察各部件的结构形式及连接关系，了解各部件的作用。

②仔细观察犁体的组成，各零件的名称、型式及适用范围；犁体曲面上各部位的名称及功用。并把观察结果填入表 7-1、表 7-2。

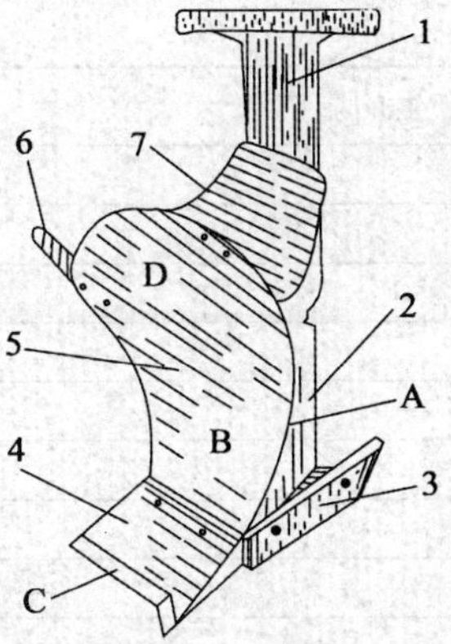

表 7-1 犁体各部位名称及功能

部位名称		功用及性能
A		
B		
C		
D		

表 7-2 犁体各零件的名称及形式

零件名称		功 用	形式与适用范围
1			
2			
3			
4			
5			
6			
7			

③了解犁体的装配要求并测量有关数据:为了减少犁体工作阻力和保证耕地质量,犁体装配必须符合技术要求:犁体表面保持光滑,沉头螺钉、犁铧接缝都不能凸出,安装犁侧板时要注意保持垂直间隙和水平间隙,以使犁体能稳定地工作。这两间隙一般是分别指犁侧板前端与沟底和沟墙的距离。

由于耕地过程中与土壤的摩擦,因而铧尖与犁侧板末端极易磨损,使这两个间隙逐渐减少,导致阻力增大,严重者甚至不能入土。因此,需经常检查,及时修复。多犁体安装时,应注意各犁体在犁架上的位置。各犁体底部都应在同一平面上,各铧之间距离相等,铧尖在同一直线上并保持正常的耕宽。

了解耕宽和间隙的测量方法,把测量结果填入表 7-3。

表 7-3 犁体的安装间隙与幅宽

犁体类型	工作幅宽(cm)	垂直间隙(mm)	水平间隙(mm)

(3)了解悬挂犁与拖拉机的连接方法,仔细研究和观察各调整部位对犁的状态有何影响,并把结果填入表 7-4。

表 7-4 悬挂犁机组的调节

调节部位	对犁的状态产生的影响	
拖拉机上拉杆	伸长	
	缩短	
拖拉机右提升杆	伸长	
	缩短	
犁的上悬挂点	高	
	低	
转动曲拐轴使右轴销	向前移	
	居中	
	向后移	
限深轮	升高	
	降低	

7.6.2 水田耙和旋耕机的构造

(1)观察水田耙的构造特点。水田耙由耙架、悬挂架、耙组和轧滚等组成。耙组由耙片、间管、轴承座、轴承和方轴组成,耙片和轧滚的型式也有很多种,其工作性能各有不同,适于不同土壤和整地要求。仔细观察水田耙各部结构并测量有关数据,把结果填入表 7-5。

表 7-5 水田耙的结构特点

项 目		结构和参数
耙的型号		
耙幅 B(m)		
耙组形式	耙组数	
	第一列	
	第二列	
耙组偏角(°)		
耙片	数量	
	直径(mm)	
	间距(mm)	
轧滚	直径(mm)	
	叶片数	
耙组结构		
轴承形式		
耙架形式		
配套动力		
适用范围		

(2)观察旋耕机的结构特点。

①旋耕机是由机架、悬挂架、传动系统、旋耕刀和旋耕刀轴、耕深调节装置、罩壳和拖板等组成,仔细观察其结构特点。

②仔细观察旋耕刀的排列特点和刀片的入土顺序,把结果填入表 7-6 并画出刀片排列和入土顺序。

表 7-6 旋耕刀片的排列

旋耕机型号	旋耕刀形式	刀片数量		螺旋线数	相位角		
		总数	同一截面刀数		同一截面刀片间	相邻刀片间	相继入土刀片间

旋耕刀片排列图:

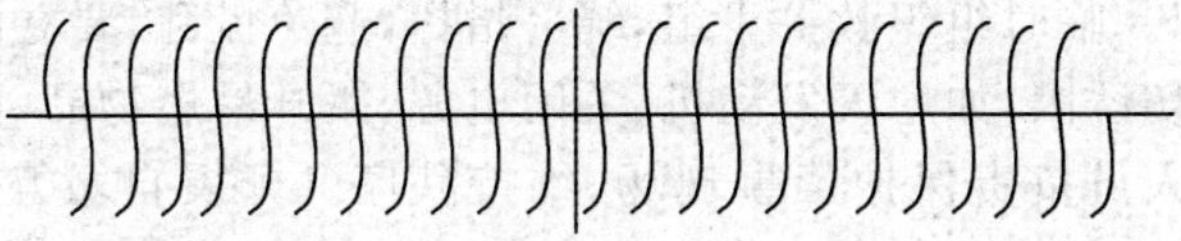

a

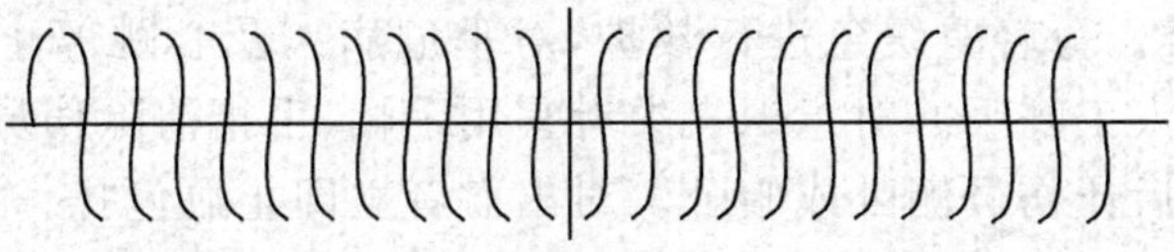

b

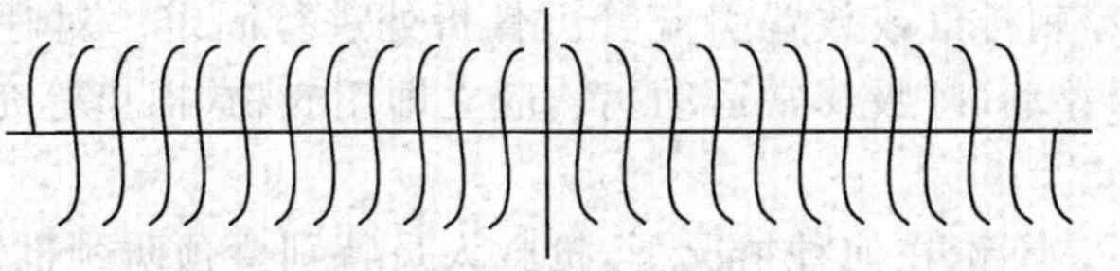

c

8 急救常识

8.1 急救常识及方法

车祸已成为当今社会公害，为城市人口死亡的四大原因之一。车祸造成的伤害大体可分为减速伤、撞击伤、碾挫伤、压榨伤及跌扑伤等，其中以减速伤、撞击伤为多。减速伤是由于车辆突然而强大的减速所致伤害，如颅脑损伤、颈椎损伤，主动脉破裂、心脏及心包损伤，以及"方向盘胸"等。撞击伤多由机动车直接撞击所致。碾挫伤及压榨伤多由车辆碾压挫伤，或被变形车厢、车身和驾驶室挤压伤害同时发生于一体。因此，伤势重、变化快、死亡率高。

8.1.1 车祸的现场急救方法

(1)现场组织。临时组织救护小组，统一指挥，避免慌乱，要立即扑灭烈火或排除发生火灾的一切诱因，如熄灭发动机、关闭电源、搬开易燃物品，同时派人向急救中心呼救。指派人员负责保护肇事现场，维持秩序。开展自救互救，做好检伤分类，以便及时救护。

(2)根据分类。分轻重缓急进行救护，对垂危病人及心跳停止者，立即进行心脏按压和口对口人工呼吸。对意识丧失者宜用手帕、手指清除伤员口鼻中泥土、呕吐物、假牙等，随后让伤员侧卧或俯卧。对出血者立即止血包扎。如发现开放性气胸，进行严密封闭包扎。伴呼吸困难张力性气胸，条件许可时，可在第二肋骨与锁骨中线交叉点行穿刺排气或放置引流管。骨折处进行固定。对呼吸困难、缺氧并有胸廓损伤、胸壁浮动(呼吸反常运动)者，应立即用衣物、棉垫等充填，并适当加压包扎，以限制浮动。

(3)正确搬运。不论在何种情况下，抢救人员特别要预防颈椎错位、脊髓损伤，须注意：

①凡重伤员从车内搬动、移出前，首先应在草地放置颈托，或行颈部固定，以防颈椎错位，损伤脊髓，发生高位截瘫。一时无颈托，可用硬纸板、硬橡皮、厚的帆布，仿照颈托，剪成前后两片，用布条包扎固定。

②对昏倒在坐椅上伤员，安放颈托后，可以将其颈及躯干一并固定在靠背上，然后拆卸座椅，与伤员一起搬出。

③对抛离座位的危重、昏迷伤员，应原地上颈托，包扎伤口，再由数人按脊柱损伤的原则搬运伤员。动作要轻柔，腰臀部托住，搬运者用力要整齐一致，平放在木板或担架上。现场急救后伤员根据轻重缓急由急救车运送。千万不要现场拦车运送危重病人，否则，由于其他车辆缺乏特殊抢救设备，伤员多半采用不正确半坐位、

半卧位、歪侧卧位等而加重伤势，甚至死于途中。

8.1.2 头部外伤急救法

在交通事故死亡者中，头部外伤占半数以上，而且60%～70%死于伤后24 h以内。掌握一定的急救知识，有很大的可能使受伤者转危为安。

1)急救措施

(1)发现受伤者，应尽快检查头部有无外伤，是否处于危险状态。最重要的是不要随便移动患者，并按以下程序迅速抢救：

①取昏睡体位：即让负伤者侧卧，头向后仰，保证呼吸道畅通。

②若呼吸停止则进行人工呼吸，若脉搏消失则进行心脏按摩。

③若头皮出血时，用干净纱布等直接压迫止血。

(2)如果头受伤后，有血液和脑脊液从鼻、耳流出，就一定要负伤者平卧，患侧向下。即左耳、鼻流出脑脊液时左侧向下，右侧流时右侧向下。如果喉和鼻大量出血，则容易引起呼吸困难，应让受伤者取昏睡体位，以使其呼吸方便。

2)注意事项

(1)受伤后光有头痛头晕，说明是轻伤；除此外还有瞳孔散大，偏瘫或者抽风，那至少是中等以上的脑伤了。

(2)脑外伤病人一旦出现频繁呕吐、头痛剧烈和神志不清等症状，那就决不可大意，应速送医院诊治。

(3)受伤后如有脑脊液流出时，最好不要用纱布、脱脂棉等塞在鼻腔或外耳道内，因为这样地引起感染。

8.1.3 胸部外伤急救法

胸部受伤，轻的只是胸壁被擦、受挫或打击，主要是胸壁痛，经过止痛、热敷、服用舒筋活血药等治疗，几天就好了；重的，可能有肋骨骨折，以及由此引起的血胸或气胸，它将引起严重的呼吸困难，以至休克，甚至死亡。

1)急救措施

(1)胸部外伤时，最危险的是每当呼吸时伤口有响声(即开放性气胸)。此时应立即用铝片或塑料片密封伤口，再用胶布固定，不让空气通过。密封时，只要把伤口封严即可，覆盖物不必太大。一时找不到密封用的铝片时，可立即用手捂住，患部向下侧卧，等待救护车。

(2)胸部发生骨折会有各种各样的情形。如相连的几根肋骨同时骨折，叫"浮动骨折"(连枷胸)。这时受伤者一定要患部向下安静地平卧。

2)注意事项

(1)如果胸部骨折只是裂纹，断端未错开，问题不大，只紧裹胸部即可。要是断端成叉，就要警惕，万一叉端又戳破了胸腔，甚至伤及血管和肺，那么，血积在胸腔里就成了血胸;肺破气泄,气积在胸腔里,就成了气胸,进而把心肺压迫向对侧。此时,应让患者向下平卧。若呼吸停止,则进行人工呼吸,注意保持呼吸道畅通,等待救护车。

(2)心、肺是维持生命的重要脏器,都位于胸腔,当胸部受伤时,要尽快地作急救处理,如密封伤口等,以防万一。

8.1.4 昏迷急救方法

昏迷是大脑中枢受到严重抑制的表现,病人意识丧失。昏迷是临床上极其严重的一种现象。

急救方法:必须严密观察,细心护理,清除病人鼻咽部分泌物或异物,保持呼吸道通畅。取侧卧位,防止痰液吸入。若无禁忌症,将病人安置在无枕平卧位。对躁动者应加强防护,防止坠地并急送医院救治。

8.1.5 休克急救方法

休克是由多种原因引起的急性循环功能不全的综合症。分为低血容量性休克、感染性休克、心源性休克、过敏性休克和神经性休克。其特征为迅速发生的精神呆滞或烦躁不安、体力软弱、四肢发冷、皮肤潮湿而苍白或有轻度发绀、脉细弱而快速、血压下降,收缩压在 10.7 kPa(80 mmHg)以下,若不及时抢救常可危及生命。

1)急救方法:

(1)尽可能少搬动或扰动病人,松懈病人衣扣,让病人平卧,头侧向一方(如心源性休克伴心力衰竭者,则应取半卧位),有严重休克的,头部放低,脚抬高;但头部受伤、呼吸困难或肺水肿者可稍微提高床头;注意保暖,但勿过热,有时可给热饮料如浓茶或姜汤一小杯;有条件的可吸氧。针刺人中、十宣穴,或加刺内关、足三里。密切观察心率、呼吸、神志改变,并做详细记录。

(2)出血,应立即止血。

(3)即送医院抢救。

附:青霉素过敏休克:一旦发生青霉素过敏休克,必须分秒必争地进行抢救,除休克的一般抢救外,可立即注射(皮下或肌肉)0.1%肾上腺素,成人一次用量为 1 mL,儿童为 0.5 mL,必要时可静脉或心内注射,若休克症状不见缓解,可每半小时重复注射一次,直至脱离危险为止。必要时送医院救治。

8.1.6 断肢(指、趾伤)急救方法

根据断肢损伤的性质,主要可分为切割性、辗压性和撕裂性三大类。切割性断肢是由锐利的刀具切割断的,其断面较整齐。辗压性断肢是由冲床冲压或火车等撕压断的,损伤部位的组织损伤较广泛而严重。撕裂性断肢是被滚动的轮带或离心机等将肢体撕断。断肢(指、趾)伤,肢体断离后,症状明显,容易诊断。

急救方法：包括止血、包扎、保藏断肢及迅速运送等四方面。

(1)现场急救时若断肢仍在机器中，切勿强行将肢体拉出或将机器倒转，以免增加损伤。应立即停止机器转动，设法拆开机器，取出断肢。

(2)创面可用无菌或清洁的敷料压迫包扎，若有大血管出血，可考虑用止血带止血，但要标明上止血带时间。

(3)如是不完全性断肢要将断处放在夹板上固定，迅速转送到有条件的医疗机构进行紧急处理。

(4)除非断肢污染严重，一般无需冲洗，用无菌或清洁敷料包扎好，可用干燥冷藏的方法保存起来，即先放入塑料袋中再放在加盖的容器内，外围以冰块(若一时无冰，则可用冰棒代替)保存，不让断肢与冰块直接接触，以防冻伤，也不要用任何液体浸泡断肢。

8.1.7 骨折急救方法

开放性骨折诊断较易，闭合性骨折其局部多有肿胀，畸形。压痛及轴心叩击痛是判断有无移位骨折及外观有无畸形骨折的重要依据。

伤处有异常活动及骨擦音是诊断骨折的确定性体征。若骨折已明确诊断则不应再做此项检查。

急救方法：

(1)肢体骨折可用夹板和木棍、竹竿等将断骨上、下方两个关节固定，若无固定物，则可将受伤的上肢绑在胸部，将受伤的下肢同健肢一并绑起来，避免骨折部位移动，以减少疼痛，防止伤势恶化。

(2)开放性骨折，伴有大出血者，先止血，再固定，并用干净布片或纱布覆盖伤口，然后速送医院救治。切勿将外露的断骨推回伤口内。若在包扎伤口时骨折端已自行滑回创口内，则到医院后，须向负责医生说明，提醒注意。

(3)疑有颈椎损伤，在使伤员平卧后，用沙土袋(或其他代替物)放置头部两侧以使颈部固定不动。

(4)腰椎骨折应将伤员平卧在硬木板(或门板)上，并将腰椎躯干及两下肢一同进行固定预防瘫痪。搬运时应数人合作，保持平稳，不能扭曲。平地搬运时伤员头部在后，上楼、下楼、下坡时头部在上，搬运中应严密观察伤员，防止伤情突变。

(5)送医院诊治。

8.2 伤员急救常识

1)急救总则

天灾人祸发生时，最先到现场的是普通的公民，随后医务人员才能赶到参加急救，而任何创伤、急症，伤病后 1 h 内死亡率极高，这是急救的"黄金 1 h"，时间就是生命。在医务人员未到急救现场之前，在急救现场的每位公民，按照本书介绍的方法进行自救和互救，就可能化险为夷，将灾难降到最低程度。

2)急救操作步骤

无论是在现场还是在医院急诊科，对伤病员的急救均需有一个预设方案（预案），熟知预设方案，就可遇事不慌。在急救中切忌手忙脚乱，不知从何处下手，抓不住主要矛盾，会失去宝贵的抢救时机。图 8-1 是现场急救的一个总方案，请牢记在心。

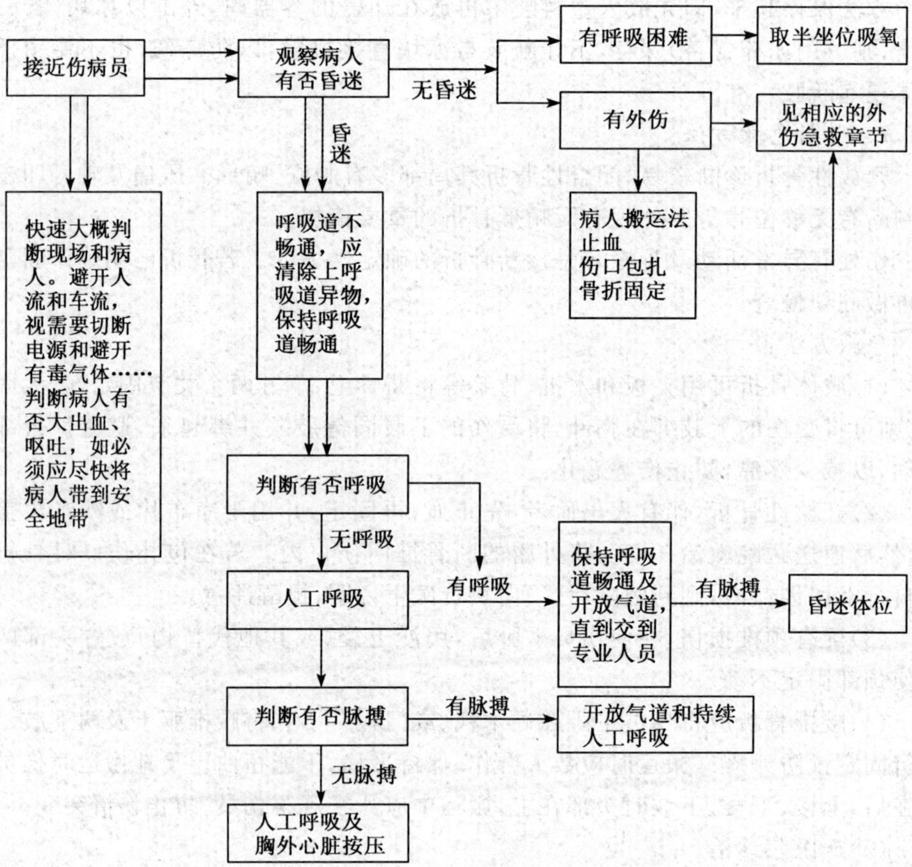

图 8-1 现场急救总方案

在紧急情况下，往往同时需要做很多事情，这时一定要分清主次，全力抢救。永远记住，紧急情况下的行动要依照以下程序进行。即评估情况、保障安全、进行急救及呼唤救援。

①评估现场情况。进行评估时必须快速，冷静控制情绪，以期能尽快了解情况。首先必须考虑自己、伤病者及旁观者是否身处险境。然后，估计现场可供应用的资源及需要何种支援。如果当时没有医生、护士或有经验的人，应冷静地负起全责。首先要问自己以下问题：

- 是否仍有危险存在？
- 伤病者是否随时有生命危险？
- 旁人能否协助急救？
- 是否需要专家协助？

②保障安全。很多时候，造成意外的起因也可能会对参与急救者产生危险。所以，应首先确保自身安全，其实，“保障安全”有时很简单，如关掉电源等。当然有时要经过很多复杂的程序，才能达到以上目的。切记不要试图兼顾太多工作而使伤者及自己身陷险境。要清楚自己能力的极限。

③处理存在的危险。如果不能消除存在的危险，应尽量与伤病者能保持一定的距离，除非必要，否则不应把伤者搬离原地。

④进行适当急救。

迅速检查和评估伤病者情况：

- 是否完全清醒？
- 是否人事不省，但仍有呼吸？
- 是否已经停止呼吸，但仍有脉搏？
- 没有脉搏。

附录 1

农机法律、法规、道路交通安全法和规章自测题

一、选择题

1.《中华人民共和国道路交通安全法》中所称的"道路"是指(　　)。

A. 高速公路、普通公路

B. 公路、城市道路和虽在单位管辖范围但允许社会机动车通行的地方,包括广场、公共停车场等用于公众通行的场所

C. 沥青公路、水泥公路、砂石公路

2.《中华人民共和国道路交通安全法》中所称的"机动车"是指(　　)。

A. 各种客车、货车、三轮车

B. 各种货运汽车、客运汽车、公共汽车

C. 以动力装置驱动或者牵引,上道路行驶的供人员乘用或者用于运送物品以及进行工程专项作业的轮式车辆

3. 凡在道路上通行的车辆驾驶人、行人、乘车人以及在道路上进行与交通有关活动的人员(　　)。

A. 都必须遵守《中华人民共和国道路交通安全法》

B. 有时可以不遵守《中华人民共和国道路交通安全法》

C. 只有车辆必须遵守《中华人民共和国道路交通安全法》

4. 车辆、行人必须各行其道。借道通行的车辆和行人(　　)。

A. 具有优先通行权

B. 应当让在其本道内行驶的车辆或行人优先通行

C. 不管在其本道内行驶的车辆或行人。

5. 驾驶车辆,必须遵守(　　)。

A. 右侧通行的原则

B. 左侧通行的原则

C. 中间通行的原则

6. 道路交通安全工作,应当遵循的原则是(　　)。

A. 严厉处罚的原则

B. 依法管理、方便群众的原则

C. 处罚与教育相结合的原则

7. 交通信号包括(　　)。

A. 交通信号灯、交通标志、交通标线和交通警察的指挥

B. 绿灯、红灯和黄灯信号

C. 直行信号、左转弯信号、停止信号

8. 交通信号灯绿灯亮时(　　)。

A. 车辆可随意通行

B. 准许车辆通行,但直行车辆须注意避让转弯车辆

C. 准许车辆通行,但转弯车辆须不得妨碍被放行的直行车辆和行人通行

9. 交通信号灯红灯亮时,在不妨碍被放行的车辆和行人通行的情况下,(　　)。

A. 右转弯的车辆可以通行

B. T形路口的直行车辆可以通行

C. 各方行驶的车辆禁止通行

10. 交通信号灯红灯亮时,车辆应(　　)。

A. 停在人行横道线上

B. 停在交叉路口以内

C. 停在停止线以外

11. 交通信号灯黄灯闪烁时,车辆、行人应(　　)。

A. 不准通行,但已越过停止线的车辆和已进入人行横道的行人可以继续通行

B. 在确保安全的原则下通行

C. 加速通行

12. 造成交通事故后逃逸的,由公安机关交通管理部门吊销机动车驾驶证,且不得重新取得机动车驾驶证的时间是(　　)。

A. 两年　　B. 十年　　C. 终生

13. 交通信号灯黄灯亮时,车辆应怎样行驶(　　)。

A. 车辆、行人迅速通行

B. 车辆、行人在确保安全的情况下可以通行

C. 不准车辆、行人通行,但越过停止线的车辆和行人可以继续通行

14. 红色叉形灯或者箭头灯亮时(　　)。

A. 禁止本车道车辆通行

B. 禁止其他车道车辆通行

C. 准许本车道车辆通行

15. 机动车所有人、管理人未按照国家规定投保机动车第三者责任强制保险

的，由公安机关交通管理部门扣留车辆至依照规定投保后，并处依照规定投保最低责任限额应缴纳(　　)的保险费的罚款。

A. 1 倍　　B. 2 倍　　C. 3 倍

16. 伪造、变造或者使用伪造、变造的机动车登记证书、号牌、行驶证、检验合格标志、保险标志、驾驶证或者使用其他车辆的机动车登记证书、号牌、行驶证、检验合格标志、保险标志的，由公安机关交通管理部门予以收缴，扣留该机动车，并处(　　)。

A. 100 元以上 200 元以下罚款

B. 200 元以上 2 000 元以下罚款

C. 2 000 元以上罚款

17. 道路交通安全法规的特有的作用是(　　)。

A. 明确管理权限、规范执法行为、调整管理关系、规范交通行为

B. 对交通违法行为实施教育和处罚

C. 指引、评价、教育、预测、强制

18. 交通安全法规定的适用范围包括对(　　)的适用。

A. 对人、道路和车辆　　B. 对时间和空间　　C. 对人和社会环境

19. 城市道路包括(　　)。

A. 公路、城市快速路、城市主干道、城市次干道、城市支线

B. 城市快速路、城市主干道、城市次干道、城市支线、胡同里巷等

C. 城市支线和干线

20. 道路交通安全法规赋予驾驶员的通行权利包括(　　)。

A. 上路通行权、优先通行权、占用道路权和确保安全权

B. 通行权、监督权、维护自身权益的权利

C. 上路通行权、通行许可权、优先通行权、借道通行权和占用道路权

21. 公安交通管理部门对驾驶人做出(　　)的处罚时，驾驶员有申请听证的权利。

A. 暂扣机动车驾驶证

B. 行政拘留

C. 吊销机动车驾驶证或较大数额罚款

22. 驾驶人对公安交通管理部门的具体行政行为有(　　)的权利。

A. 申请听证

B. 申请复核

C. 提起行政复议和行政诉讼

23. 对公安交通管理部门及其交通警察当场收缴罚款的，如不出具财政部门统一制发的罚款收据的，驾驶人(　　)。

A. 应当缴纳罚款

B. 有权拒绝缴纳罚款

C. 如对罚款处罚无异议，应当缴纳罚款

24. 机动车卖给别人须办理(　　)。

A. 注册登记　　B. 转移登记　　C. 变更登记

25. 机动车号牌和行驶证(　　)。

A. 不准转借、涂改、伪造

B. 经有关部门同意，可以暂时转借

C. 根据需要可以临时借用

26. 机动车行驶证登记项目有改变的，机动车所有者须到(　　)办理变更登记。

A. 交通支大队　　B. 车辆管理所　　C. 所在地的安全委员会

27. 机动车应按照(　　)参加定期检验。

A. 号牌尾号

B. 一年一次

C. 行驶证记载的检验有效期

28. 对旅游旺季从事旅游客运车辆的安全技术检验属于(　　)。

A. 定期检验　　B. 初次登记检验　　C. 临时检验

29. 小型微型非营运客车使用 6 年以内的，每 2 年检验一次；6 年以上 15 年以内的每年检验(　　)以上。

A. 1 次　　B. 2 次　　C. 3 次

30. 办理机动车注册登记不需要提供(　　)。

A. 停车泊位证明　　B. 身份证明　　C. 机动车来历证明

31. 机动车驾驶员(　　)。

A. 可驾驶任何机动车

B. 只准驾驶与驾驶证准驾车型相符合的车辆

C. 经领导批准可以驾驶与准驾车型不相符合的车辆

32. 持有大型货车记录驾驶证的驾驶员，不准驾驶(　　)。

A. 大型客车　　B. 小型客车　　C. 方向盘式拖拉机

33. 持有大型货车准驾记录的驾驶证人，可以驾驶(　　)。

A. 大型客车　　B. 三轮摩托车　　C. 小型客车

34. 准驾小型载客汽车(　　)小型自动挡汽车。

A. 不许驾驶　　B. 准予驾驶　　C. 可以互驾

35. 在一个违章记分周期内累积记分达到 12 分的，应当在(　　)日内到机动车驾驶证核发地公安机关交通管理部门接受审验。

A. 15　　B. 20　　C. 30

36. 小型、微型非营运载客汽车超过 15 年的，每年检验(　　)。

A. 1 次　　B. 2 次　　C. 4 次

37. 交通信号分为(　　)。

A. 交通信号灯、交通标志、交通标线和交通警察的指挥

B. 绿灯信号、红灯信号和黄灯信号

C. 直行信号、左转弯信号、停止信号

38. 绿灯表示(　　)。

A. 禁止通行　　B. 警示　　C. 准许通行

39. 红灯表示(　　)。

A. 禁止通行

B. T 形路口的直行车辆可以通行

C. 各方行驶的车辆可以通行

40. 黄灯表示(　　)。

A. 禁止通行　　B. 警示　　C. 准许通行

41. 车道信号灯绿色箭头灯亮时(　　)。

A. 准许本车道车辆通行　　B. 随便通行　　C. 加速通行

42. 车道信号灯红色叉型灯或者箭头灯亮时(　　)。

A. 准许车辆按箭头所指方向通行

B. 禁止本车道车辆通行

C. 准许车辆直行

43. 机动车和非机动车信号灯红灯亮时，(　　)。

A. 右转弯车辆不准通行　　B. 禁止车辆通行　　C. 左转弯车辆可以通行

44. 机动车和非机动车信号灯黄灯亮时(　　)。

A. 任何车辆都可以通行

B. 越过停止线的车辆可以继续通行

C. 越过停止线的车辆不可以继续通行

45. 闪光警告信号灯为持续闪烁的(　　)。

A. 黄灯　　B. 红灯　　C. 绿灯

46. 铁路道口信号灯红灯熄灭时，(　　)。

A. 准许车辆、行人通行　B. 不准许车辆通行　C. 准许左转弯

47. 交通警察直行手势信号是准许（　　）。

A. 各方车辆通行　B. 左右两方直行的车辆通行　C. 向左转弯

48. 交通警察左转弯手势信号分为（　　）。

A. 左小转弯和左大转弯信号

B. 右小转弯信号

C. 直行和左大转弯信号

49. 交通警察停止手势是示意车辆（　　）。

A. 直行　B. 停止　C. 后退

50. 交通警察发出停止手势信号时，（　　）。

A. 不准任何车辆通行

B. 已越过停止线的车辆可以通行

C. 左转弯车辆可以通行

51. 交通警察发出直行手势信号时，（　　）。

A. 不受信号影响，正常行驶

B. 不受信号限制，优先通行

C. 在不妨碍被放行车辆通行的情况下行驶

52. 交通警察示意违章车辆靠边停车手势信号，车辆应（　　）。

A. 靠边停车　B. 右转弯　C. 左转弯

53. 交通警察发出左转弯手势信号时，（　　）。

A. 准许左方的左转弯和直行的车辆通行

B. 准许右方的左转弯和直行的车辆通行

C. 左右方左转弯车辆和直行车辆都可以通行

54. 交通信号灯由（　　）。

A. 红灯、绿灯、白灯组成

B. 绿灯、黄灯组成

C. 红灯、绿灯、黄灯组成

55. 黄底、黑边、黑图案，形状为顶角朝上的等边三角形的交通标志是（　　）。

A. 警告标志　B. 禁令标志　C. 指示标志

56. 圆形、八角形、顶角朝下的等边三角形，白底、红圈、红杠、黑图案，图案压杠的交通标志是（　　）。

A. 警告标志　B. 禁令标志　C. 指示标志

57. 一般道路为蓝底、白色图案的交通标志是（　　）。

A. 警告标志　　B. 禁令标志　　C. 指路标志

58. 白底、黑图字符的交通标志是(　　)。

A. 警告标志　　B. 禁令标志　　C. 辅助标志

59. 交通标志分为两大类是指(　　)。

A. 警告标志和禁令标志　　B. 主标志和辅助标志　　C. 指示标志和指路标志

60. 会车让行标志的作用是(　　)。

A. 对方车辆让面对标志的车辆先行

B. 面对标志的车辆让对方车辆先行

C. 有让路条件的一方让对方先行

61. 圆形、方形或长方形、蓝底白图案的交通标志是(　　)。

A. 警告标志　　B. 禁令标志　　C. 指示标志

62. 警告标志的作用是(　　)。

A. 警告的车辆、行人注意危险地点

B. 警告车辆行人不准通行

C. 警告驾驶员前面有弯路

63. 指示标志的作用是(　　)。

A. 指示车辆、行人行进的标志

B. 车辆行人可以通行的方向,但车辆行人可以不按指示的方向通行

C. 车辆行人注意行驶

64. 车道分界线用来(　　)。

A. 分隔同向行驶的交通流

B. 分隔对向行驶的交通流

C. 表示车行道的边线

65. 停止线是与道路中心线相垂直的一条(　　)。

A. 白色实线　　B. 白色虚线　　C. 白色双实线

66. 道路交通标线由(　　)组成。

A. 路面标线、箭头、文字、立面标记等

B. 单实线、双实线、虚实线

C. 人行横道线、停止线、导向线

67. 中心圈作用是(　　)。

A. 区分大小转弯　　B. 区分右转弯　　C. 区分左转弯

68. 中心黄色双实线表示(　　)。

A. 车辆在对面无车的情况下可以越线行驶

B. 在对面无车的情况下可以向左转弯

C. 严格禁止车辆越线超车、向左转弯或压线行驶

69. 交叉路口有两条平行的白色虚线是(　　)。

A. 停车让行线　　B. 停车线　　C. 减速让行线

70. 道路交通标线按功能分为(　　)。

A. 白色实线和黄色实线

B. 指示标线和禁止标线

C. 指示标线、禁止标线、警告标线

71. 画于路侧或缘石上,用于禁止车辆长时在路边停放的标线为(　　)。

A. 黄色虚线　　B. 黄色实线　　C. 红色实线

72. 在画有双向两车道路面中心线的道路上,在保证安全的情况下,(　　)。

A. 允许车辆越线超车或向左转弯

B. 不准车辆越线超车或压线行驶

C. 对面车行道上无来车,可以越线行驶

73. 画于路侧或缘石上,用于禁止车辆临时或长时在路边停放的标线为(　　)。

A. 白色实线　　B. 红色实线　　C. 黄色实线

74. 道路上的白色箭头是(　　)。

A. 导向箭头　　B. 导向车道线　　C. 单向行驶

75. 左转弯导向线表示(　　)。

A. 左转弯的机动车与人行道之间的分界

B. 左转弯车辆须按标线指引的路线行驶

C. 右转弯车辆须按标线指引的路线行驶

76. 在画有(　　)的道路上,在保证安全的情况下,允许车辆跨线超车或向左转弯。

A. 中心黄色虚线　　B. 中心双实线　　C. 中心单实线

77. 中心黄色虚实线,实线一侧禁止车辆(　　)。

A. 靠边停车　　B. 向右转弯　　C. 越线超车或向左转弯

78. 车行道边缘线,用来指示机动车道的边缘,或用来划分机动车道(　　)。

A. 与机动车道的分界　　B. 与非机动车道的分界　　C. 与行人道的分界

79. 车道分界线为(　　)。

A. 黄色虚线　　B. 白色实线　　C. 白色虚线

80. 左弯待转区线是指示左弯车辆可在(　　)进入待转区,等待左转。

A. 任何时段　　B. 直行时段　　C. 右转时段

81. 停止线是表示车辆等候（　　）的停车位置。

A. 行人通行　　B. 放行信号　　C. 临时停车

82. 减速让行线表示车辆在此路口必须减速让（　　）先行。

A. 干道车辆　　B. 任何车辆　　C. 机动车

83. 停车让行线是表示车辆在此路口必须停车让（　　）先行。

A. 减速靠边　　B. 任何车辆　　C. 干道车辆

84. 导流线是表示车辆需按规定的路线行驶，不得压线或（　　）。

A. 可以越线行驶　　B. 越线行驶　　C. 任意行驶

85. 非机动车禁驶区标线用以告示（　　）在路口内禁止驶入的范围。

A. 骑车人　　B. 驾驶员　　C. 任何人

86. 网状线是用以告示驾驶人在设置本标线之交叉路口（　　）。

A. 允许停车　　B. 车辆停放位置　　C. 禁止停车

87. 禁止掉头标记设在禁止车辆（　　）的路口或区间。

A. 掉头　　B. 直行　　C. 右转弯

88. 人行横道线是表示准许行人横穿（　　）的标线。

A. 人行道　　B. 车行道　　C. 便道

89. 道路通行的四项原则是指（　　）。

A. 右侧通行、借道通行、先行通行、安全通行

B. 右侧通行、分道通行、优先通行、安全通行

C. 右侧通行、借道通行、优先通行、安全通行

90. 机动车上路通行，应当悬挂机动车号牌，放置检验合格标志、（　　），并随车携带机动车（　　）。

A. 税讫证明；行驶证　　B. 税讫证明；驾驶证　　C. 保险证明；行驶证

91. 应当报废的机动车必须及时办理（　　）。

A. 注销登记　　B. 报废登记　　C. 停驶登记

92. 驾驶机动车时，应当随身携带机动车驾驶证，应当按照驾驶证载明的（　　）驾驶机动车。

A. 准乘人数　　B. 准驾车型　　C. 载质量

93. 在没有限速交通标志、标线、道路中心线的道路上，机动车最高行驶速度为：城市道路为每小时（　　）公里，公路为每小时（　　）公里。

A. 30；40　　B. 40；50　　C. 50；60

94. 在没有限速交通标志、标线，同方向只有一条机动车道的道路，城市道路为

每小时(　　)公里,公路为每小时(　　)公里。

A. 40;60　　B. 50;70

95. 进出非机动车道、通过铁路道口、急弯路、窄路、窄桥时,机动车最高行驶时速不得超过(　　)。

A. 30 公里　　B. 40 公里　　C. 50 公里

96. 遇沙尘、冰雹、雨、雪、雾天能见度在 50 米以内时,机动车最高行驶时速不得超过(　　)。

A. 20 公里　　B. 30 公里　　C. 40 公里

97. 在(　　)行驶时,不得超车。

A. 时速超过 60 公里

B. 在没有划分车道的道路上

C. 前车为执行紧急任务的警车、消防车、救护车、工程救险车

98. 机动车超车时,应当提前开启(　　)、变换使用远、近光灯或者鸣喇叭。

A. 报警闪光灯　　B. 左转向灯　　C. 右转向灯

99. 在没有道路中心线或者同方向只有一条机动车道的道路上,前车遇后车发出超车信号时,在条件许可的情况下,应当(　　)。

A. 降低速度、靠右让路　　B. 降低速度、边停车　　C. 保持速度、注意安全

100. 夜间应当在距相对方向来车(　　)以外使用近光灯,在窄路、窄桥与非机动车会车时使用近光灯。

A. 100 米　　B. 150 米　　C. 200 米

101. 在铁路道口、(　　)、急弯、陡坡、隧道或者容易发生危险的路段以及有禁止掉头或者禁止左转弯标志、标线的地方,不得掉头。

A. 人行横道、胡同　　B. 弯路、胡同　　C. 人行横道、桥梁

102. 铁路道口、(　　)、桥梁、急弯、陡坡或者隧道中不得倒车。

A. 交叉路口、单行路　　B. 交叉路口、胡同　　C. 人行横道、单行路

103. 机动车进入环形路口时,(　　)。

A. 进路口的先行　　B. 让已在路口内的车先行　　C. 有条件的先行

104. 机动车行经有交通信号灯控制的交叉路口,向右转弯遇有同车道前车正在等候放行信号时,(　　)。

A. 应从左或右绕行迅速通过路口

B. 鸣喇叭示意前车让路

C. 依次停车等候

105. 通过没有交通信号灯控制也没有交通警察指挥的交叉路口,转弯的机动

车让直行的车辆、行人先行。相对方向的车辆应(　　)。

A. 右转弯的机动车让左转弯车辆先行

B. 左转弯让右转弯先行

C. 保证安全的原则下,不分先后

106. 有交通信号控制的路口,遇放行的信号时,(　　)。

A. 可以行驶

B. 依次通过

C. 保证安全的原则下,不分先后

107. 转弯车辆应开启转向灯,夜间行驶开启(　　)。

A. 远光灯　　B. 示廓灯　　C. 近光灯

108. 通过没有交通信号灯控制也没有交通警察指挥的交叉路口,(　　)。

A. 有交通标志、标线控制的,让优先通行的一方先行

B. 保证安全,不分先后

C. 左转弯的让右转弯的先行

109. 通过没有交通信号灯、交通标志、标线控制也没有交通警察指挥的交叉路口,在进入路口前停车瞭望,让(　　)道路的来车先行。

A. 前方　　B. 右方　　C. 左方

110. 通过有交通信号灯控制的交叉路口时,(　　)。

A. 遇停止信号时,依次停在停止线以外,没有停止线的,停在路口以外

B. 左转弯的机动车让右转弯的车辆先行

C. 速度快的先行

111. 在(　　)时,机动车最高时速不得超过 30 公里。

A. 窄路　　B. 居民居住区　　C. 单位院内

112. 前方交叉路口交通阻塞时,机动车应当(　　)等候。

A. 依次停在路口以内　　B. 依次停在路口以外　　C. 立即停车

113. 车辆通过铁路道口,遇有两个红灯交替闪烁或者一个红灯亮时,车辆、行人应(　　)。

A. 加速通过　　B. 减速瞭望　　C. 禁止通行

114. 车辆通过铁路道口,红灯熄灭时,车辆、行人(　　)。

A. 禁止通过　　B. 待红灯亮时通过　　C. 允许通过

115. 车辆通过铁路道口,载运超限物品时,(　　)。

A. 须按当地铁路部门指定的道口、时间通过

B. 须按当地公路管理部门指定的道口、时间通过

C. 须按当地公安机关指定的道口、时间通过

116. 装载时不得(　　)载运物。

A. 遗洒、飘散　　B. 气体、易爆　　C. 流漏、散落

117. 中型载货汽车高度从地面起不得超过(　　)米。

A. 3　　B. 4　　C. 5

118. 除了重型、中型载货汽车、半挂车、载运集装箱的车辆以外，其他载货的机动车载物，高度从地面起不得超过(　　)米。

A. 1.5　　B. 2.5　　C. 3.5

119. 摩托车载物高度从地面起不得超过(　　)米，长度不得超出车身(　　)米。两轮摩托车载物宽度左右各不得超出车把(　　)米。

A. 1.5;0.2;0.15　　B. 1.5;0.1;0.2　　C. 1.5;0.15;0.25

120. 载客汽车除车身外部的行李架和内置的行李箱外，不得载货，载客汽车行李架载货，从车顶起高度不得超过(　　)米，从地面起高度不得超过(　　)米。

A. 0.5;3　　B. 0.4;4　　C. 0.5;4

121. 摩托车后座不得乘坐未满(　　)周岁的未成年人。

A. 10　　B. 12　　C. 14

122. 机动车行驶中，遇(　　)不得超车。

A. 前方车辆左转弯时　　B. 前方车辆停车时　　C. 前方车辆右转弯时

123. 在没有中心隔离设施或者没有中心线的道路上，会车时须距对面来车(　　)以外使用近光灯。

A. 100 米　　B. 150 米　　C. 50 米

124. 机动车在道路上发生故障，需要停车排除故障时，驾驶人应当立即开启(　　)。

A. 危险报警闪光灯　　B. 示廓灯和后位灯　　C. 防雾灯

125. 用软连接牵引装置时，牵引车与被牵引车安全距离应当(　　)。

A. 大于 6 米小于 10 米　　B. 大于 4 米小于 10 米　　C. 大于 4 米小于 6 米

126. (　　)不得牵引车辆。

A. 小型汽车　　B. 大型汽车　　C. 摩托车

127. 不得牵引车辆或者被其他车辆牵引的机动车是(　　)。

A. 摩托车　　B. 大型汽车　　C. 小型汽车

128. 对转向系或者照明、信号装置失效的故障机动车，应当使用(　　)。

A. 专用清障车拖曳　　B. 警车拖曳　　C. 吊车拖曳

129. 临时停车时要紧靠道路(　　)停放，驾驶人(　　)离开机动车。

A. 左侧;不得　B. 右侧;可以　C. 右侧;不得

130.(　　),不得停车。

A. 人行横道、施工地段　B. 人行横道、交通繁华路段　C. 交通繁华、堵塞路段

131. 交叉路口、铁路道口、急弯路、宽度不足(　　)米的窄路、桥梁、陡坡、隧道以及距离上述地点(　　)米以内的路段,不得停车。

A. 4;60　B. 5;40　C. 4;50

132. 公共汽车站、急救站、加油站、消防栓或者消防队(站)门前以及距离上述地点(　　)米以内的路段,除使用上述设施的机动车外,其他机动车不得停车。

A. 30　B. 20　C. 50

133. 驾驶机动车时,不得连续超过 4 小时不停车休息或者停车休息时间少于(　　)分钟。

A. 30　B. 20　C. 45

134. 驾车时不得拨打接听手持电话、(　　)等妨碍安全驾驶的行为。

A. 说话　B. 单手扶把　C. 观看电视

135. 高速公路具有车速高、通行能力大、全封闭、汽车专用的优点。其中最显著的特点,也是高速公路同其他道路的根本区别是(　　)。

A. 车速高　B. 全封闭　C. 汽车专用

136. 机动车在高速公路上行驶时,标明的最高时速不得超过(　　)公里,最低时速不得低于(　　)公里。

A. 130;70　B. 120;60　C. 110;50

137. 在高速公路上,同方向有 3 条以上机动车道的,最左侧车道的最低车速为每小时(　　)公里。

A. 90　B. 100　C. 110

138. 在高速公路上行驶时,(　　)最高时速不得超过 120 公里,其他汽车不得超过 100 公里。

A. 大型载客汽车、小型客车

B. 小型载客汽车、拖拉机

C. 小型载客汽车、摩托车

139. 机动车进入高速公路起点后,应当尽快将时速提高到(　　)公里以上。

A. 70　B. 60　C. 50

140. 机动车在高速公路上行驶,时速为 100 公里时,应当与同一车道前车保持(　　)米以上的距离。

A. 120　B. 100　C. 80

141. 在高速公路上，能见度小于(　　)米时，应当开启雾灯、近光灯、示廓灯和前后位灯，时速不得超过(　　)公里，与同一车道前车保持 100 米以上的距离。

A. 100；60　　B. 200；60　　C. 300；60

142. 在高速公路上，能见度小于 100 米时，应当开启雾灯、近光灯、示廓灯和前后位灯和危险报警闪光灯，车速不得超过每小时(　　)公里，与同车道前车保持(　　)米以上的距离。

A. 50；40　　B. 40；50　　C. 60；50

143. 在高速公路上，能见度小于(　　)米时，应当开启雾灯、近光灯、示廓灯和前后位灯和危险报警闪光灯，时速不得超过 20 公里，并从最近的出口尽快驶离高速公路。

A. 30　　B. 40　　C. 50

144. 机动车在高速公路上发生故障难以移动时，应当持续开启危险报警闪光灯，并在来车方向(　　)以外设置警告标志。

A. 150 米　　B. 120 米　　C. 100 米

145. 机动车在高速公路上行驶的最低车速不得低于每小时(　　)公里。

A. 40　　B. 50　　C. 60

146. 高速公路上同方向有 3 条以上机动车道的，最左侧车道的最低车速为每小时(　　)公里，中间车道的最低车速为每小时(　　)公里。

A. 100；90　　B. 120；100　　C. 110；90

147. 小型载客汽车只能牵引旅居挂车或者总质量(　　)千克以下的挂车。

A. 700　　B. 800　　C. 900

148. 当事人自行处理的交通事故包括(　　)。

A. 未造成人身伤亡，当事人对事实及成因无争议的事故

B. 仅造成轻微财产损失，但基本事实不清，双方有争议的事故

C. 仅造成一人死亡的事故

149. 公安机关交通管理部门自勘查现场后，(　　)日内作出交通事故认定书。

A. 10　　B. 20　　C. 30

150. 当事人对交通事故损害赔偿有争议，各方均同意请求公安交通管理部门调解的，在收到交通事故认定书后应在(　　)内提出书面调解申请。

A. 5 日　　B. 10 日　　C. 15 日

151. 公安交通管理部门办理交通事故损害赔偿争议的调解期限为(　　)。

A. 10 日　　B. 20 日　　C. 30 日

152. 机动车之间发生事故，一方有过错的由(　　)赔偿责任。

A. 保险公司全部承担　B. 当事各方平均承担　C. 有过错的一方承担

153.发生交通事故后，当事人逃逸或者故意破坏、伪造现场、毁灭证据，(　　)责任。

A.承担全部　B.因无法查清事实不承担　C.承担一部分

154.发生交通事故造成人员死亡的，必须立即停车、保护现场、抢救伤者，同时应(　　)。

A.与对方当事人核对事故事实

B.迅速报告公安交通管理部门，等候处理

C.与对方协商损害赔偿问题

155.夜间发生交通事故车辆妨碍交通的应在车后(　　)米设置警告标志。

A.10 米　B.50 米　C.100 米

156.机动车与非机动车驾驶人、行人之间发生交通事故的，有证据证明非机动车驾驶人、行人违反道路交通安全法律、法规，机动车驾驶人已经采取必要措施的，(　　)责任。

A.机动车承担全部　B.减轻机动车一方的　C.机动车不承担

157.对交通事故致伤的，调解从(　　)起开始。

A.事故发生后 5 日　B.治疗终结或定残之日　C.事故发生后 20 日

158.对违反刑事法律规定所应承担的法律责任称为(　　)。

A.刑事法律责任　B.民事法律责任　C.行政法律责任

159.按照《刑法》第 133 条规定，交通运输肇事后逃逸的，处(　　)有期徒刑。

A.3 年以上 7 年以下　B.7 年以上 15 年以下　C.3 年以下

160.道路交通违法行为是指(　　)，违反道路交通管理法规，扰乱道路交通秩序，妨碍道路交通安全和畅通，侵犯他人合法交通权益，依法应受公安机关处罚的行为。

A.在道路上行驶的人

B.机动车、行人、乘车人

C.从事道路交通活动或进行与道路交通有关活动的单位、个人

161.道路交通违法行为构成的主观方面包括(　　)。

A.主观过错　B.过失和意外　C.故意和过失

162.交通违法行为的客体是道路交通违法行为侵犯的(　　)。

A.正常交通秩序和交通安全畅通

B.机动车、行人、乘车人的交通权益

C.道路交通安全法规

163. 以下是对交通违法行为的分类,按照违法行为表现形式分类的是(　　)。

A. 违反路面行驶规定的违法行为、违反车辆管理规定的违法行为等

B. 行驶违法、占路违法、车辆设备违法、车辆装载违法、停车违法

C. 轻微违法、一般违法、严重违法

164. 实施警告处罚的条件是(　　)。

A. 违法行为情节轻微,未影响道路通行的

B. 对道路通行造成危害的

C. 违法行为情节较为严重的

165. 下列措施中,(　　)是属于行政处罚措施。

A. 扣留驾驶证　　B. 暂扣驾驶证　　C. 收缴车辆、号牌

166. 下列行政处罚种类中,较为常用的是(　　)。

A. 警告　　B. 拘留　　C. 罚款

167. (　　)是最为严厉的一种处罚。

A. 吊销驾驶证　　B. 没收违法所得　　C. 行政拘留

168. 当事人应当自收到罚款的行政处罚决定书之日起(　　)日内,到指定的银行缴纳罚款。

A. 3　　B. 7　　C. 15

169. 对到期不缴纳罚款的,每日按罚款数额的(　　)加处罚款。

A. 1%　　B. 3%　　C. 10%

170. 对逾期不来接受处理,且经公告(　　)仍不来接受处理的,公安交通管理部门对扣留机动车、非机动车依法处理。

A. 1 个月　　B. 3 个月　　C. 6 个月

171. 饮酒后驾驶机动车的,处暂扣(　　),并处二百元以上五百元以下罚款。

A. 1 个月以下驾驶证

B. 3 个月以上驾驶证

C. 1 个月以上 3 个月以下机动车驾驶证

172. 醉酒后驾驶机动车的,由公安机关交通管理部门约束至酒醒,处十五日以下拘留和暂扣三个月以上六个月以下机动车驾驶证,并处(　　)罚款。

A. 200 元以下　　B. 500 元以下　　C. 500 元以上 2 000 以下

173. 饮酒后驾驶营运机动车的,处暂扣三个月机动车驾驶证,并处五百元罚款;醉酒后驾驶营运机动车的,由公安机关交通管理部门约束至酒醒,处(　　)拘留和暂扣六个月机动车驾驶证,并处(　　)罚款。

A. 10 日以下;500 元　　B. 15 日以下;1 000 元　　C. 15 日以下;2 000 元

174. 一年内醉酒后驾驶营运机动车的行为，被处罚两次以上的，吊销机动车驾驶证，(　　)年内不得驾驶营运机动车。

A. 2　　B. 3　　C. 5

175. 机动车非法安装警报器、标志灯具，公安交通管理部门可以强制拆除，予以(　　)。

A. 扣留　　B. 收缴　　C. 没收

176. 车辆例行保养必须保持轮胎气压正常，检查轮胎外表，(　　)。

A. 清除胎纹间杂物　　B. 轮胎换位　　C. 清洗轮胎

177. 启动发动机察听有无异响，发动机各(　　)工作正常，否则应排除故障后方可出车。

A. 部位　　B. 仪表　　C. 线路

178. 夜间会车时使用近光灯的科学原理：(　　)。

A. 人需要明、暗适应的过程

B. 灯光亮度有限

C. 障碍物影响

179. 人的反应能力表现在(　　)。

A. 年龄的大小

B. 光线的明暗程度

C. 反应时间的快慢和反应动作的准确程度

180. 体内酒精完全代谢需要的时间是(　　)。

A. 5 小时以下　　B. 5～10 小时　　C. 10～20 小时

181. 在高速路行车，造成爆胎的原因是(　　)。

A. 气压过高　　B. 气压过低　　C. 气压过低或过高

182. 在高速公路行车，要同前车保持必要的(　　)。

A. 行驶速度　　B. 安全距离　　C. 横向间距

183. 借道行驶的车辆变更车道时(　　)。

A. 须加速行驶，尽快变更车道

B. 须查明情况，确认安全后，开转向灯变更车道

C. 须减速慢行不必急于变更车道

184. 在窄路和胡同内会车时应(　　)。

A. 加速通过　　B. 中速行驶　　C. 减速靠右通过

185. 车辆行经下坡道路时，应运用(　　)控制车速。

A. 发动机　　B. 脱挡滑行　　C. 熄火滑行

186. 驾驶车辆上坡时，坡度越陡，选用挡位越(　　)。

A. 低　　B. 适中　　C. 高

187. 驾驶汽车通过较长而陡的下坡路应(　　)。

A. 不制动　　B. 连续制动　　C. 断续制动

188. 在下坡道上临时停车时，(　　)。

A. 应使发动机熄火，拉紧手制动器，将变速杆挂入倒挡

B. 应使发动机熄火，将变速杆挂入一挡

C. 拉紧手制动器，可以不熄火，将变速杆放在空挡

189. 汽车在行驶中，当前方突然发生危险情况时，为了保证安全必须运用(　　)，使汽车在最短的距离内停车。

A. 手制动　　B. 紧急制动　　C. 气压制动

190. 驾车通过傍山险路时，应(　　)，双手把稳方向盘，谨慎驾驶。

A. 高速行驶　　B. 低速行驶　　C. 中速行驶

191. 车辆进入隧道时，(　　)。

A. 鸣喇叭，迅速行驶

B. 适当减速行驶，并开前照灯

C. 保持车速，多鸣喇叭行驶

192. 汽车涉水应(　　)。

A. 高速通过　　B. 低挡加油通过　　C. 低挡平稳通过

193. 车辆涉水时，制动盘鼓可能受到水的浸泡，制动效能降低。出水后，驾驶员应该在条件好的路段上(　　)，以保证制动。

A. 使用制动器，排干水分

B. 停车晾晒

C. 拆下制动盘鼓，擦干水分

194. 车辆涉水后，制动性能比原来(　　)。

A. 差　　B. 相同　　C. 强

195. 在泥泞的路段行车时，应选择较好的路面行驶，防止产生(　　)，避免发生事故。

A. 滑溜　　B. 侧滑　　C. 走动

196. 车辆在泥泞道路上行驶，遇有车轮空转打滑应(　　)。

A. 加大发动机转速

B. 向左或右打方向，再前进

C. 挖去泥浆铺上沙石草木

197. 车辆通过较大坑洼或较宽沟槽时应(　　)。

A. 加速驶入　　B. 减速驶入　　C. 脱挡驶入

198. 行驶中遇侧向风较大时,驾驶员应(　　)。

A. 加速通过　　B. 挂低速挡通过　　C. 把稳方向盘,避免跑轮

199. 雨天驾驶车辆视线不清道路滑湿,行人和非机动车(　　)失常,应降低行驶速度,尽量避免紧急制动。

A. 精神　　B. 动态　　C. 行驶

200. 由于连雨天气,路基长时间被冲刷,可能会出现(　　)和堤坡坍塌现象,因而应选择公路中间坚实的路面行驶。

A. 牢固　　B. 疏松　　C. 流失

201. 遇有大暴雨或特大暴雨时,应选择安全地点停车,并开启(　　)示意来往车辆。

A. 雾灯　　B. 示廓灯　　C. 近光灯

202. 雾天驾驶车辆,要靠右行,与车辆及行人保持充分的(　　)距离。

A. 安全　　B. 很大　　C. 很小

203. 顺风时,遇非机动车速度较快时,(　　)。

A. 加速超过　　B. 不与之争道抢行　　C. 迫使其减速

204. 雾天能见度低,适当控制车速,(　　)。

A. 严禁超车　　B. 可以超车　　C. 超车时必须鸣喇叭

205. 机动车在雾天行驶时,须开(　　)。

A. 前照灯、示廓灯、后位灯、雾灯、危险报警闪光灯

B. 示廓灯、雾灯

C. 雾灯、危险报警闪光灯

206. 车辆在结冰的路面上由于附着系数(　　),极易产生滑移。

A. 很小　　B. 很大　　C. 很少

207. 车辆在结冰的路上行驶,应在(　　)上安装防滑链,以增强附着性能。

A. 被动轮　　B. 从动轮　　C. 驱动轮

208. 在雨雪天气或结冰的道路上会车时应(　　)。

A. 靠右慢慢通过　　B. 停车避让　　C. 稳住车速,不要惊慌

209. 在冰雪道上行驶,遇有情况需要减速时,(　　)。

A. 应紧急制动　　B. 应换低速挡控制车速　　C. 应用手制动器

210. 在冰雪道路上应(　　)。

A. 猛打方向盘　　B. 避免猛打方向盘　　C. 不要打方向盘

211. 在冰路上行驶时，应保持中速或低速行驶，(　　)猛抬离合踏板或急踏加速踏板。

A. 允许　　B. 禁止　　C. 适当

212. 在冰路上行车，应充分利用(　　)的牵制作用降速。

A. 发动机　　B. 手制动器　　C. 脚制动器

213. 在冰路行驶与前车的安全距离一般在(　　)以上。

A. 30 米　　B. 15 米　　C. 50 米

214. 夜间行车时，突然全车灯光熄灭，应当(　　)。

A. 立即靠边停车

B. 减速慢行

C. 将头伸出车外看清路面再定

215. 夜间行驶在没有民警指挥的交叉路口时，可用(　　)灯示意其他车辆或行人注意。

A. 转向灯　　B. 变换远近光　　C. 危险报警灯

216. 夜间会车时应(　　)。

A. 开远光灯　　B. 开近光灯　　C. 关掉大灯

217. 机动车夜间会车时，先关闭远光灯，改用近光灯，如遇对方车辆持续使用远光灯行驶，驾驶员应(　　)。

A. 鸣喇叭，示意对方车辆关灯

B. 打开远光灯，以保持良好的照明

C. 将车停在道路右边关闭大灯、改用小灯，待其通过后，再继续行驶。

218. 车辆行驶中灯光照射距离(　　)时，表明汽车已驶近上坡道处。

A. 由近变远　　B. 由远变近　　C. 逐渐消失

219. 车辆行驶中，灯光照射距离(　　)时，表明车辆正在驶入下坡道。

A. 由近变远　　B. 由远变近　　C. 逐渐消失

220. 夜间行车，如全车灯光突然熄灭，应当(　　)。

A. 减速慢行　　B. 修复后再行驶　　C. 尽快找到修理厂维修

221. 紧急制动时，双手紧握转向盘，果断抬起加速踏板，迅速(　　)踏下制动踏板。

A. 用力　　B. 缓慢　　C. 加力

222. 行车中忽遇轮胎爆裂应当(　　)。

A. 抢挡减速　　B. 把稳方向，平稳停车　　C. 紧急制动

223. 行车中突遇对方车辆强行超车，占据自己的车道，较好的处理办法是(　　)。

A. 立即停车

B. 应用灯光等方法示意他让出车道

C. 尽可能让出车道，让其先行

224. 行车中，遇警车及其护卫的车队时应（　　）。

A. 快速行驶，超过车队

B. 找车队的空隙行驶

C. 礼让车队，不穿插、不超越

225. 在交通管制路线行驶时，不驶入（　　），不随便停车，不随意掉头。

A. 民警已腾清的车道　　B. 第一条车道　　C. 第二条车道

226. 发动机润滑系内的油面必须保持适当高度，检查油面高度时，应把车停在平坦的地方，并在发动机（　　）进行。

A. 未启动之前　　B. 熄火 5 分钟后　　C. 启动时

227. 车辆静止时，检查发动机机油油平面，从机油尺刻度表示不要低于（　　）。

A. 1/3～3/5　　B. 1/2　　C. 1/4～2/3

228. 在离合器结合的情况下，为了使发动机的动力不能传递给驱动轮，必须将变速器的变速杆置于（　　）。

A. 前进位置　　B. 空挡位置　　C. 倒挡位置

229. 车辆变速器下列各挡位中发出扭力最大的挡位是（　　）。

A. 五挡　　B. 三挡　　C. 一挡

230. 车辆各轮胎气压不一致，最严重的情况是造成（　　）。

A. 轮冠中部加剧磨损　　B. 车辆行驶油耗增大　　C. 操纵失控

231. 如果轮胎外胎胎侧顺线裂口，应当（　　）。

A. 放气减压　　B. 及时换胎　　C. 给内胎充气

232. 水温表是用来指示发动机内部的（　　）工作情况。

A. 节温器　　B. 冷却系　　C. 散热器

233. 燃油表用来指示油箱中油量的多少，它与（　　）连成电路。

A. 传感器　　B. 电阻　　C. 副油箱

234. 车速里程表由车速表和里程表两部分组成，指示（　　）。

A. 行车速度和计算里程　B. 行驶速度和累计里程　C. 计算时速

235. 驾驶员每天在出车前、行驶中、收车后针对汽车使用情况所做的维护为（　　）。

A. 走合维护　　B. 日常维护　　C. 一级维护

236. 机动车出车前检查(　　)内的水量及风扇、水泵等有无松旷漏水。

A. 散热器　　　　B. 发动机　　　　C. 水管

二、判断题：

1. 运动速度越快，动视力越弱。(　　)

2. 夜间行车，保持中速行驶和按规定使用灯光是保证安全的两个重要方面。(　　)

3. 检查伤员心跳、脉搏情况，儿童、成人触摸颈动脉，婴儿触摸肱动脉。(　　)

4. 遇伤人较多的现场，优先抢救处于昏迷状态、大出血、呼吸困难、肠管等脏器脱出的伤员。(　　)

5. 对有呼吸、心脏停止跳动的伤员，应立即进行人工呼吸并做胸外心脏按压。(　　)

6. 对呼吸困难的伤员，应解开伤员的领带、衣领扣和腰带。(　　)

7. 给伤员包扎伤口和止血时，可用厚棉垫、纱布、止血带或用毛巾、手帕、领带等代用。(　　)

8. 四肢骨折有骨外露，一定要还纳并固定。(　　)

9. 不要还纳脱出体外的肠管、膜等脏器。(　　)

10. 搬运颈椎伤骨折的伤员时，应一人负责牵引伤员头颈部，两人位于伤员的一侧，单膝跪在其腰部、膝部，第四名救护者位于伤员的另一侧，单膝跪在臀部，两臂伸向伤员臂下，握住对方救护员分别抱住肩、背部、臂部、膝部，同时站立，抬起伤员。(　　)

11. 胸、腰椎骨折后，不能随意移动伤员，应依照伤后的姿势做固定，稳定于与伤员身高相当的木板或硬质担架上搬运。(　　)

12. 搬运胸、腰椎损伤的伤员时，可用软质担架。(　　)

13. 应在医务人员到达现场前转送危重昏迷的伤员。(　　)

14. 不要在伤员的烧伤创面及伤口上随便用药，不能涂油，不能弄破水泡。(　　)

15. 发动机的作用是将燃料燃烧的热能转变为机械能，为驱动汽车行驶提供动力。(　　)

16. 一般汽车的传动系主要是由离合器、变速器、万向节、传动轴和驱动桥等组成。(　　)

17. 变速器的作用是使发动机与传动系平稳结合或彻底分离，便于起步和换挡，并防止传动系超过承载。(　　)

18. 行驶系由车架、车桥、悬架和车轮等部分组成。(　　)

19.转向系的作用是在驾驶员的操纵下改变或保持汽车行驶的方向。(　　)

20.机动车分类可按照规格术语分为五种,即汽车、摩托车、农用运输车、拖拉机和挂车。(　　)

21.两轮摩托车分为两种:即普通摩托车和轻便摩托车。(　　)

22.尚未登记的机动车取得临时通行牌证的可以临时上道路行驶。(　　)

23.发生交通事故逃逸被吊销机动车驾驶证的,终身禁止申领驾驶证。(　　)

24.车辆更换车架,须到交通队办理登记手续。(　　)

25.申领临时号牌的车辆须符合国家安全标准。(　　)

26.以欺骗、贿赂等不正当手段取得的机动车驾驶证被收缴后未满3年的不得申请驾驶证。(　　)

27.车辆更换发动机,无须事先向车辆管理所申报。(　　)

28.办理机动车转移登记的车辆必须在检验合格有效期之内。(　　)

29.被吊销机动车驾驶证未满两年的可以申请机动车驾驶证。(　　)

30.道路交通安全法规具有调整对象的广泛性、内容具有技术性和科学性、适用范围的社会性。(　　)

31."道路"是指公路、城市道路和虽在单位管辖范围但允许社会机动车通行的地方,包括广场、公共停车场等用于公众通行的场所。(　　)

32.公路包括高速公路、一级公路、二级公路、三级公路、四级公路,也包含田间或农村自然形成的小道。(　　)

33.农用运输车不是道路交通安全法规中的车辆的范围。(　　)

34.道路交通安全法规规定驾驶人、行人、乘车人有遵守交通法规的义务。(　　)

35.道路交通是指人或物以道路为活动场所,实现空间位移的过程。(　　)

36.维护交通秩序,参与交通治理,构建交通文明,创造良好的交通环境是我们每个公民的责任。(　　)

37.道路交通具有涉及面广、灵活性强、通行方式混合等特点。(　　)

38.北京市区内道路呈棋盘式网状结构。(　　)

39.公安交通管理部门通过实施计算机网络化管理,实现了道路交通执法、事故处理、车辆及驾驶员管理信息的高度集成和共享。(　　)

40.严厉打击肇事逃逸是公安交通管理部门的一项重要工作。(　　)

41.公安交通管理部门设置道路交通管理设施的理念是"以人为本"。(　　)

42.市中心区功能集中,交通需求总量超过交通供给,是北京市道路交通拥堵的重要原因。(　　)

43.加快道路建设是从根本上解决交通问题的核心。( )

44.绿色箭头灯亮时,准许本车道的车辆通行。( )

45.黄灯闪烁时,车辆、行人随便通行。( )

46.车道灯信号是指绿色箭头灯、红色叉形灯和红色箭头灯。( )

47.人行横道灯信号绿灯亮时,准许行人通过人行横道。( )

48.人行横道灯信号红灯亮时,禁止行人进入人行横道。( )

49.交通指挥手势信号仅分为左转弯信号、直行信号和停止信号。( )

50.黄灯亮时,不准车辆、行人通行,已越过停止线的车辆也不准通行。( )

51.黄灯亮时,已越过停止线的车辆可以继续通行。( )

52.交通警察的指挥分为手势信号和使用器具的交通指挥信号。( )

53.闪光警告信号灯为持续闪烁的黄灯,提示车辆、行人通行时注意瞭望,确认安全后通行。( )

54.铁路道口信号灯红灯亮时,禁止车辆、行人通行。( )

55.交通标志分为主标志和辅助标志两大类。( )

56.驾驶员见到警告标志后应引起注意,减速慢行。( )

57.禁令标志是禁止和限制车辆行人交通行为的标志。( )

58.车辆行人必须遵守交通标志和交通标线的规定。( )

59.没有划分机动车道和人行道的,机动车在道路中间通行,非机动车和行人在道路两侧通行。( )

60.道路划有专用车道的,只准许规定的车辆通行,其他车辆不得进入专用车道内行驶。( )

61.机动车号牌应当按照规定悬挂并保持清晰、完整,不得故意遮挡、污损。( )

62.不得改变机动车型号、发动机号、车架号或者车辆识别代码。( )

63.饮酒、服用国家管制的精神药品或者麻醉药品,不得驾驶机动车。( )

64.在冰雪、泥泞的道路上行驶时,机动车最高行驶时速不得超过30公里。( )

65.与对面来车有会车可能时不得超车。( )

66.前车正在左转弯、掉头时,超车要先鸣喇叭。( )

67.超车应从被超车左边超越,条件许可在保证安全下也可从右边超越。( )

68.在狭窄的坡路会车时,上坡的一方先行。但下坡车已行至中途而上坡车未上坡时,下坡车先行。( )

69.在狭窄的山路会车时,不靠山体的一方先行。( )

70.在有障碍的路段会车时,有障碍的一方先行;但有障碍的一方已驶入障碍路段而无障碍一方未驶入时,有障碍的一方先行。( )

71.掉头时不得妨碍其他车辆行驶。( )

72.机动车倒车时,鸣喇叭后,方能倒车。( )

73.有交通信号控制的路口,转弯时开启转向灯,夜间须使用近光灯。( )

74.有交通信号控制的路口,遇有停止信号时,依次停在停止线以外。没有停止线的,停在路口 5 米以外。( )

75.通过没有交通信号灯控制也没有交通警察指挥的交叉路口,转弯的机动车让直行的车辆先行。( )

76.在同方向划有两条以上机动车道的道路上,变更车道的机动车不得影响相关车道内行驶的机动车的正常行驶。( )

77.机动车遇有前方车辆停车排队等候、缓慢行驶时,应当依次排队,不得从前方车辆两侧穿插或者超越行驶。( )

78.机动车在车道减少的路段、路口,遇有前方机动车停车排队等候或者缓慢行驶的,应当每车道一辆依次交替驶入车道减少后的路口、路段。( )

79.距离交叉路口 30 米以内的路段不得停车。( )

80.机动车行经漫水路或者漫水桥时,应当高速通过,防止熄火。( )

81.车辆行经渡口,应当服从渡口管理人员指挥,按指定地点依次待渡。机动车上下渡船时,应当低速慢行。( )

82.机动车行经人行横道时,应当减速行驶;遇行人正在通过人行横道,应当停车让行。( )

83.机动车行经没有交通信号的道路时,遇有行人横过道路,应当避让。( )

84.机动车运载超限的不可解体的物品,影响交通安全的,应当按照公安机关交通管理部门指定的时间、路线、速度行驶,悬挂明显标志。在公路运输上运载超限的不可解体的物品,并应当依照公路法的规定执行。( )

85.公路载客汽车不得超过核定的载客人数,但按照规定免票的儿童除外,在载客人数已满的情况下,按照规定免票的儿童不得超过核定载客人数的 20%。( )

86.轻便摩托车行驶时,后座不得乘坐未满 12 岁的未成年人。( )

87.牵引发生故障的机动车时,机动车时速不得超过 40 公里。( )

88.机动车在夜间通过急弯路段、坡路、拱桥、人行横道或者没有交通信号灯控

制的路口时,应当交替使用远近光灯示意。( )

89.机动车在夜间没有路灯、照明不良或者遇有雾、雨、雪、沙尘、冰雹等低能见度情况下通行时,应当开启前照灯、示廓灯和后位灯。( )

90.机动车在夜间没有路灯、照明不良或者遇有雨、雪、雾、沙尘等低能见度情况下,同向后车与前车近距离行驶,可以使用远光灯。( )

91.雾天行驶应当开启雾灯和危险报警闪光灯。( )

92.机动车驶近急弯、坡道顶端等影响安全视距的路段以及超车或者遇有紧急情况时,应当减速慢行,并鸣喇叭示意。( )

93.机动车在道路上发生故障,难以移动至不妨碍交通的地方的,除应当按规定开启危险报警闪光灯并在车后 50～100 米设置故障车警告标志外,夜间还应当同时开启示廓灯和后位灯。( )

94.牵引故障机动车时,被牵引的机动车可以载人,但不得拖带挂车。( )

95.牵引故障机动车时,被牵引的机动车宽度不得大于牵引车。( )

96.对制动系失效的被牵引车,应当使用硬连接牵引装置。( )

97.牵引和被牵引的机动车均应当开启危险报警闪光灯。( )

98.警车、消防车、救护车、工程救险车执行紧急任务时,任何情况下都不受行驶路线、行驶方向、行驶速度和信号灯的限制,其他车辆和行人应当让行。( )

99.机动车的停放是指驾驶人离开车辆,长时间地停留。( )

100.临时停车是指车辆在非禁止停车的路段,在驾驶人不离开车辆的情况下,靠道路右边按顺行方向的短暂停留。( )

101.临时停车驾驶人可以离开车辆。( )

102.机动车在施划停车泊位的地点停放时,应当入位,并做到关闭电路,锁好车门。( )

103.禁止在人行道上停放机动车。( )

104.可以在人行道上停放机动车,但不要停放在盲道上。( )

105.在设有禁停标志、标线的路段,在机动车道与非机动车道、人行道之间设有隔离设施的路段不得停车。( )

106.在道路上临时停车的,不得妨碍其他车辆和行人通行。( )

107.机动车没有停稳前,不得开车门和上下人员,开关车门时不得妨碍其他车辆和行人通行。( )

108.在机动车驾驶室的前后窗范围内不可以悬挂、放置妨碍安全驾驶的物品。( )

109.驾驶机动车时,车门、车厢没有关好不得行车。( )

110.驾驶机动车时,可以吸烟、饮食、手持拨打接听电话、翻阅报刊资料,但不得观看电视和其他妨碍安全行驶的行为。( )

111.只要能保证安全,可以一边观看电视一边驾驶机动车。( )

112.行人、非机动车、拖拉机、轮式专用机械车、铰接式客车、全挂拖斗车以及其他设计最高时速低于50公里的机动车,不得进入高速公路。( )

113.在高速公路行车时,同方向有3条以上机动车道的,最左侧车道的最低车速为每小时110公里。( )

114.机动车在高速公路行车,道路限速标志的要求与法规规定的车道行驶车速的规定不一致的,按照道路限速标志的要求车速行驶。( )

115.机动车驶离高速公路时,应当提前开启右转向灯,驶入减速车道,降低车速后驶离。( )

116.在高速公路上行驶,能见度小于200米时,应当开启雾灯、近光灯、示廓灯和前后位灯,车速不得超过每小时60公里,与同一车道前车保持100米以上的距离。( )

117.在高速公路上行驶的货运机动车车厢不得载人。( )

118.两轮摩托车在高速公路行驶时不得载人。( )

119.机动车在高速公路上发生故障难以移动时,除采取相应的示警措施外,车上人员应当迅速转移到右侧路肩上或者应急车道内,并且迅速报警。( )

120.道德行为是一个社会行为,它有两个基本特征:第一,尊重他人和社会秩序;第二,维护他人和社会利益。( )

121.道德修养形成要通过获得道德印象、磨炼道德意志、培养道德习惯、坚定道德信念来实现。( )

122.道德与法律的关系表现在内涵不同、表现形式不同和实施的手段不同。( )

123.交通道德与交通法规的关系是交通道德有交通法规不可比拟的优势,二者是相互渗透、相辅相成的;交通道德是交通法规的重要补充和辅助力量。( )

124.违反道路交通安全管理法规的行为是违法行为,也是不道德的行为。( )

125.机动车遇前方车辆停车排队等候或缓慢行驶时,不得借道超车或者占用对面车道,不得穿插等候的车辆。( )

126.在车道减少的路段、路口遇停车排队等候或缓慢行驶时,机动车应当依次交替通行。( )

127.机动车在没有交通信号、标志、标线和交通警察的指挥的交叉路口遇到停

车排队等候或缓慢行驶时，应当依次交替通行。（ ）

128.机动车通过铁路道口，应当按照交通信号或者管理人员的指挥通行。（ ）

129.机动车通过没有交通信号或者管理人员铁路道口，应当减速或停车，在确认安全后通过。（ ）

130.机动车载物应当符合核定的载质量，严禁超载，载物的长、宽、高不得违反装载要求，不得遗洒、飘散载运物。（ ）

131.机动车载运爆炸物品，易燃易爆化学物品以及有毒、放射性等危险品，应当经公安机关批准。（ ）

132.机动车在公路上运载超限的、不可解体的物品应当依照公路法的规定执行。（ ）

133.机动车载人不得超过核定的人数。（ ）

134.货运机动车附载作业人员的，应当设置保护作业人员的安全措施。（ ）

135.机动车行驶时，驾驶人、乘坐人员应当按规定使用安全带。（ ）

136.机动车在道路上发生故障，难以移动的，应当持续开启危险报警闪光灯，并在来车方向设置警告标志等措施扩大示警距离，必要时迅速报警。（ ）

137.警车、消防车、救护车、工程救险车非执行任务时，不得使用警报器、标志灯具，不享有有关规定的道路优先通行权。（ ）

138.机动车在道路上临时停车，不得妨碍其他车辆和行人通行。（ ）

139.机动车应当在规定的地点及按有关规定施划的停车泊位停入，禁止在人行道上停放。（ ）

140.盲人在道路上通行，应当使用盲杖或者采取其他导盲手段，车辆应当避让盲人。（ ）

141.机动车在高速公路上发生故障时，警告标志应当设置在故障车来车方向150米以外。（ ）

142.公安机关的人民警察在执行紧急公务时，可以在高速公路上拦截检查行驶的车辆。（ ）

143.在道路上发生交通事故，造成人身伤亡的，车辆驾驶人员应当立即抢救受伤人员，并迅速报告值勤的交通警察或者公安交通管理部门。（ ）

144.在道路上发生交通事故，因抢救受伤人员变动现场的，应当标明位置。（ ）

145.在道路上发生交通事故，未造成人员伤亡，当事人对事实及成因无争议的

可以即行撤离现场，恢复交通，自行协商处理损害赔偿。（ ）

146. 饮酒后驾驶机动车的处暂扣三个月驾驶证，并处500元罚款。（ ）

147. 一年内醉酒驾驶机动车，被处罚两次以上的，吊销机动车驾驶证，五年内不得驾驶营运机动车。（ ）

148. 当事人自收到罚款行政处罚决定书之日起15日内，到指定的银行缴纳罚款。（ ）

149. 当事人自收到罚款行政处罚决定书后，到期不缴纳罚款的，每天按罚款数额的3%加处罚款。（ ）

150. 未取得驾驶证、驾驶证被吊销或者暂扣期间驾驶机动车的处200～2 000元罚款。（ ）

151. 道路交通安全法确定的道路是指公路、城市道路，包括广场、公共停车场等用于公众通行的场所。（ ）

152. 道路交通安全法中的"车辆"是指机动车和非机动车。（ ）

153. 车辆在道路上因过错或者意外造成的人身伤亡或者财产损失的事件称为"交通事故"。（ ）

154. 公安交通管理部门应当听取当事人的陈述和申辩。对申辩理由成立的，应当予以采纳。（ ）

155. 公安交通管理部门采取强制措施时，应当告知当事人有申请行政复议和提起行政诉讼的权利。（ ）

农机法律、法规、道路交通安全法和规章自测题答案

一、选择题

1. B，2. C，3. A，4. B，5. A，6. B，7. A，8. C，9. A，10. C，11. B，12. C，13. C，14. A，15. B，16. B，17. A，18. A，19. B，20. C，21. C，22. C，23. B，24. B，25. A，26. B，27. C，28. C，29. A，30. A，31. B，32. A，33. C，34. B，35. A，36. B，37. A，38. C，39. A，40. B，41. A，42. B，43. B，44. B，45. A，46. A，47. B，48. A，49. B，50. B，51. C，52. A，53. A，54. C，55. A，56. B，57. C，58. C，59. B，60. B，61. C，62. A，63. A，64. A，65. A，66. A，67. A，68. C，69. C，70. C，71. A，72. A，73. C，74. A，75. B，76. A，77. C，78. B，79. C，80. B，81. B，82. A，83. C，84. B，85. A，86. C，87. A，88. B，89. B，90. C，91. A，92. B，93. A，94. B，95. A，96. B，97. C，98. B，99. A，100. B，101. C，102. A，103. B，104. C，105. A，106. B，107. C，108. A，109. B，110. A，111. A，112. B，113. C，114. C，115. A，116. A，117. B，118. B，119. A，120. C，121. B，122. A，123. B，124. A，125. B，126. C，127. A，

128. A，129. C，130. A，131. C，132. A，133. B，134. C，135. A，136. B，137. C，138. C，139. B，140. B，141. B，142. B，143. C，144. A，145. C，146. C，147. A，148. A，149. A，150. B，151. A，152. C，153. A，154. B，155. C，156. B，157. B，158. A，159. A，160. C，161. C，162. A，163. B，164. A，165. B，166. C，167. C，168. C，169. B，170. B，171. C，172. C，173. C，174. C，175. B，176. A，177. A，178. A，179. C，180. C，181. C，182. B，183. B，184. C，185. A，186. A，187. C，188. A，189. B，190. B，191. B，192. C，193. A，194. A，195. A，196. C，197. B，198. C，199. B，200. B，201. B，202. A，203. B，204. A，205. A，206. A，207. C，208. A，209. B，210. B，211. B，212. A，213. C，214. A，215. B，216. B，217. C，218. B，219. A，220. B，221. A，222. B，223. C，224. C，225. A，226. A，227. B，228. B，229. C，230. C，231. B，232. B，233. A，234. B，235. B，236. A

二、判断题

1. √，2. √，3. √，4. √，5. √，6. √，7. √，8. ×，9. √，10. √，11. √，12. ×，13. ×，14. √，15. √，16. √，17. ×，18. √，19. √，20. ×，21. √，22. √，23. √，24. ×，25. √，26. √，27. ×，28. √，29. ×，30. √，31. √，32. ×，33. ×，34. √，35. √，36. √，37. √，38. √，39. √，40. √，41. √，42. √，43. ×，44. √，45. ×，46. √，47. √，48. √，49. ×，50. ×，51. √，52. √，53. √，54. √，55. √，56. √，57. √，58. √，59. √，60. √，61. √，62. √，63. √，64. √，65. √，66. ×，67. ×，68. √，69. √，70. √，71. √，72. ×，73. √，74. ×，75. √，76. √，77. √，78. √，79. ×，80. ×，81. √，82. √，83. √，84. √，85. ×，86. ×，87. ×，88. √，89. √，90. ×，91. √，92. √，93. √，94. ×，95. √，96. √，97. √，98. ×，99. √，100. √，101. ×，102. √，103. √，104. ×，105. √，106. √，107. √，108. √，109. √，110. ×，111. ×，112. ×，113. √，114. √，115. √，116. √，117. √，118. √，119. √，120. √，121√，122. √，123. √，124. √，125. √，126. √，127. √，128. √，129. √，130. √，131. √，132. √，133. √，134. √，135. √，136. √，137. √，138. √，139. √，140. √，141. √，142. √，143. √，144. √，145. √，146. √，147. √，148. √，149. √，150. √，151. √，152. √，153. √，154. √，155. √。

附录 2

“拖拉机”自测题

一、名词解释

1. 发动机；2. 上止点；3. 下止点；4. 活塞行程；5. 燃烧室容积；6. 发动机排量；7. 气缸总容积；8. 压缩比；9. 四行程发动机；10. 二行程发动机；11. 供油起始角；12. 供油提前角；13. 喷油提前角；14. 过量空气系数 α；15. 主轴承间隙；16. 配气相；17. 气门间隙；18. 转向节轴内倾；19. 转向节轴后倾；20. 前轮前束；21. 极性“颠倒”；22. 定流充电法；23. 定压充电法；24. 柴油机“飞车”；25. 内燃机；26. 活塞环边间隙；27. 外燃机；28. 气缸工作容积；29. 发动机工作循环；30. 进气提前角；31. 进气迟后角；32. 排气提前角 33. 排气迟后角；34. 气门重叠角；35. 空间雾化混合；36. 油膜蒸发混合；37. 复合式混合；38. 标准混合气；39. 双作用离合器；40. 齿轮泵容积效率；41. 单线制；42. 极板硫化；43. 起作用转速。

二、填空题

1. 四缸发动机各缸的工作顺序为 1→3→4→2，当曲轴转第一个半圈，一缸是做功行程，此时二缸是(　　)行程，三缸是(　　)行程，四缸是(　　)行程。

2. 发动机的分类方法，按使用燃料分为(　　)机、(　　)机和(　　)机。

3. 发动机机体一般用(　　)铸成，根据曲轴箱的结构不同，机体分(　　)三种型式。

4. 活塞在工作中，经常处于(　　)的条件下工作。

5. 气环的型式较多，目前常用的有(　　)环四种。

6. 斜切口的连杆由于切口方向有很大的切向分力作用，采用有效的连杆盖切向定位措施更为重要。常用定位方法有(　　)定位。

7. 为了便于配气机构、喷油泵或点火设备的检查调整，在飞轮边缘上刻有(　　)或钻有(　　)以表示活塞在气缸中的特定位置。

8. 目前采用的空气滤清器的型式很多，按其工作原理可分为(　　)式。

9. 喷油泵的型式分(　　)式两种。

10. 目前常用发动机的起动方法有(　　)起动四种。

11. 可燃混合气是指(　　)蒸汽与(　　)的混合气。

12. 汽油机和柴油机的着火方式不同，柴油机进入气缸的燃料靠(　　)燃烧，而汽油机的可燃混合气是靠(　　)燃烧。

13. 起动汽油机动力传动机构由(　　)机构组成。

14. 离合器按压紧装置的不同分为(　　)式两种。

15. 拖拉机联轴节有(　　)性联轴节两种。

16. 东方红 75/802 型拖拉机变速操纵机构包括(　　)机构。

17. 上海-50 型拖拉机变速箱为(　　)式变速箱,它由一个具有(　　)前进挡和(　　)倒退挡的普通(　　)主变速箱与一个高低挡(　　)减速机构的副变速箱组合而成。用(　　)操纵手柄操纵,可获得(　　)前进挡和(　　)倒退挡。

18. 车架的功用是安装(　　)等,使拖拉机构成一个整体。拖拉机车架的型式分(　　)式车架。

19. 充气轮胎规格用(　　)为单位,一种标注型式为“B－D”,“B”表示轮胎横断面(　　),“－”表示(　　)轮胎,“D”表示轮圈的(　　)。若中间的“－”变为“×”,则为(　　)轮胎。

20. 履带用来将拖拉机的重量传给(　　),并保证拖拉机发出较大的(　　)力。

21. 拖拉机悬挂农具的耕深调节方法有(　　)种。

22. 液压油泵拆卸时,需检查前轴套背面与壳体端面的间隙,正常值为(　　)毫米,如果间隙已达到(　　)毫米以上,可在轴套(　　)加入薄铜片补偿,以保证卸压密封圈有 0.3～0.6 毫米预压缩量。

23. 分置式液压系统安全阀的作用是限制液压系统油液的最高工作压力,防止因某种因素如(　　)等造成系统内的油压猛增而破坏机件。

24. 蓄电池是一种将(　　)转变为(　　)储存起来,用电时又将(　　)转变为(　　),并供给用电设备的装置。

25. 蓄电池内的电解液是由化学(　　)和(　　)按一定比例配制而成的(　　)。

26. 蓄电池“标定容量”是以标定容量 1/10 的电流连续放电(　　)单格电池的电压降到(　　)所供的电量。

27. 拖拉机上采用发电机的型式有(　　)发电机。

28. 并激发电机根据激磁线圈接到“搭铁”电刷上的方法不同,分为(　　)两种型式。

29. 调压器的基本工作原理是,在发电机转速增加的同时,在激磁电路中增加一个(　　)以减少(　　),使磁通相应(　　),从而使电压不会升高。

30. 起动电动机的啮合机构,经常采用的有(　　)式两种。

31. 在发动机起动后,反过来(　　)带动起动电动机驱动齿轮旋转,将使起动电动机转速提高(　　),如果不及时分离驱动齿轮与发动机飞轮齿圈的啮合,有损坏(　　)的危险。

32.预热器的油箱中应注满(　　)或(　　),严禁使用(　　),以免发生爆炸。

33.气门间隙不正确会影响(　　)的正常工作。若气门间隙过小或不留(　　),工作中将造成气门关闭(　　)产生(　　),气门斜面严重(　　)甚至烧蚀;若气门间隙过大,则气门开得晚,(　　)气门开度(　　),造成(　　)不多排气不净,使功率下降,另外,气门与摇臂间产生(　　)加剧(　　)。

34.差速器安装在轮式拖拉机的(　　)中,它的功用是:把中央传动(　　)齿轮传来的动力分配给两侧(　　),并且能使两侧驱动轮(　　)驱动,以保证拖拉机顺利(　　)。

35.前轴用来安装(　　),它是拖拉机的(　　)支承,通过前轮承受(　　)前部的重量。

36.电动机是将(　　)转变为(　　)的动力机。当电流通过电动机时,就会(　　),并产生一定的(　　)。

37.火花塞的功用是利用来自磁电机的(　　),在两极间产生(　　),以点燃工作(　　)。

38.压力式润滑是以一定的(　　)将机油(　　)到各零件的(　　)表面来进行润滑,如曲轴的(　　)、连杆轴承及(　　)等。

39.供给系统的功用是把(　　)和(　　)或者它们的可燃混合气,根据(　　)的需要,送入(　　),使之(　　)或被(　　),然后将燃烧的废气排出。

40.发动机的供给系统包括(　　)和(　　)两部分。它是发动机重要系统之一,这个系统性能的(　　),对发动机的动力性和(　　)有着重要的影响。

41.输油泵的功用是使(　　)产生一定的压力,以克服滤清器和油道的(　　),并保证连续不断地向喷油泵(　　)足够数量的柴油。

42.滚轮体总成也称挺柱,其功用是将凸轮的(　　)传给柱塞,以推动柱塞(　　)。

43.对喷油器的要求要保证一定的(　　);雾化(　　)、不成(　　)、没有(　　)、声音清脆;喷射锥角、射程合适,并与燃烧室的形状相(　　)。

44.拖拉机的工作装置包括(　　)、(　　)和(　　)。

45.液压油缸的功用是将作用在活塞上的(　　)转变为(　　),是液压系统的执行机构。

46.缓冲阀的作用是(　　)油液的流量,使农具缓慢下降。

47.拖拉机主要由(　　)、(　　)和(　　)三大部分组成。

48.我国常用的拖拉机一般可分为(　　)式、(　　)式和(　　)式三种。

49. 轮式拖拉机由于轮胎与地面接触（　　），在潮湿土地上工作易（　　）和（　　）。

50. 履带式拖拉机与地面接触（　　），接地（　　）较轮式拖拉机小，因此不易（　　）和（　　），适于在潮湿、疏松的土地上工作。

51. 发动机按冷却方式分类有（　　）发动机和（　　）发动机。

52. 根据发动机产品名称和型号编制规则（GB 725-65）规定，295 型柴油机表示（　　）缸、（　　）行程、（　　）为 95 毫米的立式水冷柴油机。

53. 根据发动机产品名称和型号编制规则（GB 725-65）规定，1E40F 型汽油机型号含义是：1 表示（　　）、E 表示（　　）、40 表示（　　）、F 表示（　　）。

54. 二行程汽油机没有专门的配气机构，而是在气缸壁上开有三对窗孔，即（　　）孔、（　　）孔、（　　）孔。

55. 二行程汽油机第一行程，活塞在下止点时，（　　）孔关闭，而（　　）孔和（　　）孔打开。

56. 四行程发动机每个工作循环中，只有一个做功行程，而进气、压缩和排气三个辅助行程都要（　　）一部分能，并使发动机在工作中产生转速（　　）现象。

57. 为提高发动机转速的均匀性，常采用以下两种方法：一个是在曲轴上安装（　　）；另一个是采用（　　）结构。

58. 曲柄连杆机构由（　　）、（　　）和（　　）等组成。

59. 机体零件由（　　）、（　　）、（　　）、（　　）和油底壳等零件组成。

60. 发动机的气缸型式有两种：一种是（　　）式，另一种是（　　）式。

61. 气缸套可分为（　　）和（　　）两种。

62. 气缸盖用来（　　）气缸，并与气缸上部、活塞顶共同组成（　　）。

63. 气缸垫是用（　　）外包（　　）或软铁皮制成。

64. 飞轮的功用是储存能量使发动机完成辅助行程，保证曲轴运转均匀，另外还能（　　）、（　　）和克服短期（　　）。

65. 活塞多采用（　　）制成。

66. 活塞销孔以上的活塞环槽部分称为（　　）。

67. 活塞防漏部的上油环槽，下端面至活塞底边的部分称为活塞（　　）。

68. 据测量得出，气缸内气体穿过第一道活塞环时，环内侧气体压力为活塞顶部压力的（　　），第二道为（　　），第三道仅为（　　）。

69. 组合式油环是由一个（　　）、三个（　　）和一个（　　）所组成。

70. 目前常用的四种气环断面形状分别为（　　）形、（　　）形、（　　）形、（　　）形。

71. 活塞环的端间隙，指活塞装入气缸套后，其(   )处的间隙。

72. 活塞销是用来把(   )和(   )连接起来，将(   )承受的气体压力传给(   )。

73. 在(   )状态时，活塞销与销座为紧配合或过渡配合。

74. 组装活塞连杆时，应注意连杆和活塞的安装方向，如 4125A 型和 4115T 型柴油机连杆配对记号与(   )涡流凹坑应处于同侧；495A 型柴油机连杆大端(   )与活塞顶球形凹坑的导向口反向；S195 型柴油机连杆小端的(   )与活塞顶凹坑在同一侧。

75. 曲柄连杆机构的功用是实现工作循环，完成能量转换，可将(   )的(   )运动变成(   )的运动，又将(   )的旋转运动变成(   )的(   )运动。

76. 气门式配气机构根据气门安装位置不同可分为(   )式和(   )式两种。

77. 减压机构的功用是在柴油机(   )、(   )或进行技术保养时，使部分或全部(   )打开，降低气缸内压力，以便转动曲轴。

78. 多缸柴油机的喷油泵，其各缸的供油次序应符合柴油机的(   )，各缸的(   )和供油时间应均匀一致。

79. 喷油泵的柱塞行程是不变的，而循环供油量的大小取决于柱塞的(   )。

80. 喷油泵在柱塞有效行程一定的情况下，循环供油量随凸轮轴(   )变化而变化，这一相关的变化关系，叫做喷油泵的(   )。

81. 供油规律是指供油量随(   )变化而变化的规律，它表示供油延续时间和各(   )的供油量大小(即供油速率)。

82. 合理的供油规律应该是开始供油时，供油速率较低，以减少(   )期的喷油量，避免柴油机(   )；而供油(   )期，则要求较高的供油速率，使大量柴油集中在活塞处于上止点附近，全部喷入燃烧，以缩短喷油延续时间，避免后燃冒烟。

83. Ⅰ、Ⅱ、Ⅲ号泵均采用结构简单制造方便的(   )式油量控制机构。

84. 调速器有各种型式。按作用原理分为(   )式、(   )式和(   )式三种。

85. AK-10 型汽油起动机采用(   )调速器。

86. 机油滤清器与主油道串联称为(   )式滤清器；与主油道并联称为(   )式滤清器。

87. 常用的机油温度表和机油压力表的型式有(   )式、(   )式和(   )式三种。

88. 风扇的风量与风扇叶片的(   )、(   )、长度、宽度和(   )等有关。

89. 发动机冷却系统如果使用含有钙盐和镁盐的硬水，须(   )后使用。

90. AK-10 型、AK-10-1 型汽油起动机均采用(   )型平吸式汽化器。

91. 组合式变速箱，它由一个两轴式或三轴式变速箱同一个(　　)组合而成。

92. 拖拉机变速箱的锁定机构功用是确定(　　)的正确位置，保证不自动(　　)和自动(　　)。

93. 手扶或小四轮拖拉机中央传动齿轮采用(　　)齿轮。

94. 硅整流发电机由发电机和整流器两部分组成，整流器由六只(　　)组成(　　)全波整流电路。

95. 直流发电机壳体上有三个接线柱，两个与壳体绝缘分别是(　　)接线柱和(　　)接线柱，另一个是搭铁接线柱。

96. 发动机在正常工作时，火花塞绝缘体上的温度应保持稳定，其下部的平均温度应不低于 550～600℃，但也不超过 800～850℃。前者叫(　　)温度，后者叫(　　)温度。

97. 裙部较长的火花塞称为(　　)火花塞，裙部较短的火花塞称为(　　)火花塞，介于两者之间的称为(　　)火花塞。

98. 悬挂机构是拖拉机用来连接悬挂(　　)的杆件机构。

99. 出油阀下部为“十”字形断面，既能(　　)，又可(　　)。

三、判断题

1. 一般进气门比排气门小。(　　)

2. 气门组由气门、气门座、气门导管、气门弹簧、气门弹簧座、气门锁片和卡簧等组成。(　　)

3. 全制式调速器，只能控制发动机最高转速和最低转速稳定工作。(　　)

4. 在Ⅱ号泵调速器后壳体上，除支承轴外，还有高速限制螺钉、怠速限制螺钉、拉杆挡钉。(　　)

5. 润滑系统的功用，可起到润滑作用、冷却作用、清洗作用、防锈作用和密封作用。(　　)

6. 检查润滑系统机油油面高度，可在发动机工作中或停车后立即检查。(　　)

7. 4125A4 型柴油机上采用的是转子式机油泵。(　　)

8. 水冷却系统按冷却循环方式不同可分为蒸发式、热流式和压力式三种型式。(　　)

9. 495A 型柴油机冷却系统属于开式、自流式冷却系统。(　　)

10. 发动机的冷却水应坚持使用清洁的软水，如河水、井水和泉水等。(　　)

11. 使用起动汽油机起动主机时应注意，减速器无空挡，不应将操纵手柄放在中间位置，以免打坏齿轮。(　　)

12. 啮合印痕是指齿轮副在轻微制动下，转动主、被动齿轮，在齿轮受力侧面留下的接触印痕。（ ）

13. 拖拉机制动系统的功用是，用来改变和纠正拖拉机的行驶方向。（ ）

14. 差速器具有“差速”作用，但却不能“差扭”，所谓不能“差扭”，就是说通过差速器传给两半轴齿轮的扭矩总是相等的。（ ）

15. 铁牛-55 型和上海-50 型拖拉机上采用气压式制动操纵机构来对拖车实现制动。（ ）

16. 履带式拖拉机的转向方式，是利用改变发动机传给两边驱动轮的旋转方向，使两侧履带具有不同的运动方向，从而实现转向。（ ）

17. 为了保证拖拉机直线行驶稳定性，转向轻便灵活以及减少轮胎和机件的磨损，需使前轮和转向节轴在安装时都不垂直于地面，而具有一定的倾斜角，如转向节轴内倾、后倾，前轮外倾和前束。（ ）

18. 东方红-75/802 型拖拉机在挂接农机具时，牵引板需要拆除，否则将影响农机具降落入土。（ ）

19. 油泵旋转泵油时，会出现两对牙齿同时啮合的阶段，而两啮合线之间的空间会形成封闭状态，此封闭空间称为闭死容积。（ ）

20. 液压油泵的卸压片及其密封胶圈，应装在出油口一侧的前轴套背面上。（ ）

21. 涂好活性物质的极板，经多次反复充、放电处理后，正极板上的活性物质变为青灰色多孔海绵状的纯铅；负极板上的活性物质变为深棕色多孔状的二氧化铅。（ ）

22. 电解液的温度越低，蓄电池的容量越大。（ ）

23. 上海-50 型和东方红-802 型拖拉机上均采用硅整流发电机。（ ）

24. 汽车拖拉机用直流发电机，均为并激式。它由定子、转子、换向器、电刷、电刷架和前后盖等组成。（ ）

25. 截流器就是一个电磁开关；而当发电机的电压低于蓄电池电压时，它自动切断充电线路；而当发电机的电压高于蓄电池电压时，它又自动接通充电线路。（ ）

26. 目前常用发动机的起动方法有人力启动、电力启动、降压起动和起动机起动四种。（ ）

27. 安装活塞销时，为避免活塞变形和损伤活塞销座，应先将活塞放在 80～100℃的机油或水中加热。然后趁热将活塞销推入销座孔内。（ ）

28. 散热器的功用是将来自发动机冷却水套的冷却水进行冷却，并将热量传到

大气当中去。( )

29. 蓄电池的充电分两种情况:一种是新蓄电池充电,叫初充电;另一种是用过的蓄电池充电,叫补充充电。( )

30. 调节器必须与发电机配套使用,两者的功率、电压、搭铁方式和搭铁极性都要一致。( )

31. 传动系是安装在发动机与驱动轮之间所有传动部件的总称,是拖拉机的重要组成部分。( )

32. 离合器的功用是接合和分离动力。( )

33. 分开式燃烧室常用的有涡流室式燃烧室和球形燃烧室两种。( )

34. 节温器的功用是根据冷却水温度的高低,自动调节进入散热器的水量,改变冷却水的循环范围,以调节水的散热能力。( )

35. 液压油泵是液压系统的动力装置。( )

36. 磁电机可以产生 1 000～1 500 V 的高压电,通过高压线到火花塞,在火花塞两极间产生火花,点燃发动机气缸内被压缩的工作混合气。( )

37. 电器设备配线时,耗电量大的用电设备要接在电流表后,其用电电流要经过电流表。( )

38. 风冷却系统用空气作为冷却介质,将发动机受热零件的热量传到大气中去。( )

39. 飞溅式润滑是利用运动零件激溅或甩出的油滴、油雾,将润滑油送到零件露在外边的摩擦表面来进行润滑。( )

40. 柴油机在低温起动时非常困难,为了保证柴油机迅速可靠起动,而将火焰预热器装在发动机的进气管内,用来加热进气管道和空气。( )

41. 无裙式机体的下平面低于曲轴中心线。( )

42. 拱桥式机体的下平面与曲轴中心线基本在同一平面。( )

43. 4125A、4125A4 及 4115T 型柴油机均采用拱桥式机体。( )

44. 气缸套装入气缸体后,通常使气缸套顶面稍低于机体上平面。( )

45. 4125A、4125A4、4115T 及 495A 型柴油机采用湿式气缸套;而 490 型柴油机采用干式气缸套。( )

46. 安装气缸盖注意两点:(1)气缸垫不得装反,不要堵住润滑油道,一般将气缸垫光滑的一面朝向气缸体(即卷边朝上);(2)气缸盖螺母必须严格按一定顺序(由中间向四周交叉进行),分 2～3 次均匀拧紧,最后一次拧紧力矩应符合规定。( )

47. S195 型柴油机气缸盖拧紧力矩是 195 N·m。( )

48. 4125A、4125A4 及 4115T 型柴油机连杆盖采用连杆螺栓光杆部分与螺栓孔的精加工部分配合定位。(　　)

49. 4125A、4125A4 柴油机曲轴轴向定位装置是最后一道主轴径采用两端翻边的止推瓦(马鞍形轴瓦);495A 型柴油机最后一道主轴承座上安装有止推片。(　　)

50. 4125A、4125A4 柴油机凸轮轴轴向间隙调整方法:将止推螺钉拧到底再退回一圈,用锁紧螺母将止推螺钉锁紧。(　　)

51. 495A 型柴油机气门排列顺序为进、排、进、排、进、排、进、排。(　　)

52. 4125A、4115T、495A、S195 型柴油机均采用纸质滤芯柴油细滤清器。(　　)

53. 495A 型柴油机采用螺旋进气道与球形燃烧室相配合,它有较强烈的进气涡流,空气通过螺旋进气道被吸入气缸时,形成绕气缸轴线高速旋转的涡流运动,改善了混合气的形成和燃烧过程。(　　)

54. Ⅰ号泵规定的滚轮体,总成工作高度 H 为 25.8 mm,即相应的供油起始角为 $45°\pm1°$。(　　)

55. 双制式调速器能控制发动机在最高和最低转速之间的任一转速范围内稳定工作,一般用在农用或工程用柴油机上。(　　)

56. 双制调速器的特点是:可以操纵调速手柄来改变调速弹簧的预紧力,以选择不同的稳定转速范围。(　　)

57. 发动机满负荷时的转速称为“标定转速”或“满负荷转速”。标定转速下的功率称为“标定功率”。(　　)

58. 校正装置的作用是:随着柴油机超负荷转速下降,能在标定油量的基础上,自动地再增加一些油量,来提高柴油机的扭矩以克服短时间的超负荷。通常校正油量要高于标定油量 15%～20%。(　　)

59. Ⅱ号泵调速器在标定工况时,柴油机刚好在满负荷标定转速下稳定运转,调速手柄处于最大油门位置,此时调速弹簧前座与校正弹簧后座刚刚接触,彼此之间没有压力,也没有间隙。(　　)

60. 内燃机润滑系统使用机油牌号应符合季节要求;冬季用 HC-14 号或 HC-11 号柴油机机油;夏季用 HC-8 号机油。(　　)

61. 223 型化油器设有起动加浓装置,它包括节流阀和加浓按钮。(　　)

62. AK-10 型起动汽油机的怠速转速规定不高于 1 300 r/min,过高需进行调整,调整时先将节流阀关到最小,拧动怠速调节螺钉调节混合气成分,使起动机不熄火又能稳定运转。(　　)

63. 起动汽油机自动分离机构的功用是起动时使动力传动机构的接合齿轮与主机轮齿圈啮合；主机起动后，它又能将结合齿轮与飞轮齿圈及时脱开啮合，以免主机反带起动机，使起动机超速而造成损坏。（　　）

64. 铁牛-55 型拖拉机离合器间隙为 2～3 mm，相对应离合器踏板自由行程为 30～50 mm，上海-50 型拖拉机离合器间隙为 2～2.5 mm，相对应的离合器踏板自由行程为 25～35 mm。（　　）

65. 离合器常见故障中离合器打滑的征象：拖拉机功率不足；低挡起步迟缓，高挡起步困难，有时发生抖动；加负荷后车速忽高忽低，甚至不走，而发动机仍能稳定运转；打滑严重时离合器温度升高，冒烟并有烧焦气味。（　　）

66. 离合器打滑的原因：①离合器间隙过大。②摩擦衬片过厚或被动片翘曲。③三个分离杠杆不在同一平面内。④摩擦衬片损坏。⑤小制动器间隙过大。（　　）

67. 东方红-75 型拖拉机离合器由主动部分、被动部分、压紧部分、操纵机构和小制动器五部分组成。（　　）

68. 拖拉机变速箱联锁机构功用是：保证不能同时挂上两个排挡。（　　）

69. 东方红-75 型拖拉机变速箱互锁机构型式为：两个互锁钢球和滑杆上的环形凹槽构成，而上海-50 型拖拉机则是一块“王”字形槽板与三根滑杆位置相对应。（　　）

70. 变速箱的故障中自动脱挡故障的征象：拨不动变速杆、挂不上挡。（　　）

71. 中央传动齿轮所谓正确啮合就是要保证两个圆锥齿轮的节锥母线重合，在实际工作中常用啮合印痕和齿侧间隙来判断。（　　）

72. 轮式拖拉机转向操纵机构构成：由方向盘、转向器、差速器、差速锁、转向垂臂、纵拉杆、横拉杆。（　　）

73. 盘式制动器不论拖拉机前进或倒退都有增力作用。（　　）

74. 上海-50、东风-50 型拖拉机采用伸缩板梁式前轴。（　　）

75. 动力输出轴的转速、旋转方向及尺寸均由生产厂家规定。（　　）

76. 动力输出皮带轮的旋转方向、宽度、安装位置，圆周速度等都由生产厂家规定。（　　）

77. 拖拉机液压悬挂系统由三个主要工作部分组成：①液压系统。②操纵机构。③悬挂机构。（　　）

78. 蓄电池放电过程不断进行；电流不断流动，电解液中硫酸（H_2SO_4）逐渐减少，而水（H_2O）逐渐增多，使电解液密度下降。（　　）

79. 蓄电池在放电过程中，电子由负极流向正极，而放电电流的方向则规定为从正极流向负极。（　　）

80. 交流发电机的使用维护：接线时，标有记号 M 的接线柱应接到总开关而后“搭铁”。若错接到照明灯时，会造成其中一个灯暗，另外两个灯发亮。（ ）

81. 柱塞和柱塞套是一副精密偶件，两者经分级选配研磨，间隙为 0.002～0.003 mm，使用中不许互换。（ ）

四、选择题

1. 4125A4 型柴油机采用（ ）式燃烧室。

A. 涡流室　　B. 预燃室　　C. 球形

2. 495A 型柴油机喷油器为（ ），喷射压力为(175±5) kgf/cm^2。

A. 单孔　　B. 双孔　　C. 多孔

3. 495A 型柴油机采用（ ）喷油泵。

A. Ⅰ号　　B. Ⅱ号　　C. Ⅲ号

4. S195A 型柴油机上采用（ ）式机油泵。

A. 齿轮　　B. 转子

5. AK-10 型起动汽油机的润滑方式属于油雾不循环式。在汽油中掺有一定量的汽油机机油，汽油与机油的比例按体积比为（ ）。

A. 5∶1　　B. 10∶1　　C. 15∶1

6. 铁牛-55 型及上海-50 型拖拉机采用（ ）离合器。

A. 单作用　　B. 双作用

7. 东方红-75/802 型拖拉机中央传动由一对（ ）齿轮组成。

A. 直齿圆锥　　B. 螺旋圆锥

8. 上海-50 型拖拉机采用（ ）式转向器。

A. 球面蜗杆滚轮　　B. 螺杆螺母循环球　　C. 蜗轮蜗杆

9. 铁牛-55 型和上海-50 型拖拉机均采用（ ）制动器。

A. 盘式　　B. 蹄式　　C. 带式

10. 铁牛-55 型拖拉机的动力输出轴采用（ ）式动力输出轴。

A. 非独立　　B. 半独立　　C. 独立

11. 起动电动机每次起动时间不能超过（ ）。

A. 60 秒　　B. 30 秒　　C. 5 秒

12. 东方红-75/802 型拖拉机上采用的转向机构为（ ）式。

A. 转向离合器　　B. 行星齿轮　　C. 双差速器

13. 4125A 型柴油机采用（ ）式柴油粗滤清器。

A. 沉淀杯　　B. 沉淀器　　C. 金属带缝隙

14. 4125A4 型柴油机的调速器采用（ ）式调速器。

A. 单制离心　　B. 双制离心　　C. 全制离心

15. 拖拉机油箱是用来贮存柴油的，其容量能供给拖拉机满负荷连续工作(　　)以上。

A. 1 小时　　B. 10 小时　　C. 100 小时

16. AK-10 型起动汽油机配气机构的型式属于(　　)式。

A. 气门　　B. 气孔

17. 495A 型柴油机的工作顺序为(　　)。

A. 1→2→4→3　　B. 1→3→4→2　　C. 1→4→3→2

18. 4125A 型柴油机的输油泵是(　　)输油泵。

A. 柱塞式　　B. 膜片式　　C. 齿轮式

19. 4115T 型柴油机的空气滤清器是(　　)式。

A. 惯性　　B. 过滤　　C. 综合

20. 上海-50 型拖拉机液压系统根据液压油泵、分配器和液压油缸三个主要元件的配置情况，属于(　　)式。

A. 分置　　B. 半分置　　C. 整体

21. S195 型柴油机的排量为(　　)L。

A. 7.45　　B. 5.4　　C. 0.815

22. 柴油的自燃温度约(　　)K。

A. 400　　B. 700　　C. 600

23. 有的柴油机在(　　)的中心制有与曲轴斜油道相通的离心净油腔。

A. 主轴颈　　B. 连杆轴颈　　C. 最后一道轴颈

24. 涡流室式燃烧室的涡流室容积占整个燃烧室容积的(　　)。

A. 50%～80%　　B. 25%～40%　　C. 75%～85%

25. 铁牛-55 型拖拉机双作用离合器工作特点是：当踏下踏板第二行程时，(　　)。

A. 主离合器分离，副离合器结合

B. 主、副离合器都分离

C. 主离合器结合，副离合器分离。

26. 铁牛-55 型拖拉机离合器处于结合状态时，限位螺钉与挡销之间的间隙是 2.25 mm。调整时分别将三个限位螺钉拧到抵住挡销后，再退回(　　)个卡槽。

A. 6　　B. 3　　C. 9

27. 铁牛-55 型拖拉机离合器限位螺钉与挡销间隙增大，(　　)间隙也相应增大。

A. 离合器　　B. 副离合器分离　　C. 主离合器分离

28. Ⅱ号泵调速器起作用转速是(　　)r/min。

A. 750　　B. 755～765　　C. 800～810

29. 4115T 型柴油机冷却系统中节温器根据水温自动控制冷却水进行大、小循环，当水温高于(　　)时，冷却水全部通过散热器进行大循环。

A. 75℃　　B. 85℃　　C. 95℃

30. 东方红-75 型拖拉机主机起动后，在主机曲轴转速达到 300～325 r/min 时，分离机构轴的转速为(　　)r/min，接合齿轮与飞轮齿圈自动分离，动力被切断，保护了起动机。

A. 2 000～2 200　　B. 3 900～4 200　　C. 5 000～5 400

31. 中央传动锥齿轮正确的齿侧间隙为(　　)mm。

A. 1.5～2　　B. 0.2～0.5　　C. 0.1

32. 东方红-75 型拖拉机中央传动主动小圆锥齿轮的轴向间隙为 0.15～0.3 mm，若有变化应予调整，若轴向移动量过大，应(　　)第二轴前端调整垫片的厚度。

A. 增加　　B. 减少

33. 东方红-75 型拖拉机中央传动大圆锥齿轮的轴向移动量为 0.15～0.30 mm，若超过规定范围，可通过左右轴承座上的(　　)进行调整。

A. 调整垫片　　B. 调整螺母

34. 拖拉机直线行驶时，差速器行星齿轮(　　)。

A. 既公转、也自转　　B. 只公转、不自转

35. 上海-50、丰收-35 型拖拉机均采用(　　)式转向操纵机构。

A. 双拉杆　　B. 梯形

36. 铁牛-55/55D 型拖拉机变速箱属于(　　)变速箱。

A. 简单式　　B. 组合式

37. 东方红-75/802 型拖拉机采用(　　)车架。

A. 全架式　　B. 半架式　　C. 无架式

38. (　　)拖拉机采用无架式车架。

A. 铁牛-55 型　　B. 上海-50 型　　C. 东方红-75 型

39. 安装车轮时应注意轮胎花纹方向，即由轮胎上面看下去“八”字或“人”字的字顶对着拖拉机(　　)。

A. 前方　　B. 后方

40. 液压油缸的定位阀作用是：当农具下降时，可使农具降落于某一位置后切

断液压油缸(　　)油路。

A. 上腔　　B. 下腔

41. 如果是旧蓄电池,正、负极桩呈不同颜色,(　　)呈深褐色。

A. 正极桩　　B. 负极桩

42. 蓄电池极板硫化产生的原因有(　　)种。

A. 1　　B. 2　　C. 3

43. 电动势的产生:在未接通电路前,负极板处的铅,有少量溶于电解液中生成[　　],而在负极板上留有两个电子 2e,使负极板具有负电位,约−0.1 V。

A. 四价铅离子(Pb^{4+})

B. 两个硫酸根离子($2SO_4^{2-}$)

C. 两价铅离子(Pb^{2+})

44. 蓄电池在充电的过程中,正、负极板上的[　　]分别生成二氧化铅 PbO_2 和铅 Pb,而电解液中生成硫酸 H_2SO_4。

A. 硫酸铅($PbSO_4$)　　B. 硫酸(H_2SO_4)　　C. 二氧化铅(PbO_2)

45. 蓄电池在无负载状态下,两极间的电位差称为蓄电池的静止电动势 Ej,Ej 的大小与极板的数量和尺寸(　　)。

A. 有关　　B. 无关

46. 新蓄电池初充电要经过 2～3 次充、放电处理。所谓充、放电处理,即将充好电的蓄电池用灯泡或变阻器放电,放电电流取其容量的 1/10,放电电压降到(　　)为止,然后再按充电方法充电,再放电。

A. 1.95 V　　B. 2.1 V　　C. 1.7 V

47. (　　)型拖拉机配用 JF90 型交流发电机。

A. S195　　B. 东方红-75　　C. 丰收-35

48. 交流发电机的使用维护中要求夜间工作时,应将三个灯都打开,如果有一个灯不打开,将使另两个灯(　　)。

A. 变暗　　B. 太亮　　C. 烧坏

49. 从外表看,二极管正、负极管并无区别,为了不致搞错,出厂时用不同颜色的油漆涂在顶上做记号,(　　)涂蓝色或黑色,使用时必须注意。

A. 正极管　　B. 负极管

50. 三联调节器 FT81D-13/12ZN/1 型中 R_4 是(　　)。

A. 加速电阻　　B. 平衡电阻　　C. 附加电阻

51. 当直流发电机输出电流超过额定值时,FT81D-13/12ZN/1 三联调节器的(　　)触点打开,电阻由原来 1 Ω 增加到 22.7 Ω,激磁电流减小,发电机电压下降，输出电流减小。

A. K1　　B. K2　　C. K3

52. FT81D-13/12ZN/1 三联调节器限制发电机负载电流不超过(　　)安培。

A. 12　　B. 18　　C. 13

53. 当直流发电机的电压超过额定值时，三联调节器 FT81D-13/12ZN/1 中 K1 打开时，激磁电路串入的电阻阻值为(　　)。

A. 94 Ω　　B. 22.7 Ω　　C. 13 Ω

54. C210 型磁电机的安全火花间隙是保护磁电机的(　　)。

A. 触点　　B. 初级线圈　　C. 次级线圈

55. 直流电动机的激磁线圈与电枢线圈是(　　)的。

A. 串联　　B. 并联

56. 硅整流发电机整流部分常见故障是二极管击穿。二极管击穿要逐个进行检查，采取正向电阻测量方法：将万用表"＋"极接二极管负极，万用表的"－"极接二极管的正极，正向电阻应在(　　)以下。

A. 10 Ω　　B. 10 kΩ　　C. 1 Ω

57. 4125A 柴油机供油提前角为(　　)。

A. 15°～19°　　B. 7°～9°

五、问答题

1. 试述单缸四行程柴油机的工作过程。
2. 试述单缸二行程汽油机的工作过程。
3. 顶置式配气机构由哪些零件组成？工作过程如何？
4. 4125A4 型柴油机气门间隙怎样进行调整？
5. 试述柱塞式输油泵的工作过程。
6. 试述 4125A 型柴油机空气滤清器的构造和工作过程？
7. 试述柱塞式喷油泵的泵油过程。
8. 试述出油阀及减压环带的作用。
9. 喷油器的喷油过程如何？
10. 试述调速器造成柴油机转速不稳的原因及排除方法。
11. 试述 4125A4 型柴油机齿轮式机油泵的构造及工作过程。
12. 试述 4125A4 型柴油机风扇皮带张紧度的检查调整方法。
13. 安装起动机正时齿轮时应注意什么？
14. 4125A 型柴油机起动装置使用维护包括哪些内容？
15. 传动系统的功用是什么？它由哪几部分组成？

16. 如何正确使用离合器？其保养内容有哪些？

17. 变速箱的功用是什么？

18. 轮式拖拉机怎样使用“两脚离合器”换挡？

19. 拖拉机后桥产生噪音的原因是什么？如何排除？

20. 铁牛-55 型拖拉机差速锁的构造和工作过程如何？

21. 盘式制动器的工作原理是什么？

22. 试述东方红-75/802 型拖拉机履带下垂度的检查调整方法。

23. FP175 型分配器装配时的注意事项是什么？

24. FP175 型分配器滑阀不能自动回位产生的主要原因是什么？

25. 整体式液压系统控制阀四种位置的工作情况是怎样进行的？

26. 试述起动电动机电磁式啮合机构的构造和工作过程。

27. 试述 C210 型磁电机向发动机上的安装方法。

28. 蓄电池产生自行放电的原因是什么？

29. 电器设备的一般配线原则是什么？

30. 活塞环端间隙、边间隙过大过小有什么危害？

31. 活塞环端间隙、边间隙的检查方法是什么？

32. 叙述气环的泵油作用。

33. 为什么发动机曲轴箱需要通风？

34. 活塞顶部的结构形状作用是什么？

35. 为什么活塞形状是上小下大的阶梯形或锥形；裙部椭圆形？

36. 试述 4125A、4125A4 柴油机减压机构工作过程。

37. 进、排气门的开启重叠角内，进、排气流为什么不会窜混？

38. 试述发动机气门落入气缸产生的现象以及原因。

39. 简述东方红-75 型拖拉机供油提前角检查方法。

40. 冷却系统溢水管、空气阀、蒸气阀的作用是什么？

41. 223 型化油器怠速过渡喷孔作用有哪些？

42. 为什么东方红-75/802 型拖拉机离合器设有小制动器？

43. 叙述高挡换低挡时两脚离合器中间加一脚“空油”的道理。

44. 轮式拖拉机转向的三个条件是什么？

45. 操纵制动器时应注意什么？

46. 试述蓄电池的充电特性。

47. 在什么情况下蓄电池需要进行补充充电？

48. 试述蓄电池极板严重硫化后采取的水处理法。

49. 为什么直流发电机配用调节器?
50. 试述花键盘调整供油提前角的原理。
51. 为什么柴油机燃油喷射系统喷油时刻在活塞到达上止点之前?
52. 试述液压悬挂的优点。
53. 试述分置式、整体式液压系统的优、缺点。
54. 试述223型化油器怠速过渡喷孔的工作过程。
55. 蓄电池怎样进行补充充电?

"拖拉机"自测题答案

一、名词解释

1. 凡是把某种形式的能转变为机械能的机器叫做发动机。
2. 活塞在气缸中距曲轴中心线最远时活塞顶的位置。
3. 活塞在气缸中距曲轴中心线最近时活塞顶的位置。
4. 上、下止点间的距离。
5. 活塞在上止点时,活塞顶以上的容积。
6. 多缸发动机中,各气缸工作容积的总和。
7. 活塞在下止点时,活塞顶以上的容积。
8. 气缸总容积与燃烧室容积之比。
9. 活塞经过四个行程完成一个工作循环的发动机。
10. 活塞经过二个行程完成一个工作循环的发动机。
11. 柱塞开始供油时,滚轮体中心线与凸轮对称中心线之间的夹角。
12. 喷油泵开始向喷油器供油时,活塞距上止点的距离所相当的曲轴转角。
13. 喷油器开始向气缸喷油时,活塞距上止点的距离所相当的曲轴转角。
14. α=实际供给的空气量/理论上的完全燃烧所需要的空气量
15. 主轴瓦与主轴颈之间的间隙。
16. 用曲轴转角来表示进、排气门实际开闭的时刻和延续的时间。
17. 当气门完全关闭而凸轮的凸起尚未与挺柱接触时,气门杆尾端面与摇臂头之间应留有一定的间隙,称气门间隙。
18. 转向节轴上端向内倾斜一个角度,称为转向节轴内倾。
19. 转向节轴的上端向后倾斜一个角度,称为转向节轴后倾。
20. 前轮的前端在水平面上向里收缩一段距离,称为前轮前束。
21. 蓄电池单格电池原来的正极板变成负极板,负极板变成了正极板。
22. 将蓄电池串联后和充电机连接进行充电的方法。

23. 各蓄电池并联后再和充电机连接进行充电的方法。

24. 柴油机转速突然升高失去控制，而超过允许的最高空转转速，并且仍有继续升高的趋势，同时伴有很大的噪声和黑烟的反常现象。

25. 燃料在发动机气缸内燃烧的发动机，简称内燃机。

26. 指活塞环装在环槽内沿高度的方向间隙。

27. 燃料在发动机外部燃烧的叫外燃发动机，简称外燃机。

28. 上、下止点间的气缸容积。

29. 发动机气缸内连续进行的进气、压缩、做功和排气四个过程之和。

30. 进气门由开始打开到活塞行至上止点所经过的曲轴转角叫进气提前角。

31. 活塞由下止点运行到进气门完全关闭所经过的曲轴转角叫进气迟后角。

32. 排气门由开始打开到活塞行至下止点所经过的曲轴转角叫排气提前角。

33. 活塞由上止点运行到排气门完全关闭所经过的曲轴转角叫排气迟后角。

34. 进、排气门同时打开所经过的曲轴转角叫气门重叠角。

35. 将柴油喷射到燃烧室空间、利用空气涡流运动形成混合气。

36. 将绝大部分柴油顺着气流方向喷射到燃烧室壁面上形成油膜，油膜受热蒸发时，油气被进气涡流逐层卷起带走，随之与空气形成均匀的混合气。

37. 将部分柴油顺气流喷向燃烧室壁面，并形成油膜；而另一部分柴油喷射在燃烧室空间。

38. 过量空气系数 $\alpha=1$ 时，称正常混合气或标准混合气。

39. 将两个单作用离合器装在一起，使用一套操纵机构操纵。其中主离合器将发动机的动力经传动系传给驱动轮；而副离合器将发动机动力传给动力输出轴或液压油泵。

40. 容积效率是齿轮泵的实际排量与理论排量之比。

41. 拖拉机电器设备采用单线制，即电流和用电设备之间只用一根导线连接，另一根导线由机体导电，称为搭铁，这种连接形式称单线制。

42. 蓄电池极板上生成一层导电不良白色的粗晶粒硫酸铅，正常充电时它不能转化成二氧化铅和铅，这种现象称为硫酸铅硬化，简称“硫化”。

43. 柴油机在满负荷标定转速下稳定运转，当负荷稍有降低，转速稍有增高(由 750 r/min 至 755～765 r/min)，调速器开始起作用，此时在调速弹簧前座与校正弹簧后座之间出现了一个很小的间隙。此时调速器的状态叫“作用点”状态，而对应的转速称为“起作用转速”。

二、填空题

1. 排气、压缩、进气；2. 柴油、汽油、煤油；3. 铸铁、有裙、无裙、隧道；4. 高温、高压、高速、润滑困难；5.平、锥形、扭曲、桶面；6.锯齿、套管、止口；7.记号、定位孔、8.惯性、过滤；9.柱塞、分配；10.人力、电力、降压、起动机；11.燃油、空气；12.压燃、点火；13.离合、制动、减速、自动分离；14.弹簧、杠杆；15.弹、刚；16.换挡、锁定、互锁、联锁；17.组合、三个、一个、三轴、行星、一根、六个、两个；18.发动机、传动系统、行走系统、全架、半架、无架；19.英寸、宽度、低压、直径、高压；20.地面、驱动；21.高度调节法、位置调节法、阻力调节法；22.2.4～2.5、2.6、背面；23.油路堵塞、阀门卡死、负荷过重；24.电能、化学能、化学能、电能；25.纯硫酸、蒸馏水、硫酸水溶液；26.10 h、1.7 V；27.永磁交流、硅整流、直流；28.内"搭铁"、外"搭铁"；29.电阻、激磁电流、减少；30.杠杆、电磁；31.飞轮齿圈、十几倍、起动电动机；32.柴油、煤油、汽油；33.发动机、间隙、不严、漏气、积炭、关得早、小、进气、冲击、磨损；34.后桥、大圆锥、最终传动、差速、转向；35.前轮、前部、拖拉机；36.电能、机械能、旋转、扭矩；37.高压电、火花、混合气；38.压力、输送、摩擦、主轴承、凸轮轴承；39.燃料、空气、发动机、气缸、自燃、点燃；40.空气供给、燃料供给、好坏、经济性；41.柴油、阻力、输送；42.运动、供油；43.压力、良好、油束、后滴、适应；44.动力输出装置、牵引装置、液压悬挂系统；45.液压能、机械能；46.限制；47.发动机、底盘、电器设备；48.手扶、轮、履带；49.面积小、下陷、打滑；50.面积大、比压、下陷、打滑；51.水冷、风冷；52.二、四、缸径；53.单缸、二行程、缸径、风冷；54.进气、扫气、排气；55.进气、扫气、排气；56.消耗、不均匀；57.飞轮、多缸；58.活塞组、连杆组、曲轴飞轮组；59.气缸体、曲轴箱、气缸套、气缸盖；60.整体、分开；61.干式、湿式；62.封闭、燃烧室；63.石棉板、紫铜皮；64.协助起动、传递动力、超负荷；65.铝合金；66.防漏部；67.裙部；68.70%、0.5%、0.02%；69.径向衬环、扁耳环、轴向波形环；70.矩、锥、梯、凸圆弧；71.环口；72.活塞、连杆活塞、连杆；73.冷；74.活塞顶、开口、油孔；75.活塞、直线往复、曲轴旋转、曲轴、活塞、直线往复；76.顶置、侧置；77.预热、起动、气门；78.工作顺序 供油量；79.有效行程；80.转速、速度特性；81.曲轴转角、曲轴转角；82.着火准备、工作粗暴、中；83.拨叉拉杆；84.机械离心、气力、液力；85.单制离心式；86.全流、分流；87.弹簧管、膜片、电感；88.转速、数目、倾斜角度；89.煮沸沉淀；90.223；91.副变速箱；92.滑杆、脱挡、挂挡；93.圆柱；94.硅二极管、三相桥式；95.磁场、电枢；96.自净、炽热；97.热型、冷型、中型；98.农具；99.导向、通油。

三、判断题

1.×2.√ 3.×4.×5.√6.×7.√8.√9.×10.×11.√12.√13.×14.√15.√16.×17.√18.×19.√20.√ 21.√22.× 23.√24.√25.√26.√ 27.√28.√29.√ 30.√31.√32.√ 33.√ 34.√ 35.√36.√ 37.×38.√ 39.√ 40.√

41. × 42. √ 43. √ 44. √ 45. × 46. √ 47. × 48. × 49. √ 50. √ 51. × 52. √ 53. √ 54. √ 55. √ 56. √ 57. √ 58. √ 59. × 60. √ 61. √ 62. √ 63. √ 64. √ 65. √ 66. × 67. √ 68. √ 69. √ 70. √ 71. √ 72. √ 73. × 74. √ 75. √ 76. × 77. √ 78. √ 79. √ 80. × 81. √

四、选择题

1. A 2. A 3. A 4. B 5. C 6. B 7. B 8. B 9. A 10. B 11. C 12. A 13. C 14. C 15. B 16. B 17. B 18. A 19. C 20. C 21. C 22. C 23. B 24. A 25. B 26. C 27. C 28. B 29. B 30. A 31. B 32. B 33. B 34. B 35. A 36. B 37. A 38. B 39. A 40. B 41. A 42. C 43. C 44. A 45. B 46. C 47. B 48. A 49. B 50. B 51. B 52. C 53. A 54. C 55. A 56. A 57. A

五、问答题

1. 单缸四行程柴油机每个工作循环包括进气、压缩、做功、排气四个过程，曲轴旋转两圈，活塞走四个行程，具体工作过程是：进气行程：进气门打开，排气门关闭，活塞从上止点向下运动，气缸容积逐渐增大，气缸内压力逐渐变小，在压力差的作用下，新鲜空气经进气门进入气缸，活塞运动到下止点时，进气门关闭，进气行程结束。此时，由于进气阻力使气缸内压力低于外界大气压(0.78～0.93)×102 kPa之间，气体温度为300～340 K。压缩行程：进排气门同时关闭，活塞从下止点向上运动，气缸容积变小，气体压力变大，温度升高，活塞运动到上止点时压缩行程终了，此时气体的压力高达(29～49)×102 kPa，气体的温度高达750～1 000 K，这个温度已经超过了柴油的自燃温度(因为柴油自燃温度仅为600 K左右)。做功行程：进排气门同时关闭，当活塞接近上止点时，喷油器将柴油呈雾状喷入燃烧室，柴油遇高温空气自行燃烧，放出大量热能，使气体的温度和压力急剧上升，最高压力可达(59～88)×102 kPa，最高温度可达1 800～2 300 K。高压气体推动活塞向下运动对外做功，活塞到下止点时，做功行程结束。此时，气体的压力降至(3～4)×102 kPa，气体的温度降至1 000～1 200 K。排气行程：进气门关闭，排门打开，活塞从下止点向上运动，燃烧后的废气在自身压力和活塞推力作用下，从排气门排到大气中，活塞到上止点时，排气门关闭，排气行程结束。此时，气体压力为(1.03～1.23)×102 kPa，气体的温度为700～800 K。

2. 第一行程：活塞处在下止点时，进气孔关闭，而扫气孔和排气孔打开，当活塞从下止点向上止点运动时，先后关闭扫气孔和排气孔，使预先进入气缸的混合气被压缩。与此同时，曲轴箱的容积变大，压力变小，当打开进气孔时，在压力差的作用下，经汽化器形成的混合气从进气孔被吸入到曲轴箱，当活塞运动到上止点时，第一行程结束。在第一行程气缸内是压缩，曲轴箱内是进气。第二行程：活塞接近上止点时，火花塞点火，混合气燃烧产生高温、高压。活塞越过上止点后，高压气体推动活塞向下运动对外做功。与此同时进气孔关闭，使曲轴箱内的混合气被压缩。当排气孔打开时，燃烧后的废气经排气孔排到大气中去，接着扫气孔被打开，曲轴箱内被压缩的混合气经扫气孔进入气缸，并在活塞凸顶的导向作用下，帮助排除废气。当活塞运动到下止点时第二行程结束。在第二行程气缸内是连续进行做功、排气和进气，曲轴箱内是压缩。经过两个行程，气缸内已连续完成进气、压缩、做功和排气四个过程，完成了一个工作循环。而曲轴箱里的进气和压缩，是往气缸里进气的辅助行程。很显然没有曲轴箱内的进气和压缩不可能达到往气缸里进气的目的。

3. 顶置式配气机构主要由传动齿轮、凸轮轴、挺柱、推杆、调整螺钉、摇臂、气门和气门弹簧等组成。配气机构的工作过程：当曲轴转动时，通过传动齿轮带动凸轮轴转动，当凸轮凸起部分转到与挺柱相抵时，使挺柱向上运动，经推杆和调整螺钉使摇臂一端向上抬起，而气门杆相接触的一端向下压缩气门弹簧，气门被打开。当凸轮凸起部分转过后，气门便在气门弹簧弹力作用下关闭。

4. 4125A4、4125A 型柴油机气门间隙调整方法是：①将减压手柄置于全减压位置。②摇转曲轴，当看到第一缸排气门和进气门相继由开到闭时为止。③拧下飞轮壳上的定位销，将其反插在孔中，用手将定位销压在飞轮外缘上，摇转曲轴至定位销落入飞轮外缘孔中时，即为一缸压缩上止点。④将减压手柄扳回工作位置，此时可检查调整 1、2、3、5 四个气门间隙。⑤检查时按规定的气门间隙值选好厚薄规厚度，将其塞入摇臂头和气门杆尾端之间，用手抽动厚薄规，稍感有阻力为合适，过松、过紧需进行调整。⑥调整时先拧松调整螺钉的锁紧螺母。拧紧螺母时需用螺丝刀抵住调整螺钉，以防气门间隙发生变化。⑦再摇转曲轴一周，在 4 缸处于压缩行程上止点时，可检查调整 4、6、7、8 四个气门间隙。调好后再复查一次。⑧装回定位销。

5. 输油泵的工作过程是：当凸轮的凸起部分推动推杆克服弹簧的作用力迫使柱塞前移时，前腔的油压增加，进油阀关闭，出油阀被打开，于是前腔的柴油经出油道流向后腔。当凸轮的凸起部分离开推杆时，柱塞在弹簧力作用下后移，这时前腔的油压降低而后腔的油压升高，进油阀打开而出油阀关闭，从油道来的柴油进入前腔，后腔的柴油则经过后出油道送往柴油滤清器。那么输油泵是怎样实现输油的自动调节呢？当喷油泵需要油量减少或柴油滤清器堵塞时，柱塞后腔的油压升高，弹簧力不足以将柱塞推到底，仅能推到和油压平衡时的位置为止，这时推杆和凸轮分离。其柱塞行程缩短，输油量也随之减少。当喷油泵需要油量增加时，柴油由后腔流出较快，后腔油压下降，柱塞行程增加；输油量也随之增加。这样随着出油道中油压的高低，来自动改变柱塞的行程，从而起到了自动调节输油量的作用。

6. 4125A 型柴油机采用干惯性、湿惯性和湿过滤式组成的综合式空气滤清器。它由导流片、集流罩、罩帽,积尘杯、中央吸气管、油碗、油盘、下滤网盘、上滤网盘和壳体等组成。这种空气滤清器工作过程是:由于气缸的真空吸力,空气以很高的速度沿导流片产生由下向上的高速螺旋运动,空气中较大的尘粒在离心力作用下,被甩进积尘杯;经过干惯性过滤的空气沿中央吸气管向下冲击油碗中的机油,并急剧改变方向向上运动。一部分尘粒因来不及改变方向被黏附在机油中,沉积在油盘底面经过湿惯性滤清的空气,向上通过溅有机油的滤网,使细小的灰尘颗粒粘在滤网上,经过湿过滤的空气进入气缸。

7. 喷油泵的泵油过程分为进油、供油和回油三个阶段。①进油阶段:出油阀关闭,凸轮凸起转过之后,柱塞弹簧的弹力使柱塞下行,柱塞上方空间增大产生吸力,当柱塞打开进油孔时,低压油经进油孔进入柱塞上方空间,直到柱塞达到下止点,完成进油阶段。②供油阶段:当凸轮凸起顶起滚轮体总成,克服柱塞弹簧的弹力,使柱塞上行,当柱塞关闭进油孔时,油压急剧上升,当油压超过出油阀弹簧弹力和高压油管内剩余压力之和时,出油阀打开,开始供油。随柱塞继续上行,供油过程继续进行。③回油阶段:当柱塞上行到斜槽与柱塞套上的回油孔相通时,柱塞上方的高压油迅速经柱塞轴向孔、径向孔和斜槽流回低压油道,油压骤然下降,出油阀关闭,供油终了。

8. 出油阀是在停止供油时,将高压油管与柱塞上方空间隔绝,防止高压油管内的柴油倒流入喷油泵体内。这一作用是通过减压环带实现的,所谓减压环带是出油阀锥面下的一个小圆柱面。其作用是在回油时,出油阀下落,当减压环带封闭出油阀座孔时,使高压油管与柱塞上方油腔切断。出油阀继续下落,直至落座,使减压环带上部容积增大,于是高压油管内的油压迅速下降,防止了喷油终了时出现滴油现象。

9. 当喷油泵开始泵油时,高压柴油经油道进入环形油腔,高压油作用在针阀提升锥面上,产生向上的推力,当推力克服喷油器弹簧力时,则针阀升起打开喷孔,高压柴油从针阀与喷孔所形成的环形间隙中成雾状喷出。当喷油泵停止供油时,环形油腔内油压降低,针阀在弹簧力作用下迅速下落,关闭喷孔,喷油器停止喷油。

10. ①油泵控制机构运动阻力大,调速不及时,如拉杆卡滞,柱塞转动不灵活或柱塞弹簧座装反等。应查出原因,予以排除。②飞球阻力大,使调速滞后,如传动盘或推力盘工作面磨出凹坑等。应修复或更换产生阻力的零件。③调速器各间隙过大。应查明间隙过大部位,予以排除。④调速弹簧变形或过软。应换上新的调速弹簧。⑤使用磨损较大的柱塞副,增加了拉杆行程,转速不稳。应换上新的柱塞副。⑥凸轮轴轴向间隙过大,干扰调速器工作。应检查调速凸轮轴轴向间隙。

11.4125A4型柴油机上采用的齿轮式机油泵由油泵壳体、主动齿轮、被动齿轮、限压阀和集滤器等组成。柴油机工作时,曲轴齿轮通过传动机构带动机油泵主动齿轮旋转,主动齿轮带动被动齿轮旋转。在进油腔处,由于主动齿轮和被动齿轮脱开啮合,容积变大,形成真空,产生吸力,机油经集滤器吸入进油腔并充满齿间。随着齿轮的旋转,齿间中的机油被带到出油腔。在出油腔处,由于两齿轮进入啮合,容积变小,使油压升高,于是机油经油道被压送出去。如果油道压力高或机油黏度大,为使机油泵负荷减小,设有限压阀,油泵负荷过大时,限压阀打开,一部分机油流回油底,保证了正常的供油压力。

12.检查张紧度的方法是风扇皮带中部用手施以5～7 kgf按下或拉起,皮带应离开原位15～20 mm,否则应进行调整。张紧度调整方法是:先松开张紧轮的固定螺母,再拧紧螺杆,用以移动张紧轮,并检查风扇皮带张紧度,直到合适为止,调好后拧紧固定螺母。

13.为了保证正确的点火提前角,曲轴正时齿轮和磁电机驱动齿轮必须保持一定的相互位置。为此,齿轮上标有记号,安装时必须使中间齿轮上的记号K和M,分别与曲轴正时齿轮上的K、磁电机驱动齿轮上的M相互对齐。

14.①要经常检查离合器和减速器内的油位,不足时要及时添加机油。②在拆洗汽化器时,不允许用钢丝通各量孔,以免孔径扩大而影响性能。③在接合齿轮与飞轮齿圈接合时,要避免冲击,如接合不上,可略微转动起动机飞轮后,再进行接合,直至平顺接合。④接合离合器时须缓慢均匀,不要突然推合。⑤正确掌握起动方法和操作顺序,起动机连续工作时间不得超过15 min。⑥为防止自动分离机构分离过晚而引起起动机损坏,应在主机起动后立即将离合器分离。

15.传动系统的功用:①把发动机的动力,传给拖拉机的行走部分。②改变拖拉机的行驶速度、牵引力和行进方向。③保证拖拉机的平稳起步和停车。履带式拖拉机和轮式拖拉机传动系统各不相同。履带式拖拉机的传动系统由离合器、联轴节、变速箱、中央传动、转向离合器和最终传动等组成。轮式拖拉机的传动系统由离合器、联轴节、变速箱、中央传动、差速器和最终传动组成。

16.离合器的正确使用:①分离离合器时,动作要迅速,并将踏板踏到底,使离合器分离干脆彻底,避免因半接合而加速磨损。②接合离合器时,动作缓慢,使离合器接合平顺柔和,拖拉机起步平稳。③行驶时不要用离合器控制车速,脚不要放在离合器踏板上,避免离合器处于半接合状态。④离合器分离时间不宜过长,如较长时间停车时,应将变速箱挂空挡。⑤不要采用猛抬离合器踏板的方法冲越困难地段。⑥双作用离合器只有在副离合器彻底分离后,才可接合或分离动力输出轴。

离合器的保养内容:①定期对轴承进行润滑,用黄油枪向油嘴处注黄油,注黄油要适量,过多时会造成离合器摩擦片因沾油而打滑。②工作一定时间后,应将离合器壳下的放油螺塞拧下,放出渗入壳内的油污。③离合器在工作中,因摩擦片沾有油污而产生打滑时应进行清洗,最好在拖拉机停止工作后立即进行,因为此时摩擦片较热,容易将油污洗掉。具体清洗方法是:a. 将煤油或汽油加入离合器壳内,加入量以淹没飞轮 1/3 为宜,起动发动机,在离合器接合状态下运转 2～3 min,以洗掉离合器零件表面和壳体内壁的油污,然后放出清洗油。b. 再用同量的煤油或汽油加入离合器壳内,起动发动机,在离合器分离状态下运转 2～3 min,清洗主、被动部分接触面间的油污,放出清洗油。c. 将离合器处于分离状态放置 1 小时(h)左右使摩擦片上的清洗油流净、晾干。d. 拧上放油螺塞,接合离合器,润滑各轴承。e. 检查离合器各部间隙和踏板行程,必要时进行调整。

17. ①将离合器传来的动力降低转速,增加扭矩后传给后桥。②变换转速和扭矩,用以改变拖拉机的行驶速度和牵引力。③在不改变发动机旋转方向的情况下,使拖拉机既能前进,又能倒退。④在发动机运转情况下,能使拖拉机停车和输出动力。

18. 低挡换高挡时,先加大油门提高车速,再迅速踏下离合器踏板将变速杆处在空挡,同时减小油门,抬起离合器踏板停留片刻后再迅速踏下,并将变速杆挂入高一级挡位,接合离合器并加大油门,使拖拉机行驶。在上述操作中,离合器踏板踏下两次抬起两次,故称"两脚离合器"法。轮式拖拉机采用"两脚离合器"换挡,是为减少或避免换挡时打齿并不易换挡。高挡换挡时,先减油降低转速,然后踏下离合器踏板,将变速杆放在空挡位置,再抬起离合器踏板并同时加油,再迅速踏下离合器踏板,将变速杆挂入低一级挡位,最后一面松开离合器踏板,一面加大油门,使拖拉机继续行驶。

19. ①圆锥齿轮副啮合关系不正常而引起噪声,应检查小圆锥齿轮的轴承间隙、齿轮副齿侧间隙和啮合印痕位置是否正确,发现问题进行调整。②因轴承间隙过大引起运转失常而产生噪声,应按要求进行调整,如发现轴承损坏,应及时更换。③因圆锥齿轮紧固螺栓松动,破坏了齿轮副的正常啮合而产生噪声,应按规定扭矩及时紧固螺栓。④中央传动齿轮或最终传动齿轮磨损严重、损坏等而引起噪声,应修复或更换磨损、损坏的齿轮副、齿轮。

20. 铁牛-55 拖拉机的差速锁的左、右附加齿轮与制动器左、右制动轴成一体,附加齿轮与两侧最终传动的被动齿轮常啮合。接合套装在浮动轴上,接合套两端有半圆形内齿,一端与右附加齿轮啮合,接合叉的叉口插入接合套腰部的环形槽内。当踏下差速锁踏板时,通过传动杆件带动接合叉拨动接合套左移,接合套内齿与左附加齿轮相啮合,使左右连成一体,两侧最终传动被动齿轮只能等速旋转,差速器的差速作用被消除。松开差速锁踏板时，在回位弹簧的作用下，接合套被拉回原位，解除锁定作用。

21.不制动时回位弹簧将两制动压盘拉紧，使钢球位于球面斜槽深处，摩擦片与制动鼓、摩擦片与制动盘之间出现间隙，此时无制动作用。踏下制动踏板时，通过拉杆，拉杆调节叉拉动内外拉板，使两压盘相对转动一个角度，带动钢球在球面斜槽中由深处向浅处滚动，将两制动压盘挤开，分别推动两摩擦盘压紧在制动鼓及制动盘的制动端面上，产生一制动力矩，从而迫使主动轴停止转动。由于主动轴上的附加齿轮与驱动轮轴上的从动齿轮相啮合，驱动轮也随之停止转动。当松开制动踏板后，踏板回位弹簧将踏板拉回原位，两制动压盘在回位弹簧作用下反向相对旋转回到原位，钢球进入斜槽深处，从而消除了驱动轮的制动。

22.履带下垂度的检查调整：将拖拉机停放在平坦的硬地上。取一平直木条置于两托带轮上方的带爪上，然后测量下垂量最大处的带爪至直木条下平面间的距离为履带下垂度，正常值为 30～50 mm。此时张紧弹簧的压缩长度是 260～265 mm。若下垂度不符合要求时，应予调整，先旋松张紧螺杆后端的锁紧螺母，再拧动张紧调整螺母。若调整螺母拧到最后位置下垂度仍然过大时，则应拆下一块履带板，再重新进行调整。

23.①全部零件在装配前均应清洗干净。②升压阀装入滑阀孔内，应平稳的转动和移动，无卡滞现象。③滑阀弹簧的上、下弹簧座不应装反，应该是上矮下高。③滑阀环带上的稳定孔，应对准回油阀一侧的调节孔。⑤安装回油阀座时，应使直角边朝上，保证回油阀与座是线接触。⑥滑阀和回油阀在座孔中，应运动自如无卡滞现象。

24.①滑阀弹簧弹力过弱或折断。②液压油泵供油压力不足。③安全阀开启压力过低。④回油阀关闭不严。⑤滑阀或升压阀卡滞。⑥升压阀或支承销窜出。

25.①中立位置控制阀处于中立位置时，同时油封垫圈也将进油缺口与进油室隔开。此时，排油室与回油室都被封闭。液压油泵空转，液压油缸内的油液既不增加也不减少，农具保持原来的位置上。②进油位置(农具提升)。当控制阀自中立位置前移 1.5 mm 以后，控制阀的进油缺口开始与进油室相通，油液从后桥壳体内经滤清器，通过进油缺口进入进油室。液压油泵开始泵油，高压油经过高压油管进入液压油缸；推动活塞移动，通过悬挂机构来提升农具。③快速回油位置(农具快降)。当控制阀自中立位置后移到阀上的限位挡环与中间油封垫圈相碰的极限位置时，控制阀前端的四个回油缺口全部与回油室相通，液压油缸内油液在农具重量作用下，从控制阀四个回油缺口快速流回后桥壳体，农具便快速下降。④慢速回油位置(农具慢降)。当控制阀从快速回油位置前移 5～6 mm，控制阀上两个短宽回油缺口与回油室隔开，两个窄而长回油缺口仅有一小部分与回油室相通，液压油缸内的油液在农具重量作用下，因流通截面小，只能以细小流束流回后桥壳，农具便缓慢下降。快、慢速回油是两个区域，快中有慢，慢中有快，是“无极”变速，可根据作业的需要来进行选择。

26.电磁式啮合机构由电磁开关和杠杆等组成，电磁开关由吸拉线圈、保持线圈、铁芯、静触点及动触桥组成。起动时，把起动开关闭合，蓄电池的电流便通过保持线圈和吸拉线圈，产生磁场，将铁芯吸向左边。铁芯在移动时完成两个任务：通过杠杆将电枢右端的驱动齿轮向右移，使其与发动机飞轮上的齿圈啮合；同时使铁芯左端的动触桥接通蓄电池与起动机的主电路，电枢便带动发动机飞轮旋转。在动触桥和静触点没有接触之前，流经吸拉线圈的电流经过起动电动机的电枢线圈，因这时电流较小，故电动机只能缓慢地旋转，使驱动齿轮和飞轮齿圈较柔和地啮合。动触桥和静触点接触后，大量的电流流经起动电动机的激磁线圈和电枢线圈，使起动电动机全力带动发动机旋转，这时吸拉线圈被短路失去作用，只有保持线圈使电磁开关闭合。由此可见，起动过程是分为两段进行的，第一段为慢转啮合阶段；第二段为全速起动阶段，从而减少了起动过程中的冲击。发动机着火后，松开起动开关，电磁开关的保持线圈断路磁力消失。铁芯在回位弹簧的作用下右移，切断电枢电路，同时使驱动齿轮退出啮合位置。

27.①拆下高压线，拧下火花塞。②从火花塞孔插入清洁的尺子，顶在活塞的顶部。按起动机旋转方向转动飞轮，使活塞到达上止点，对齐火花塞孔口在尺上作一记号。以此记号为基准向上量 5.8 mm，再作一记号。③反转飞轮，使活塞下降到上止点 5.8 mm 的位置，即相当于活塞上止点 27 位置。④取下磁电机断电器盖，按旋转方向转动转子，使其转到触点刚打开的位置。⑤在此位置时，将磁电机主动盘的传动爪，对准齿轮上的凹槽装进，然后用三个螺钉固定即可。⑥起动小起动机，检查点火正时情况，若工作不平稳，可松开磁电机固定螺钉，将磁电机外壳稍许转动，以选择最佳点火时间。顺转子轴旋转方向转动磁电机外壳，则点火时间滞后；反之，则提前。

28.蓄电池在不工作的情况下，逐渐失去电量的现象称自行放电。自行放电不能完全避免，一般认为每天失去本身容量的 1%～2%是正常的，如超过此数值；为不正常自行放电。自行放电产生的原因有：①极板材料或电解液中有杂质，这样杂质与极板或杂质之间就会产生电位差，形成闭合的“局部电池”而产生电流，使蓄电池放电。②隔板破裂，造成局部短路。③蓄电池盖上有电解液或水，使正、负极板形成通路而放电。④活性物质脱落，使极板短路造成放电。⑤蓄电池长时间存放，电解液中硫酸下沉，造成上下密度差，引起自行放电。要减少自行放电，电解液必须力求纯净,使用中应经常保持蓄电池盖清洁,以免短路。自行放电严重的蓄电池,应将其全部放电,使极板上的杂质进入电解液,然后倒出电解液,并用蒸馏水清洗,再加入新电解液,进行充电即可。

29.①用电设备采用单线制连接。用电设备只用一根导线与电源线连接,另一根则用机体代替(称为搭铁)。另外,用电设备与电源线是并联连接。②电流表串接在充电电路中,全车线路一般以电流表为界,电流表至蓄电池的线路称为电流表前线路,电流表至调节器的线路称为电流表后线路。③电源开关是线路的总枢纽,电源开关的一端和电源(蓄电池、发电机和调节器)相连接,另一端分别接起动开关和用电设备。④耗电量大的用电设备(如电起动机)接在电流表前,其用电电流不经过电流表。某些型号的喇叭因耗电量大,有时也接在电流表前。⑤除电起动机外,所有用电设备都通过电源开关与电源并联在电流表后,发电机工作正常时,用电设备由发电机供电,并经电流表向蓄电池充电;在发电机电压不足或不工作时,用电设备由电池供电。⑥蓄电池与发电机、硅整流发电机的搭铁极性必须一致。电流表接线应使充电时指针摆向"+"值方向,放电时指针摆向"−"值方向。

30.端间隙过小,活塞环易卡,从而加速环与气缸壁间的磨损,甚至造成活塞环折断和刮伤气缸壁;端间隙过大,密封性不好,易漏气和向上窜润滑油。边间隙过小,会造成环在环槽中卡死,失去弹性,破坏了密封和刮油作用;边间隙过大,密封不好,环与环槽的撞击严重,对于气环还将加剧其"泵油"作用。

31.活塞环端间隙检查方法:将治塞环平放入气缸套内,然后用厚薄规(塞尺)测量环口间隙,对于检查新的或镗磨过的气缸套时,活塞环可放在任何位置;对于旧缸套,应将活塞环放在活塞处于上止点的该环所对应的位置,同时保证在下止点时不闭口。边间隙的检查方法:将活塞环放入相应的环槽内,用厚薄规(塞尺)沿活塞环圆周测量三个位置。

32.活塞下行时,在气缸壁的摩擦阻力和环的惯性力作用下,气环靠在环槽的上边,这样在气环的下方和内侧空间充满了从气缸壁上刮下来的机油;当活塞上行时,气环又紧靠在环槽的下边,于是对充满在环槽中的机油产生了向上挤压的作用,如同泵油一样,使机油进入燃烧室。只要有边间隙的存在,便会产生上述泵油作用。边间隙越大,泵油作用越强。

33.发动机工作时,气缸中的少量气体,通过活塞与气缸之间的间隙进入曲轴箱,这将使曲轴箱内气压升高,造成机油从曲轴箱密封处向外渗漏。此外,由于漏入曲轴箱内的燃烧气体中含有有害物质(SO_2 等)影响机油质量,缩短机油使用期限,加速零件磨损。曲轴箱内压力增高,还能增加活塞下行时的运动阻力,因此,发动机上(曲轴箱换气式除外)都有通气管使曲轴箱与外界相通。

34.一般汽油机活塞顶部的形状与燃烧室有关;2125 型柴油机采用平顶活塞,它的优点是:制造简单,受热面积小,凸顶活塞,顶部强度高,能起导气作用,有利于改善换气过程,它主要用于曲轴箱扫气的二行程汽油机,如 AK-10 型起动机柴油机活塞顶部大多有各种凹坑,如 4125A 型柴油机活塞顶上的双涡流凹坑和防止气门与活塞相碰的两个圆形浅坑;495A 型柴油机的活塞顶是球形凹坑。活塞顶部凹坑的具体形状、位置和大小,都是根据柴油机燃烧室的特点,混合气的形成方式、喷油器和气门安装位置等诸因素而确定的。

35.为保证活塞和气缸间的最佳间隙,防止热车时间隙过小,使活塞在气缸中卡住或刮伤气缸壁。冷车起动时间隙过大产生活塞敲击气缸、漏气或窜机油,在活塞结构上必须采取相应的措施。活塞在工作中,其温度总是顶部最高,裙部下端最低,而且活塞顶部比裙部厚,这就使活塞上部热膨胀量大于下部。因此,将活塞的直径制成上小下大的阶梯形或锥形,此外,活塞工作中,裙部在销座轴线方向的尺寸增长较大,这是因为垂直销座轴线方向裙部受侧压力所致,另一方面活塞销座附近金属较厚,受热膨胀量大。所以,在结构上活塞裙部常加工成椭圆形,椭圆形的短轴在活塞销轴方向,而且在销座附近铸有凹陷面。

36.4125A、4125A4 型柴油机减压机构是采用分级减压的方法。四根减压轴分别插入四个进气门挺柱的环槽中,其中一、二缸减压轴内端部各铣有一个平面,三、四缸减压轴内端部各两个互成 130°的平面。减压轴通过传动杠杆与扇形板上的手柄连接。当手柄放到“预热Ⅰ”的位置时,所有减压轴圆柱面朝上将挺柱抬起,于是四个进气门都打开减压。当手柄移到“预热Ⅱ”的位置时,四根减压轴同时转过一个角度,一、二缸的减压轴则平面朝上,不与挺柱接触,不再起减压作用,进气门恢复正常工作状态。当手柄移到“工作”位置时,各减压轴都是平面朝上,各缸都不减压,减压机构停止工作。

37.由于进、排气流各有自己的流动方向和很高的流动速度,而这段重叠时间又很短促,加之进气门刚刚打开,排气门趋于关闭,开度都不大,所以,两个气流不致窜混。

38.气门脱离这是一种突发性故障。发生时发动机响声突然变化,冒烟,有强烈的机械撞击声或熄火。严重时造成活塞破裂,缸盖被破坏,连杆弯曲等重大事故。产生的原因有:①锁片脱出。②弹簧折断。③气门折断。

39.①在柴油机正时齿轮室右侧装一指针,指针尖靠近风扇皮带轮圆周表面上。②在第一缸出油阀紧座上装上定时管。③喷油泵调速器调速导柄置最大的供油位置,排净油路中空气,在“预热Ⅰ”位置缓慢转动曲轴,当定时管油面开始上升的一瞬间,停止转动曲轴,此时便是第一缸开始供油位置,在指针所指风扇皮带轮处做一记号。④拧出飞轮壳上的定位螺钉，调头插入原孔中，继续转动曲轴，当定位螺钉落入飞轮孔中时，即为第一缸压缩上止点。在指针所指风扇皮带轮处做第二个记号。⑤测量风扇皮带轮上两记号间弧长，正常值为22.5～28.5 mm，相当于供油提前角15°～19°(风扇皮带轮弧长1.5 mm相当于曲轴转角1°)。

40.冷却系不能完全与大气隔绝，否则水蒸气使冷却系内气压升高，严重时可使散热器芯焊缝胀裂；在发动机停止工作后，温度下降，冷却系内又产生一定的真空度，散热芯有可能被大气压力压坏。为解决这个问题，发动机水箱的加水口处设有通气管(溢水管)，因此，很多发动机在水箱盖上装有一个空气蒸汽阀。当水箱内气压高于大气压时蒸气阀被推开；当水箱内气压低于大气压力时，空气阀被大气压力推开。由于冷却系不经常与大气相通，加之水的沸点提高大大减少了水的消耗。同时，这种装置可使冷却系适应不同的气压条件，当拖拉机在大气压力低的高原地带工作，冷却水也不至过早沸腾。

41.怠速运转时，汽油从节流阀后方的怠速喷孔喷出。当汽油机要转入负荷工作，而将节流阀开大的瞬间，一方面怠速喷孔处的真空度迅速降低，喷油量很快减少，主喷管处的喉管真空度还不够大，汽油还不能喷出；另一方面进入汽化器的空气量，因节流阀的开大而增多。这样油少空气多，混合气变稀，容易使汽油机出现断火现象。为解决这一问题，设有过渡喷孔。

42.小制动器的作用就是在离合器分离后，立即对离合器轴进行制动，消除主、被动齿轮间的线速度差，以便实现迅速、无冲击地挂挡。

43.在高挡时A2与B2啮合并圆周速度相等，而齿轮B1的圆周速度大于A1。换挡时，即使变速杆放入空挡停留片刻，由于齿轮A1和第一轴惯性力小，转速降低得快；齿轮B1和第二轴惯性力大，转速降低慢，所以，不可能出现齿轮A1与B1圆周速度相等的时机。这时必须在变速杆放入空挡后，放松离合器踏板，使第一轴与发动机连接，同时加油以提高第一轴齿轮A1的转速，才能为齿轮A1、B1提供圆周速度相等的时机。

44.①前轮必须相对机体偏转一个角度，使前轮在驱动轮的推动下，对地面具有侧向作用力，因而地面对前轮也就相应地产生了侧向反作用力，造成转向力矩使拖拉机转向。②两侧驱动轮的转速必须不同，要求内侧慢，外侧快。③两侧前轮偏转角度不同，内侧偏转角 x_1 要大于外侧偏转角 x_2。而且两角之间应有如下关系：

$$\mathrm{ctg}x_2-\mathrm{ctg}x_1=M/L=\text{常数}$$

45.①除特殊情况进行紧急制动外，都应先分离离合器后再制动。以防离合器滑磨，损耗发动机功率，损坏传动系中的传动元件。②拖拉机进行运输作业时，必须将左右踏板用连锁板连成一体，以免高速行驶中误用单边制动而造成翻车等严重事故。③在泥泞和冰雪路面上，应避免紧急制动。④不制动时，不应把脚放在踏板上，以免引起制动器滑磨发热，加速摩擦衬片的磨损。

46. 放完电的蓄电池，以一定的电流进行正常充电，开始时瞬间电压很快增加到 2.2 V，以后很长一段时间内电压缓慢地上升到 2.4 V，在充电接近终了时又迅速上升到 2.7 V。再继续充电，电压不再上升，并出现“沸腾”现象。停止充电后，电压便迅速降到 2.1 V 左右。把这个电压变化规律，称为充电特性。

47. 蓄电池在使用中，如发现下列现象，必须随时进行补充充电：①单格电池电压降到 1.7 V 以下时。②电解液密度降到 1.150 以下时。③冬季放电超过 25%，夏季超过 50%时。④灯光转暗，起动无力时。

48. 蓄电池极板严重硫化采取水处理去进行蓄电池的恢复。具体方法：将蓄电池充电后，作一次 10 h 放电率放电，当单格电池电压均降到 1.8 V 为止。然后倒出电解液，并立即加入蒸馏水，静置 1～2 h，再用补充充电第二阶段充电电流值的 1/2 进行充电，到电解液的密度达到 1.12 以后，再将充电电流减少 1/5 继续充电，直到正负极板开始出现大量气泡，电解液密度不再上升，即可停止充电。然后用 10 h 放电率的 1/5 放电电流放电 1.5～2 h，要重复数次，直到所有极板恢复正常即可使用。

49. 直流发电机向蓄电池充电，当发电机电压低于蓄电池电压时，两者间应能自动断开，以防电流“逆流”烧毁发电机。直流发电机的电压随转速增高而增高，为保护用电设备，应能自动控制发电机电压，使之保持稳定。另外，当负载增加时，为防止烧毁发电机，应能限制发电机最大输出电流。这些矛盾，单靠发电机本身是解决不了的，所以，它必须同调节器配合使用。

50. 为了柴油机供油提前角能根据需要进行调整，在驱动齿轮轮毂上有两组共 14 个螺孔，孔间夹角为 22°30′，在花键盘上也有相应的 14 个钻孔，但孔间夹角 21°，两者相差 1°30′。当将两个连接螺钉(只能用两个)由前一孔移入相邻一孔时，必须拨转花键盘连同凸轮轴一起转动 1°30′的转角，才能使两孔对正拧上螺钉。这就使供油时间改变了 3°曲轴转角。顺凸轮轴旋转方向拨转花键盘，供油提前角增大；反之，则减小。上述两排螺孔分布在不同半径的圆周上，目的是防止驱动齿轮与花键盘间连接关系错乱 180°。

51. 由于混合气的形成和燃烧占 15°～35°曲轴转角，为保证柴油机的动力性和经济性，燃烧过程的最高压力应出现在上止点稍后，向气缸喷油必须在活塞到达上止点之前。

52. ①农具结构简单，重量轻，省钢材。因为它省去了农具的行走机构，简化了梁架等部件。②改善了牵引性能。农具悬挂在拖拉机上，农具重量和部分耕作阻力直接转移到拖拉机上，增加了拖拉机的附着重量，从而改善了牵引性能。③机动性好。农具可随时升降，机组机动灵活，地头转弯半径小。④操纵方便，节省人力，减轻劳动强度。⑤机组生产率高，经济性好。

53.分置式液压系统的优点：元件容易实现标准化和组织专业化生产，在拖拉机上布置和检查维修方便，此外，也便于实现农具的前悬挂、侧悬挂和综合悬挂。其缺点是：因活塞杆外露，要求加强防尘，防泥水措施；不具备自动控制耕作深度的操纵机构；管路较长，容易泄漏。整体式液压系统的优点是：结构紧凑，油路短且不暴露在外面，密封性好，不易损坏；可以采用力、位调节和高度调节法控制农具。缺点是：结构复杂，拆装维修不方便，不易实现三化，在拖拉机上布置受总体结构限制。

54.怠速运转时，怠速喷孔和过渡喷孔分别处于节流阀的两侧，过渡喷孔在节流阀的前方，它并不喷油而是进入少量空气，泡沫状乳剂从怠速喷孔喷出。当节流阀略微开启时，两个喷孔都位于节流阀的后方，此时过渡喷孔处的真空度增大。这样在怠速喷孔喷油量减少的同时，过渡喷孔开始喷油，从而使混合气成分的变化比较平缓，避免了断火现象。当节流阀进一步开大时，主喷管便开始喷油进入正常工作。怠速和过渡喷孔因附近真空度降低不再喷油。

55.补充充电需要 13～17 小时(h)，一般分两个阶段进行。先按表《蓄电池充电电流和时间》的电流值充到单格电压为 2.3～2.4 V，将电流减为第二阶段电流，充至电压为 2.5～2.7 V，电解液密度恢复到规定值，三个小时保持不变，蓄电池内产生大量气泡，表示已经充足。

附录 3

道路驾驶考试自测题

一、判断题

1. 拖拉机道路驾驶考试时，出现下列情形之一的，扣 20 分。

1)机组行驶方向把握不稳。(　　)

2)起步挂错挡。(　　)

3)行驶中使用空挡滑行。(　　)

4)不放松手制动器或停车锁起步，未能及时纠正。(　　)

5)换挡时有齿轮撞击声。(　　)

6)考试起步时拖拉机机组溜动距离大于 30 厘米。(　　)

7)控制行驶速度不稳。(　　)

8)起步时发动机熄火一次。(　　)

2. 拖拉机进行科目四(道路驾驶)驾驶考试过程中，驾驶员出现：起步时发动机熄火 1 次、路口转弯角度稍大和行驶中不能正确使用灯光，考试员评判扣 30 分。(　　)

3. 拖拉机田间作业考试，用正常作业挡，从起点驶入，入地时正确降下农具，直线行驶作业到地头，升起农具掉头，回程农具入地，出地时升起农具。(　　)

4. 拖拉机挂接农具驾驶考试场的路宽是机长的 1.5 倍。(　　)

5. 手扶拖拉机场地驾驶考试场的桩间距是机长加 30 厘米。(　　)

6. 驾驶员在拖拉机场地驾驶考试时，违反考场纪律被考试员警告，考试员给予该驾驶员继续考试。(　　)

7. 方向盘式拖拉机场地考试，从起点倒车入乙库停正，然后两进两退移位到甲库停正，前进穿过乙库至路上，倒入甲库停正，前进返回起点。(　　)

8. 方向盘式拖拉机进行科目二(场地驾驶)考试时，可以原地打方向。(　　)

二、选择题

1. 拖拉机挂接农具考试时，从起点前进，________完成倒进机库，允许再________挂上农具。

A. 一次　　B. 二次　　C. 三次

D. 2 进 1 倒　　E. 1 进 1 倒　　F. 1 进 2 倒

2. 手扶拖拉机场地考试的桩与边线间距：________。

A. 机宽加 40 厘米　　、B. 机宽加 30 厘米　　C. 机宽的 1.5 倍

3. 拖拉机田间作业考试时，机组回程行驶过程中平行偏差________厘米为不合格。

A. 大于 15　　B. 小于 15　　C. 大于 150

4. 驾驶拖拉机在窄路会车时，不减速靠右边行驶或会车困难时，应让行而不让，考试评判标准为________。

A. 不及格　　B. 扣 20 分

C. 扣 10 分　　D. 扣 5 分

5. 行驶制动不平顺，出现机组闯动，考试评判标准为________。

A. 不及格　　B. 扣 20 分

C. 扣 10 分　　D. 扣 5 分

6. 不放停车制动器起步，但及时纠正，考试评判标准为________。

A. 不及格　　B. 扣 20 分

C. 扣 10 分　　D. 扣 5 分

7. 方向转动频繁，导致挂车左右晃动，考试评判标准为________。

A. 不及格　　B. 扣 20 分

C. 扣 10 分　　D. 扣 5 分

8. 掉头方式选择不当，考试评判标准为________。

A. 不及格　　B. 扣 20 分

C. 扣 10 分　　D. 扣 5 分

9. 在禁止停车的地方停车，考试评判标准为________。

A. 不及格　　B. 扣 20 分

C. 扣 10 分　　D. 扣 5 分

10. 考试时，有吸烟、接打电话等妨碍安全驾驶行为，考试评判标准为________。

A. 不及格　　B. 扣 20 分

C. 扣 10 分　　D. 扣 5 分

11. 起步挂错挡，考试评判标准为________。

A. 不及格　　B. 扣 20 分

C. 扣 10 分　　D. 扣 5 分

12. 起步前未检查挡位或停车制动器，考试评判标准为________。

A. 不及格　　B. 扣 20 分

C. 扣 10 分　　D. 扣 5 分

13. 起步时机组溜动距离大于 30 厘米，考试评判标准为________。

A. 不及格　　B. 扣 20 分

C. 扣 10 分　　D. 扣 5 分

14. 停车时未拉手制动或停车锁，检查挡位，抬离合器前先抬脚制动，考试评判标准为________。

A. 不及格　　B. 扣 20 分

C. 扣 10 分　　D. 扣 5 分

15. 手扶拖拉机进行场地驾驶考试时，出现下列情形考试评判为不合格________。

A. 扶手把出线，机身没有出线

B. 扶手把和机身同时出线

16. 方向盘式拖拉机进行场地驾驶考试，出现下列情形考试评判为合格________。

A. 使用半联动离合器或者单边制动器

B. 不使用半联动离合器或者单边制动器

17. 拖拉机道路驾驶考试，考试行驶距离________公里。

A. 不少于 1　　B. 不少于 2　　C. 不少于 3

18. 驾驶员进行科目四（拖拉机道路驾驶）驾驶考试过程中，驾驶员出现：起步时机组溜动 20 厘米和行驶中换挡时机掌握稍差的情况，考试员评判应扣________分。

A. 15　　B. 20　　C. 25

19. 驾驶员进行联合收割机科目三（田间（模拟）作业技能考试）驾驶考试过程中，出现不按规定位置降升割台行驶距离在________米以上，评判为不合格。

A. 0.5　　B. 1　　C. 1.5

20. 驾驶员驾驶拖拉机在进行科目二（场地驾驶）考试时，在不准许停机的行驶过程中停机________次以上，评判为不合格。

A. 1　　B. 2　　C. 3

21. 驾驶员驾驶拖拉机在进行科目三（挂接农具）考试时，拖拉机悬挂点与农具挂接点距离小于________厘米，评判为合格。

A. 10　　B. 15　　C. 20

22. 驾驶员驾驶拖拉机在进行科目三（田间作业）考试时，机组掉头靠行与规定位置偏差大于________厘米，评判为不合格。

A. 10　　B. 20　　C. 30

23. 驾驶员驾驶拖拉机机组进入弯道时，挂车内轮碰撞到障碍物，机组转弯半径________。

A. 过大　　B. 过小　　C. 合适

24. 拖拉机进出非机动车道时，最高行驶速度不超过每小时________公里。

A. 10　　B. 15　　C. 20

25. 拖拉机在道路临时停车时，距离________30 米以内，不得停车；距离________50 米以内，不得停车。

A. 交叉路口　　B. 施工地段

C. 公共汽车站　　D. 机耕道路

26. 拖拉机在道路行驶准备超车或者掉头时，应当提前开启________。

A. 右转向灯　　B. 左转向灯　　C. 前照灯

27. 拖拉机驾驶科目四(道路驾驶)考试，不合格的评判标准，扣 10 分的评判标准是第________条。

A. 8　　B. 11　　C. 13

D. 16　　E. 19　　F. 20

28. 拖拉机驾驶科目四(道路驾驶)考试，评判标准扣 5 分的是________，扣 20 分的是________。

A. 起步前未检查仪表

B. 起步及行驶时驾驶姿势不正确

C. 起步前未检查挡位或停车制动器

D. 在禁止停车的地方停车

E. 路口转弯角度过大、过小或打、回轮过早、过晚

F. 挡位使用不当或速度控制不稳

道路驾驶考试自测题答案

一、1. 1)×，2)√，3)×，4)√，5)√，6)×，7)√，8)√　2. ×，3. √，4. √，5. ×，6. ×，7. √，8. ×

二、1. A，E，2. B，3. A，4. A 5. C，6. B，7. A，8. B，9. A，10. A，11. B，12. D，13. A，14. D，15. B，16. B，17. C，18. C，19. A，20. B，21. A，22. C，23. B，24. B，25. C，A，26. B，27. C，28. C，E。

参考文献

［1］ 陈汝廷，鄂卓茂.小型拖拉机驾驶员培训教材. 北京：中国农业机械出版社，1986.

［2］ 江苏工学院，洛阳工学院.拖拉机理论. 北京：中国农业机械出版社，1981.

［3］ 罗俊杰，田边.汽车驾驶技术教程.北京：金盾出版社，2006.

［4］ 薛建宏.汽车故障与检修500例.2版.北京：机械工业出版社，2007.

［5］ 张遥远.机动车检测站工作人员培训教材.北京：中国计量出版社，2006.

［6］ 高连兴. 拖拉机与汽车(上册：发动机). 北京：中国农业出版社，2000.

［7］ 高连兴. 拖拉机与汽车(下册：底盘及电气). 北京：中国农业出版社，2000.

［8］ 李烈柳. 农用运输车拖拉机驾驶与维修. 北京：金盾出版社，2003.

［9］ 鲁植雄. 农用汽车与拖拉机维修. 北京：北京理工大学出版社，2000.

［10］ 周一鸣，阚春. 汽车拖拉机学——汽车拖拉机理论. 北京：中国农业大学出版社，2000.

［11］ 丁翔文. 拖拉机联合收割机驾驶人考试指南. 北京：中国农业科学技术出版社，2006.

［12］ 刘仲国. 汽车拖拉机构造原理与应用. 广州：广东高等教育出版社，2001.

［13］ 王熙，王新忠. 汽车·拖拉机·收获机电器电子设备原理与维修. 哈尔滨：黑龙江科学技术出版社，2000.

［14］ 鲁植雄. 农用车和拖拉机挂车的使用与维修. 北京：机械工业出版社，2000.

［15］ 杜顺义.新编东风-12型手扶拖拉机驾驶员读本.南京：江苏科技技术出版社，1999.

［16］ 江苏省淮阳农业学院.农业机具的构造与使用.北京：中国农业出版社，2000.

［17］ 镇江农机学院.农机手册.上海.上海人民出版社，1973.

［18］ 师帅兵，陈大林，陈军.大中型拖拉机使用维修图解.郑州：河南科学技术出版社，2002.

图书在版编目(CIP)数据

农机驾驶培训教程/李长友主编．—北京：中国农业大学出版社，2008.10（2016.10重印）

ISBN 978-7-81117-263-8

Ⅰ．农…　Ⅱ．①李…　Ⅲ．农机-驾驶技术-培训-教材　Ⅳ．S219

中国版本图书馆CIP数据核字(2008)第126555号

书　　名　农机驾驶培训教程

作　　者　李长友　主编

策划编辑　张秀环　　**责任编辑**　张秀环

封面设计　郑　川　　**责任校对**　陈　莹　王晓凤

出版发行　中国农业大学出版社

社　　址　北京市海淀区圆明园西路2号　　**邮政编码**　100193

电　　话　发行部 010-62818525,8625　　读者服务部 010-62732336

编辑部 010-62732617,2618　　出　版　部 010-62733440

网　　址　http://www.cau.edu.cn/caup　　**e-mail** cbsszs@cau.edu.cn

经　　销　新华书店

印　　刷　北京时代华都印刷有限公司

版　　次　2008年10月第1版　　2016年10月第6次印刷

规　　格　787×980　16开本　17.75印张　326千字

定　　价　29.00元